“十三五”国家重点出版物出版规划项目

名校名家基础学科系列

Textbooks of Base Disciplines from Top Universities and Experts

普通高等教育“十一五”国家级规划教材

结 构 力 学（Ⅱ）

第 3 版

主编　萧允徽　张来仪

参编　刘　纲　文国治　陈名弟　王达诠

主审　刘　铮

机 械 工 业 出 版 社

本书是在 2006 年第 1 版《结构力学（Ⅰ、Ⅱ）》（普通高等教育“十一五”国家级规划教材）和 2013 年第 2 版的基础上修订而成的升级版。

全书分Ⅰ、Ⅱ两册。第Ⅰ册共 11 章，内容包括：绪论、平面体系的几何组成分析、静定梁和静定刚架的受力分析、三铰拱和悬索结构的受力分析、静定桁架和组合结构的受力分析、虚功原理和结构的位移计算、力法、位移法、渐近法和近似法、影响线及其应用、矩阵位移法，并附有用 C 语言编制的平面刚架静力分析程序；第Ⅱ册共 3 章，内容包括：结构的动力计算、结构的稳定计算、结构的极限荷载。

本书采用“条理化”的论述方式和“板书式”的排版方式，文图并茂，一目了然。本版修订又着重在新增数字资源在线支持，力求融图、文、声、像为一体方面做了新的探索，是一本适应新时代要求、内容更新、版式新颖、教师好用、学生易读的教学用书。

本书适用于普通高等学校宽口径的“大土木”专业（包括建筑工程、路桥、岩土工程、水利工程和建筑安装等），也可供有关工程技术人员参考。为便于教师讲授本教材，配套编制了电子教案，教师可通过 http://www.cmpedu.com（机工教育服务网）注册后免费下载使用。

图书在版编目（CIP）数据

结构力学.Ⅱ/萧允徽，张来仪主编. —3 版. —北京：机械工业出版社，2018.8

“十三五”国家重点出版物出版规划项目　名校名家基础学科系列　普通高等教育“十一五”国家级规划教材

ISBN 978-7-111-60217-0

Ⅰ. ①结…　Ⅱ. ①萧…　②张…　Ⅲ. ①结构力学—高等学校—教材　Ⅳ. ①O342

中国版本图书馆 CIP 数据核字（2018）第 128373 号

机械工业出版社（北京市百万庄大街 22 号　邮政编码 100037）

策划编辑：张金奎　　责任编辑：张金奎

责任校对：刘雅娜　　封面设计：萧　力

责任印制：孙　炜

保定市中画美凯印刷有限公司印刷

2018 年 8 月第 3 版第 1 次印刷

297mm×210mm・11.5 印张・264 千字

标准书号：ISBN 978-7-111-60217-0

定价：36.00元

凡购本书，如有缺页、倒页、脱页，由本社发行部调换

电话服务　　网络服务

服务咨询热线：010-88379833　　机 工 官 网：www.cmpbook.com

读者购书热线：010-88379649　　机 工 官 博：weibo.com/cmp1952

教育服务网：www.cmpedu.com

封面无防伪标均为盗版　　金 书 网：www.golden-book.com

关于本书配套数字课程资源的使用说明

一、如何激活本书的书伴权限

1. 下载“书伴”

用手机浏览器打开 www.weixue.co，按照提示下载对应版本的“书伴”APP。

或者用“微信”扫描右侧二维码，并点击右上角“三个点”按钮，在呼出的菜单中选择“在浏览器中打开”，并按照提示下载对应版本的“书伴”APP。

2. 注册账号

首次打开“书伴”，选择“注册”账号，并按照提示注册账号。

3. 激活本书权限

注册账号后，请刮尽封底正版验证码上的覆层，保证二维码完全露出。然后，用已注册的账号登录书伴，点击书伴开始界面下方正中间的“扫一扫”，扫描刮开的二维码，即可激活本书。

特别注意，激活时仅能绑定一个手机号码及对应的“书伴”账号。

二、如何使用本书的数字资源

本书于每章末，设置“数字资源页”，引入数字课程资源，并列出明细菜单。其内容由“基本内容”和“特色栏目”两个部分组成（详见“第3版前言”）。读者扫描二维码，即可使用相应数字资源。

第 3 版前言

本书第 1 版于 2006 年 8 月出版，被遴选为“普通高等教育‘十一五’国家级规划教材”。第 2 版于 2013 年 2 月出版，从八个方面对第 1 版进行了修订和完善。本书为第 3 版，是第 1 版和第 2 版的升级版。

本次修订的着眼点和着力点为**“三个加强”——加强力学基础理论与土木工程应用相结合，加强自然科学教育与人文素质教育相结合，加强传统教学方式与现代教学手段相结合**。

本书未对第 2 版的章节编排及其具体内容做大的变动和修改，而主要是在**新增数字资源在线支持，力求融图、文、声、像为一体**方面做了一些新的探索。其具体做法是：于每章末，设置“数字资源页”，引入数字资源，并列出明细菜单，方便读者扫描，讲求实效。

章末所附“数字资源页”内容，由“基本部分”和“特色栏目”两部分组成。

1. 基本部分

（1）本章回顾：基本内容归纳与解题方法提示。

（2）思辨试题：为加深基本概念理解，培养学生思辨能力，编写有思考题 128 个，判断题 174 个，单选题 138 个，填空题 155 个，均附有题目解析和答案。

（3）自测试卷：为加强基本功训练和分阶段检测学习效果，给学生提供了“静定梁及静定刚架内力图的绘制自测题（含答案）3 套，《结构力学》（Ⅰ）期末自测题（含答案）3 套和《结构力学》（Ⅱ）期末自测题（含答案）3 套。

（4）动画演示：在“第 12 章 结构的动力计算”中，对每个例题所求出的体系主振型均给出相应的动画演示。

（5）难题解析：选择有关基本分析方法和基本计算方法的部分难题，通过视频进行重点讲解。

2. 特色栏目

（1）**《专家论坛》**：注重学术性、可读性和前瞻性。

紧密结合各章内容的学习，特别编辑了我国力学界、工程界 8 位专家、教授关于力学在土木工程中的重要作用、广泛应用及发展前景的深刻见解和精辟论述，奉献给读者，以期激励莘莘学子拓宽视野，启迪思维，开创未来。

（2）**《知识拓展》**：注重启发性和应用性。

对第Ⅱ分册（专题部分）所学有关基本知识作适当的拓展和延伸，向读者介绍我国相关科研成果在国家工程设计《规范》和《规程》编制中的实际应用。

（3）**《趣味力学》**：注重知识性和趣味性。

从日常生活、艺术创作和工程实例中，揭示力学的知识性和趣味性，从而增强年轻读者联系实际学习和研究力学课题的兴趣和能力。

本书由萧允徽和张来仪担任主编。参加修订和编写工作的还有：刘纲、文国治、陈名弟、王达诠。具体分工（以“数字资源”内容分）为：“本章回顾”（文国治、刘纲）；“思辨试题”“自测试卷”“难题解析”（文国治、王达诠）；“动画演示”（陈名弟）；《专家论坛》《知识拓展》（萧允徽）；《趣味力学》（刘纲）。全书由萧允徽和张来仪负责统稿。本书封面和“数字资源页”版面由萧力设计。

本书再次承蒙西安建筑科技大学刘铮教授精心审阅，谨此致谢。

本书所设《专家论坛》，得到了重庆大学李开禧、张希黔、李英民、李正良、杨庆山、华建民、黄国庆等专家、教授的大力支持和热情参与，在此表示由衷感谢；同时，通过在《专家论坛》中选编和学习《谈计算力学》一文，表达对我国著名力学家、教育家钱令希院士的缅怀之情。

为便于教师讲授，本书配套编制有高质量的电子教案，教师可通过 http://www.cmpedu.com（机工教育服务网）注册后免费下载使用。

为帮助读者深入学习结构力学，还配套编写出版了《结构力学辅导》一书（主编文国治，副主编刘纲，机械工业出版社出版），供读者学习参考。

恳请专家、读者对本书不足之处给予批评和指正。

编　者

2018 年 5 月

第 2 版 前 言

本书是在第 1 版《结构力学（Ⅰ、Ⅱ）》（普通高等教育“十一五”国家级规划教材）的基础上，根据教育部 2008 年审定的《结构力学课程教学基本要求（A 类）》以及全国土木工程专业指导委员会 2011 年 10 月制定的《高等学校土木工程本科指导性专业规范》，并认真总结近七年来的教学实践经验修订而成的。

本次修订工作仍遵循第 1 版关于“四基”的编写原则，并保持第 1 版教材原有的鲜明特色，在以下几个方面进行了修订、完善和探索。

（1）为了加强本课程与专业课程以及工程实际的紧密联系，改写和充实了第 1 章绪论的内容。

（2）为了弥补第 1 版教材在培养学生对内力图绘制正误性判断能力上的不足，在第 3 章中强调了对静定结构内力图的校核。

（3）为了加深对变形图的正确理解，凡绘制各插图中的变形曲线时，均力求更能符合变形规律和反映变形特征；同时，通过贯穿于第 6 章～第 9 章中相关的例题和习题，着意培养学生勾绘变形曲线的能力。

（4）为了加强矩阵位移法基本原理的介绍，并与后续相关课程相衔接，改写了第 11 章；同时，考虑到目前程序编制的发展趋势，改用 C 语言编写了附录 A 中的平面刚架静力分析程序。

（5）为了贯彻“少而精”的原则，更方便本科教学，对于第 13 章第 3 节，即“13.3 确定临界荷载的能量法”一节，进行了重新编写，精选其中一种解法，而删去对多种解法的介绍及综述。

（6）为了论述更加严密和便于阅读理解，对一些文字和例题进行了修改和调整。

（7）为了更好地体现各个插图对诠释文中内容的作用，对全书所有插图的名称和标注重新进行了规范和必要修改。

（8）为了更好地发挥“板书式”排版方式其“图文并茂，一目了然”的优点，本次修订时，对教材版式也作了进一步的完善。

本书由萧允徽、张来仪担任主编。参加修订工作的有：文国治、王达诠（第Ⅰ分册）和陈名弟（第Ⅱ分册）。

本书再次承蒙西安建筑科技大学刘铮教授精心审阅，谨致谢意。

本书封面照片是编者自摄的重庆朝天门长江大桥（该桥为我国自行设计和建造的“世界第一钢桁架拱桥”）。

欢迎专家、读者继续批评和指正。

编　者

2013 年 1 月

第 1 版前言

本书是按照教育部审定的《结构力学课程教学基本要求》新编的教材，适用于普通高等学校宽口径的“大土木”专业（包括建筑工程、路桥、岩土工程、水利工程和建筑安装等），也可供有关工程技术人员参考。

为培养高素质创新型专门人才，本书在编写过程中，坚持“基本概念的阐述要准确，基本原理的论证要透彻，基本方法的分析要具体，基本能力的培养要加强”的编写原则，在学习、继承的基础上，结合编者多年来从事结构力学教学、科研的实践，力求为读者提供一本内容精练、版式新颖、教师好用、学生易读的新教材。本书在以下几方面作了一些新的探索：

（1）专门为教师上课，特别是采用多媒体教学，设计了“板书式”（书横排，强调文、图、公式紧密结合）的排版方式，图文并茂，一目了然，以利于教师使用和学生理解。

（2）刻意依次编排推理层次，纲目清晰，采用多层次并对小节次也多冠以标题的“条理化”的论述方式，以突出结构变形行为的因果关系和逻辑环链。

（3）精选措辞，务求准确覆盖力学概念的内涵。

（4）丰富示例，用以验证理论的工程实用价值，为后续深化认识奠定坚实的基础。

（5）适当引入新的科研成果，以充实和更新教材内容，使力学原理和计算更贴近和反映工程实际。

本书由萧允徽、张来仪主编，萧允徽、张来仪、陈名弟、王达诠共同编写完成。

本书书稿承蒙西安建筑科技大学刘铮教授和重庆大学张汝清教授精心审阅，提出了许多宝贵的意见，对提高本书的质量起了重要作用。

本书的编写得到重庆大学教材建设基金的资助，同时还得到了重庆大学土木工程学院及建筑力学教研室同仁的大力支持。赵更新、游渊、文国治为本书各章编写了思考题和习题，黎娟、刘纲为本书绘制了插图。

借本书出版之际，编者在此一并致以衷心的谢忱。

限于编者水平，书中可能还存在不少问题，恳请广大读者批评指正。

编　者

2006 年 7 月

目　录

第 12 章 结构的动力计算

● 本章教学的基本要求：掌握动力分析的基本方法及动力体系自由度数的判别方法；掌握单自由度和两个自由度体系运动方程的建立方法；掌握自由振动和在简谐荷载作用下强迫振动的计算方法；了解阻尼的作用；了解多自由度体系在一般动力荷载作用下的强迫振动；了解频率的近似计算方法。

● 本章教学内容的重点：动力体系自由度数的判别方法；单自由度体系运动方程的建立；单自由度及有限自由度（重点是两个自由度）体系动力特性的计算；单自由度、有限自由度体系在简谐荷载作用下内力、位移的计算；阻尼对振动的影响。

● 本章教学内容的难点：用刚度法和柔度法建立单自由度体系的运动方程；在动力特性和动力反应计算中，刚度系数和柔度系数的计算；单自由度和两个自由度体系在简谐荷载作用下动力反应的计算。

● 本章内容简介：

12.1 概述
12.2 单自由度体系的运动方程
12.3 单自由度体系的自由振动
12.4 单自由度体系的强迫振动
12.5 阻尼对振动的影响
12.6 多自由度体系的自由振动
12.7 主振型的正交性
12.8 多自由度体系在简谐荷载作用下的强迫振动（无阻尼）
12.9 多自由度体系在任意动力荷载作用下的强迫振动
*12.10 无限自由度体系的自由振动
12.11 近似法计算自振频率

12.1　概　述

12.1.1 结构动力计算的任务

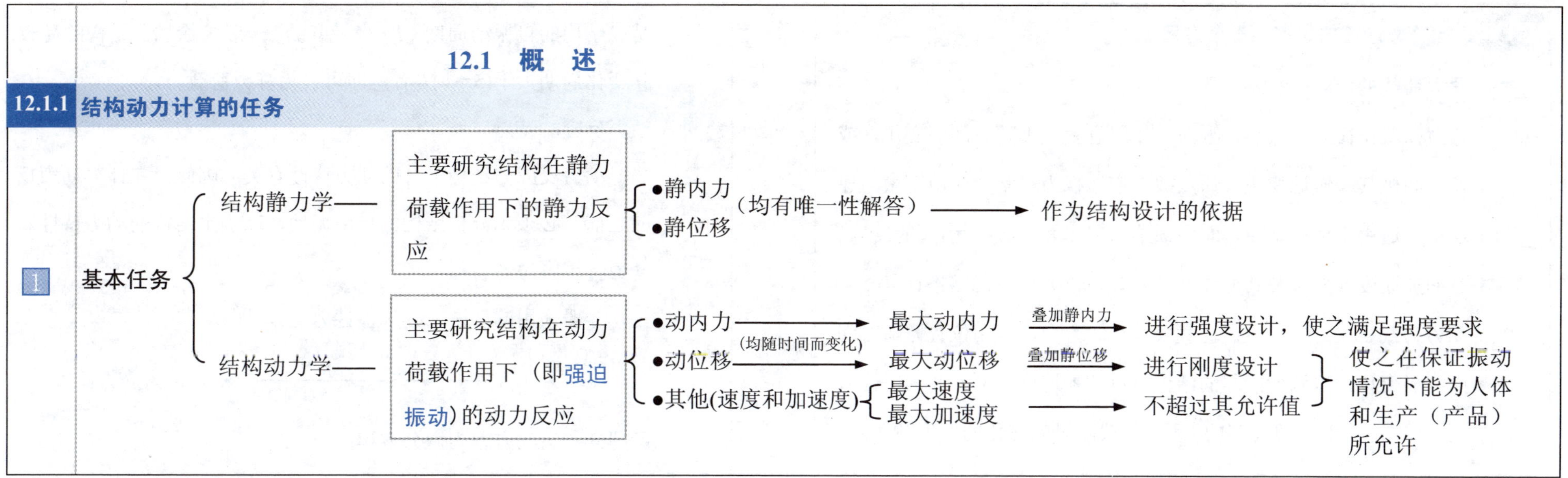

No.12-2

2　研究动力反应的前提和基础：须先分析结构的自由振动 →(求得) 结构本身的动力特性（与荷载无关）

- ●自振频率（2π s 内振动的次数）
- ●自振周期（振动一次所需的时间）
- ●自振型式（对应于每个自振频率，结构自身所保持的不变的振动形式）
- ●阻尼常数（阻尼：使振动衰减的因素；阻尼常数：反映阻尼情况的基本参数）

3　土木工程中常见结构振动计算问题

- ●高层建筑、高耸结构和大跨度桥梁的风振分析
- ●各类工程结构的抗震设计
- ●多层厂房中由于动力机器引起的楼面振动计算
- ●高速行驶的车辆对桥梁结构的振动影响
- ●动力设备基础上的振动计算和减振、隔振设计等

4　本课程主要介绍具有线弹性特征的杆件结构，在确定性动力荷载作用下的动力计算方法；对随机荷载作用（如地震、风振），也将做简要介绍。

12.1.2 结构动力计算的特点（三个方面）

1 动力荷载的特点

(1) **静力荷载**：荷载（大小、方向、作用位置）不随时间而变化，或随时间极其缓慢地变化（质点被近似地视为在常力作用下做匀速运动，适用于惯性定律，即牛顿第二定律），以致所引起的结构质量的加速度（$\ddot{y}$）及其惯性力（$F_I=-m\ddot{y}$）可以忽略不计。

(2) **动力荷载**(也称**干扰力**)：荷载（大小、方向、作用位置）随时间而明显变化，以致所引起的结构质量的加速度（$\ddot{y}$）及其惯性力（$F_I=-m\ddot{y}$）是不可忽略的。所谓荷载随时间变化的“快”和“慢”，是以结构的自振动周期（T）来量度的。一般徐徐加于结构的荷载，其变化周期大于(5～6)T 者，即可视为静力荷载。

2 动力反应的特点

动力反应与结构本身的动力特性有关。因此，在计算动力反应之前，必须先分析结构的自由振动，以确定结构的动力特性。

3 动力计算方法的特点

一般采用**动静法**（亦称**惯性力法**），即

$$\text{动力计算}\xrightarrow[\text{(引入附加惯性力，考虑瞬间动平衡)}]{\text{根据达朗伯原理}}\text{转化为静力计算}$$

所建立的运动方程为微分方程：

1) 单自由度体系：一个变量的二阶常微分方程。

2) 多自由度体系：多个变量的二阶常微分方程组。

3) 无限自由度体系：高阶偏微分方程。

对于冲击、突加等几种特殊形式的动力荷载作用，则可采用**冲量法**求解。

12.1.3 动力荷载的分类

根据动力荷载随时间变化的规律及对结构作用的特点可分为：

1 周期荷载

随时间按周期变化的荷载。

(1) **简谐荷载**：是周期荷载中最简单和最重要的一种。其随时间 t 的变化规律可用正弦函数（图 12-1a）或余弦函数表示。一般有旋转装置的设备（如水轮机、电动机、发电机等）在匀速运转时，由于转子质量的偏心，都会产生这种荷载（图 12-1b）。

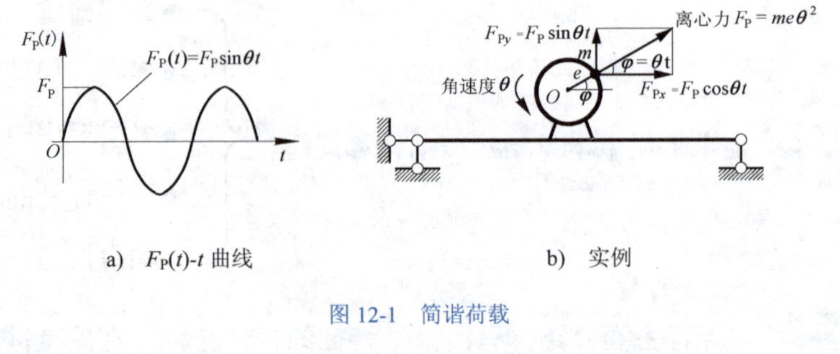

图 12-1　简谐荷载

(2) **非简谐周期荷载**：凡有曲柄连杆的机器（如活塞式空气压缩机、柴油机、锯机等）在匀速运转时都会产生这种荷载。例如，船舶匀速行进时螺旋桨产生的作用于船体的推力（图 12-2）。

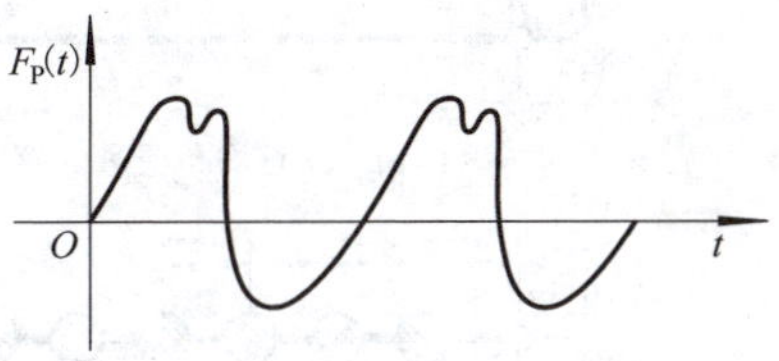

图 12-2　非简谐周期荷载

2 冲击荷载

在很短时间内骤然增减的集度很大的荷载。例如，各种爆炸荷载 (图 12-3)以及锻锤对机器基础的冲击、桩锤对桩的冲击和车轮对轨道接头处的冲击等。

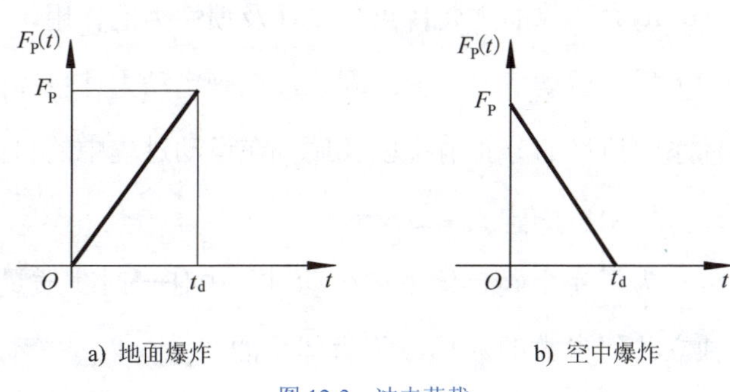

图 12-3　冲击荷载

3 突加常量荷载

以某一恒值突然施加于结构上并在较长时间内基本保持不变的荷载（图 12-4）。例如，起重机突然起吊重物时所产生的荷载等。

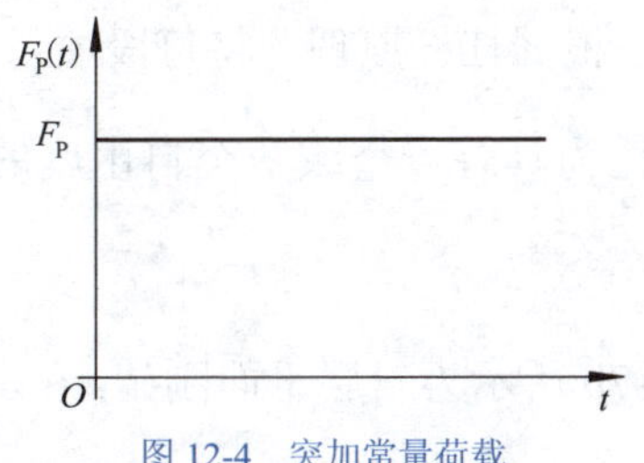

图 12-4　突加常量荷载

以上三类荷载都属于**确定性动力荷载**。若给定了初始条件，结构在某时刻的动力反应是唯一确定的。

4 随机荷载

在将来任一时刻的数值无法事先确定的荷载。不能用数学式定义，但可采用概率论和数理统计的方法，从统计方面来进行定义。地震、脉冲风压和波浪所产生的荷载是其典型例子。图 12-5 所示为 2008 年 5 月 12 日我国汶川 8.0 级地震中，卧龙台站记录到的一个地震波水平加速度时程曲线（详见参考文献[20]）。

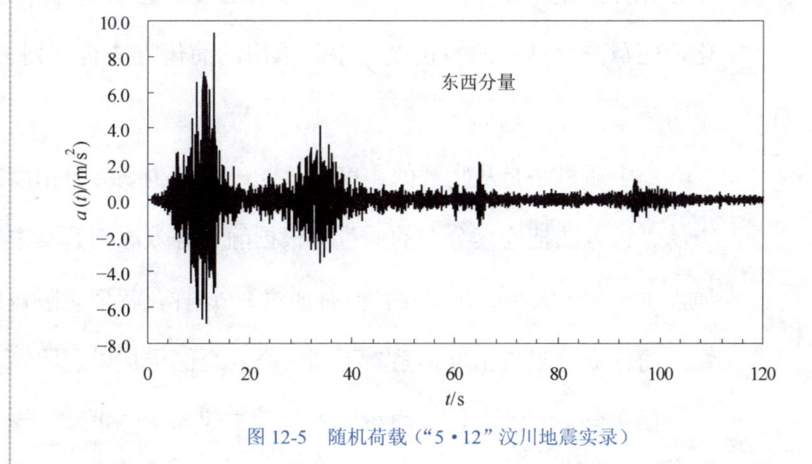

图 12-5　随机荷载（“5 • 12” 汶川地震实录）

12.1.4 动力计算中体系的自由度

动力计算的主要特点是要计及惯性力的作用，而惯性力又与结构上质点运动情况有关。因此，在确定动力计算简图时，需要研究体系中质量的分布情况以及质量在运动过程中的自由度问题。

1 动力自由度的定义

为了完全确定体系在运动过程中任一时刻质量位置所必需的独立几何参数的数目，称为体系的**动力自由度**（动力分析的基本未知量是质点的位移）。

2 体系动力自由度的简化

实际结构的质量都是连续分布的，具有无限多个质点，因此它们都是无限自由度体系。例如，图 12-6a 所示单位长度的质量为 $\overline{m}$ 的简支梁，每一微段 dx 长度上的质量为 $\overline{m}\,\mathrm{d}x$（图 12-6b），在梁沿竖向振动时，各个质点的位移都是质点位置 x 和时间 t 的函数

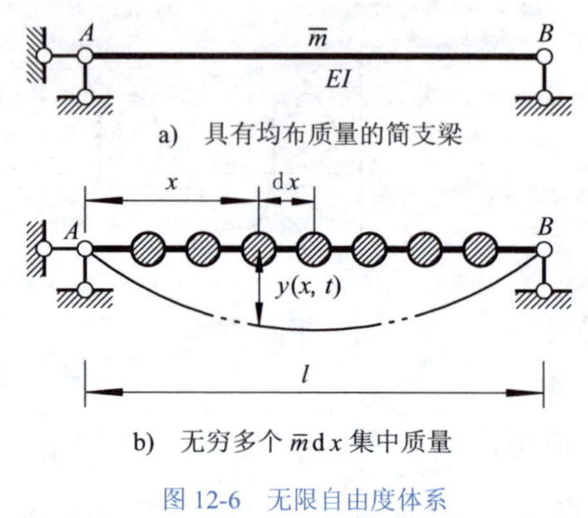

图 12-6　无限自由度体系

$y(x,t)$，它是一个无限自由度体系。但如果任何结构都按无限自由度去计算，则不仅十分困难，而且没有必要。为了使计算得到简化，应从减少体系的自由度着手。常用的简化方法有下列三种。

(1) 集中质量法

集中质量法是从物理的角度提供的一个减少动力自由度的简化方法。该方法把连续分布的质量（根据静力等效原则）集中为几个质点（**质点**无大小、几何点，但有质量），这样，就把无限自由度体系，简化成有限自由度体系。下面，举几个例子加以说明。

图 12-7a 所示为具有均布质量的简支梁，将它分为二等分段或三等分段，根据杠杆原理，将每段质量集中于该段的两端，这样，体系就简化为具有一个或两个自由度的体系。分段愈细，计算精度愈高。

图 12-7b 所示为三层平面刚架。在水平力作用下计算刚架侧向振动时，一种常用的简化计算方法是将柱子的分布质量简化为作用于上下横梁处，因而刚架的全部质量都作用在横梁上。由于每层横梁的刚度很大，故梁上各点的水平位移彼此相等，因此每层横梁上的分布质量又可用一个集中质量来代替。最后简化为有三个水平位移自由度 y_1、y_2 和 y_3 的计算简图。

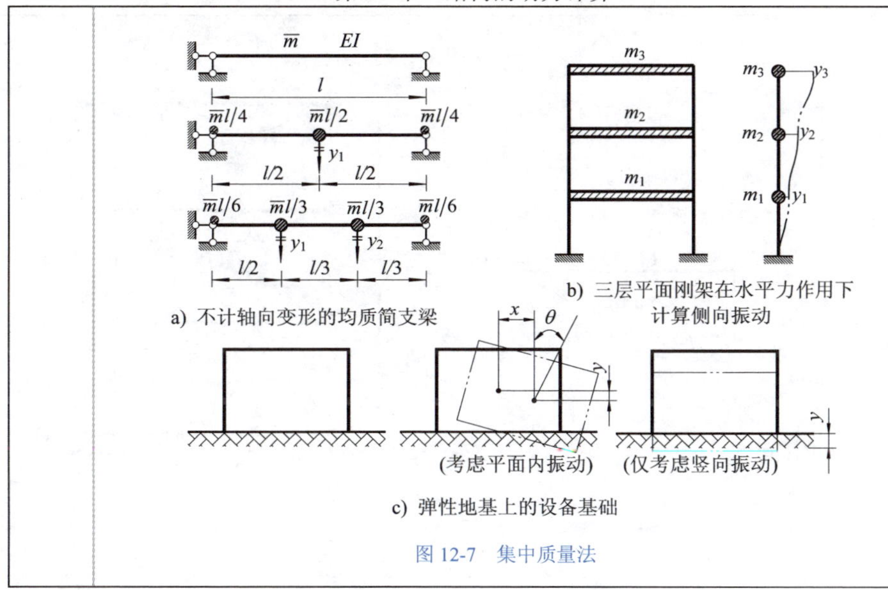

图 12-7　集中质量法

图 12-7c 所示为一弹性地基上的设备基础，计算时可简化为一刚性质块。当考虑基础在平面内的振动时，体系共有三个自由度，包括水平位移 x、竖向位移 y 和角位移 θ。而当仅考虑基础在竖直方向的振动时，则只有一个自由度（竖向位移 y）。

(2) 广义坐标法

广义坐标法是从数学角度提供的一个减少动力自由度的简化方法。例如，具有分布质量的简支梁的振动曲线（位移曲线），可近似地用三角级数表示为

$$y(x,t)=\sum_{k=1}^{n}a_k(t)\sin\frac{k\pi x}{l} \tag{a}$$

式中，$\sin(k\pi x/l)$是一组给定的函数，称作**位移函数或形状函数**，与时间无关；$a_k(t)$是一组待定参数，称作**广义坐标**，随时间而变化。因此，体系在任一时刻的位置，是由广义坐标$a_k(t)$来确定的。注意：这里的形状函数只要满足位移边界条件，所选的函数形式可以是任意的连续函数。因此，式(a)可写成更一般的形式

$$y(x,t)=\sum_{k=1}^{n}a_k(t)\varphi_k(x) \tag{b}$$

式中，$\varphi_k(x)$是从自动满足位移边界条件的函数集合中任意选取的 n 个函数，因此，体系简化为 n 个自由度体系。

广义坐标法将应用于后面的振型叠加法和能量法。

(3) 有限单元法

有限单元法可看作是广义坐标法的一种应用。把体系的离散化和单元的广义坐标法二者结合起来，就构成了有限单元法的概念。

有限单元法的具体做法是（参见图 12-8）：

第一，将结构离散为有限个单元（本例为三个单元）。

第二，取**结点的位移参数**$y_k(t)$和$\theta_k(t)$，即 y_1、θ_1 和 y_2、θ_2 为**广义坐标**。

第三，分别给出与结点的位移参数（均为 1 时）相应的形状函

数 $\varphi_k(x)$，即 $\varphi_1(x)$、$\varphi_2(x)$、$\varphi_3(x)$和 $\varphi_4(x)$，又常称作**插值函数**（它们确定了指定结点位移之间的形状）。

第四，仿照公式(b)，体系的位移曲线可用四个广义坐标及其相应的四个插值函数表示为

$$y(x,t)=y_1(t)\varphi_1(x)+\theta_1(t)\varphi_2(x)+y_2(t)\varphi_3(x)+\theta_2(t)\varphi_4(x) \qquad \text{(c)}$$

式中，$\varphi_k(x)$可事先给定，让其满足边界条件。这样，就把无限自由度体系简化为四个自由度（y_1，θ_1，y_2，θ_2）体系。

必须强调的是：动力分析中的自由度，一般是变形体体系中质量的动力自由度。而前面第 2 章平面体系的几何组成分析中的自由度，是不考虑杆件弹性变形的体系的自由度。

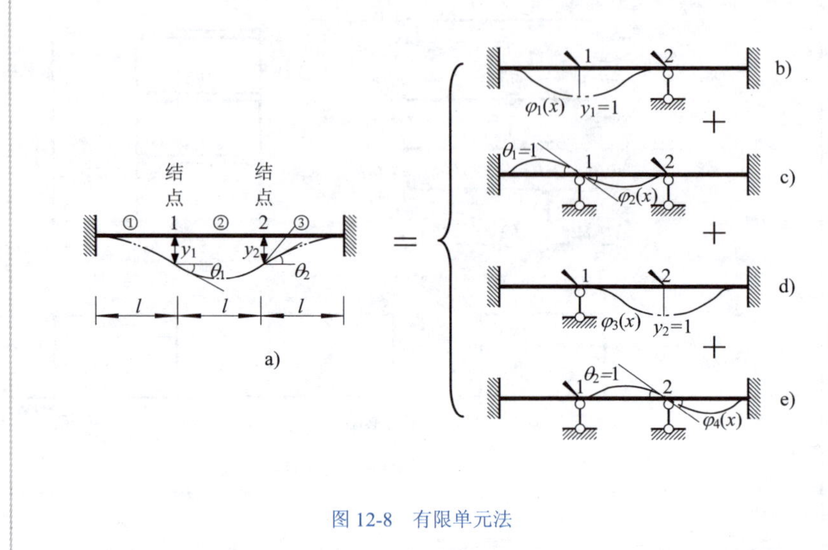

图 12-8　有限单元法

3 动力自由度的确定

(1) 用广义坐标法或有限单元法将无限自由度体系简化为有限自由度体系时，体系的自由度数等于广义坐标数或独立结点位移数。

(2) 用集中质量法简化得到的有限自由度体系，在确定体系的自由度数目时，应注意以下两点：

1) 一般受弯结构的轴向变形忽略不计。

2) 动力自由度数不一定等于集中质量数，也与体系是否超静定和超静定次数无关，但它会直接影响计算精度。

确定动力自由度的方法：一般可根据定义直接确定；对于比较复杂的体系，则可用限制集中质量运动的方法（即附加支杆的方法）来确定。以下图 12-9 和图 12-10 中是一些示例。

1) 单自由度体系（图 12-9）

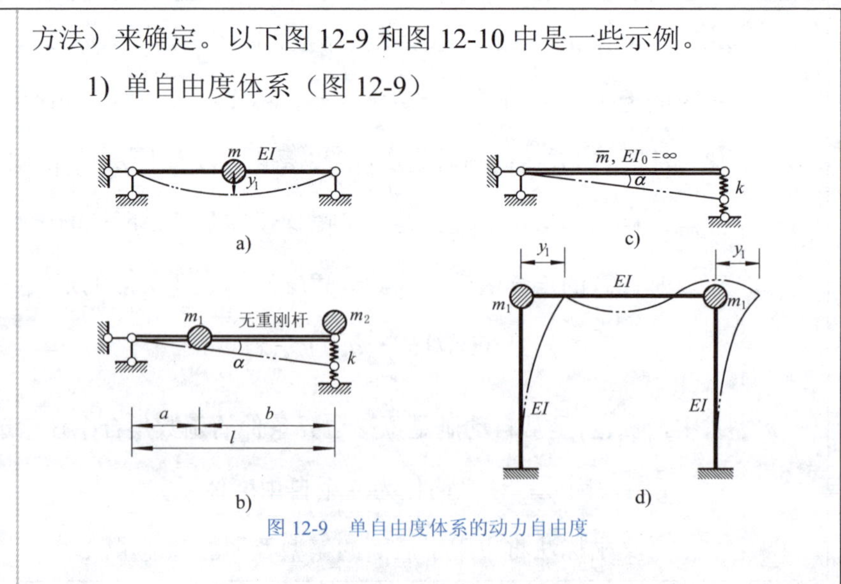

图 12-9　单自由度体系的动力自由度

2) 多自由度体系（图 12-10）

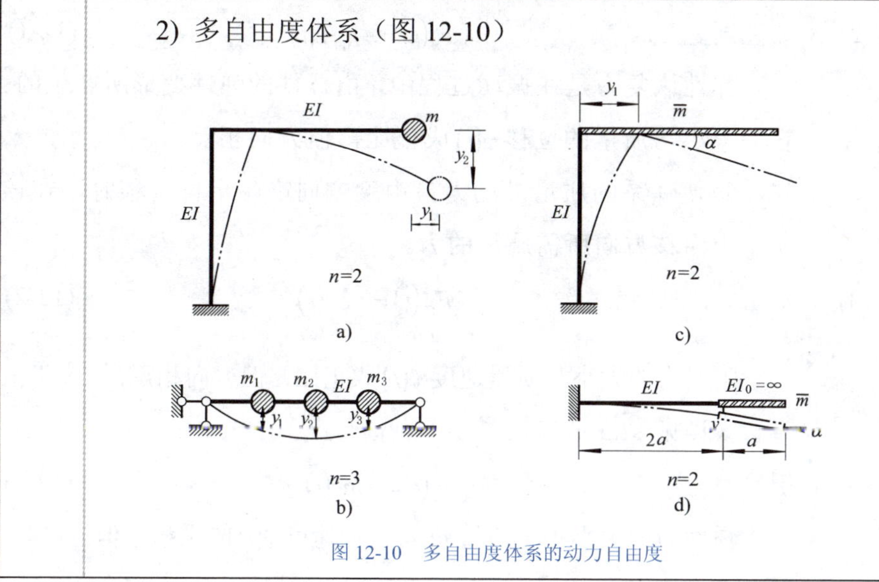

图 12-10　多自由度体系的动力自由度

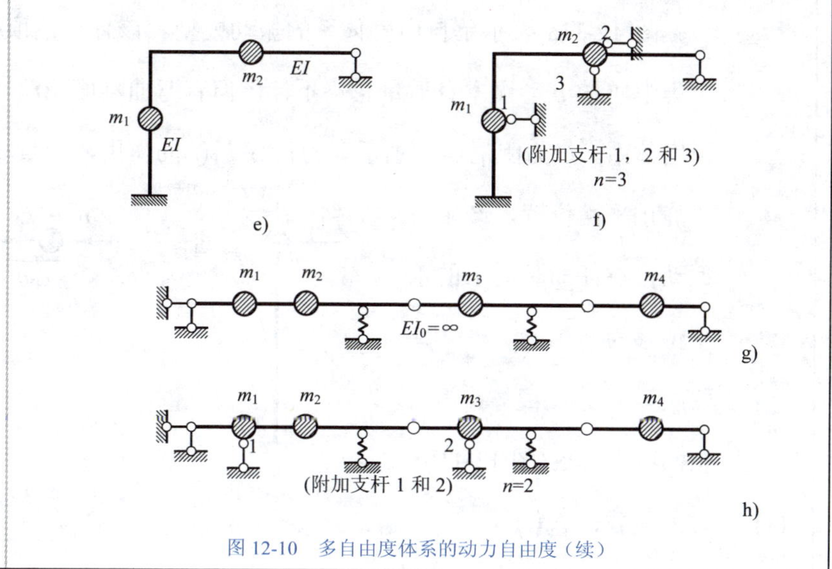

图 12-10　多自由度体系的动力自由度（续）

12.2　单自由度体系的运动方程

动力计算的基本未知量是质点的位移，它是时间 t 的函数。为了求出动力反应，应先列出描述体系振动时质点动位移的数学表达式，称为动力体系的**运动方程**（亦称**振动方程**）。它将具体的振动问题归结为求解微分方程的数学问题。运动方程的建立是整个动力分析过程中最重要的部分。

单自由度体系的动力分析能反映出振动的基本特性，是多个自由度体系分析的基础。本章只介绍微幅振动（线性振动）。

根据达朗伯原理建立运动方程的方法称为**动静法**（亦称**惯性力法**）。具体做法有两种：刚度法和柔度法。

刚度法：将力写成位移的函数，按平衡条件列出外力（包括假想作用在质量上的惯性力和阻尼力）与结构抗力（弹性恢复力）的动力平衡方程（刚度方程），类似于位移法。

柔度法：将位移写成力的函数，按位移协调条件列出位移方程（柔度方程），类似于力法。

12.2.1 按平衡条件建立运动方程——刚度法

1 单自由度体系的振动模型

图 12-11a 表示单自由度体系的振动模型。该悬臂柱顶端有一个集中质量 m，梁本身质量忽略不计，但有弯曲刚度 EI，属单自由度体系。C 为阻尼器。由于动力荷载 $F_P(t)$的作用，质量 m 离开了静止平衡位置，产生了振动，在任一时刻 t 的水平位移为 $y(t)$。

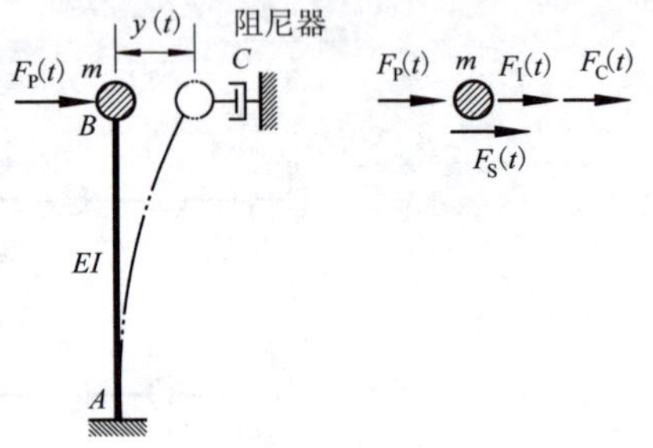

a)　振动模型　　　b)　刚度法示意图

图 12-11　单自由度体系的振动模型以及刚度法示意图

2 **取质量 m 为隔离体，其上有四种力作用**(图 12-11b)

(1) **动力荷载**：$F_P(t)$

(2) **弹性恢复力**：

$$F_S(t) = -k_{11}y(t) \tag{12-1}$$

弹性恢复力是在振动过程中，由杆件的弹性变形所产生的。它的大小与质量的位移 $y(t)$ 成正比，但方向相反。k_{11} 为刚度系数，是使体系的质量沿动力自由度方向产生单位位移时，在该质量上沿该方向所需施加的力。

(3) **阻尼力**：

$$F_C(t) = -c\dot{y}(t) \tag{12-2}$$

(黏滞阻尼理论)

阻尼力的大小与质量速度 $\dot{y}(t)$ 成正比，但方向相反，c 为阻尼系数（详见 12.5 节）。

(4) **惯性力**：

$$F_I(t) = -m\ddot{y}(t) \tag{12-3}$$

惯性力的大小等于质量 m 与其加速度 $\ddot{y}(t)$ 的乘积，但方向与

加速度方向相反。

3 **建立运动方程**

根据达朗伯原理，对于图 12-11b，由 $\sum F_x = 0$，得

$$F_I(t) + F_C(t) + F_S(t) + F_P(t) = 0 \tag{12-4}$$

将式(12-1)～式(12-3)代入式（12-4），即得

$$\boxed{m\ddot{y} + c\dot{y} + k_{11}y = F_P(t)} \tag{12-5}$$

这是一个二阶线性常系数微分方程。

有必要说明，为了表述简明，本书从式（12-5）和图 12-12 起，以下各方程和各图形中的 $y(t)$、$\dot{y}(t)$、$\ddot{y}(t)$ 以及除动力荷载 $F_P(t)$之外的各力均省去自变量(t)。

【例 12-1】试用刚度法建立图 12-12a 所示刚架受动力荷载 $F_P(t)$作用的运动方程。设刚架的阻尼系数为 c。

a) 原结构　　b) 隔离体受力图　　c) 位移图、$\bar{M}_1$ 图及楼层刚度

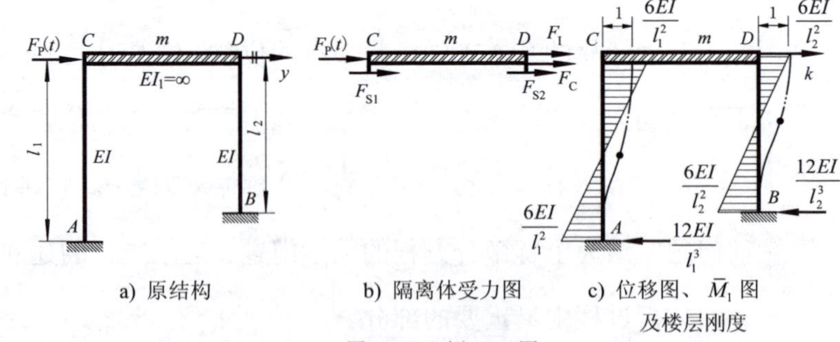

图 12-12　例 12-1 图

解：(1) 确定自由度（建模）：结构的质量 m 分布于刚性横梁，只能产生水平位移，属单自由度体系。

(2) 确定位移参数：设刚性梁在任一时刻的位移为 y，向右为正。

(3) 切取质量为隔离体，绘隔离体受力图，如图 12-12b 所示，图中给出了惯性力、阻尼力和弹性恢复力。各力均设沿坐标正向为正。

(4) 列运动方程：按动静法列动力平衡方程，可得

$$F_P(t)+F_I+F_C+F_{S1}+F_{S2}=0 \tag{a}$$

式中，

$$F_I=-m\ddot{y}，\quad F_C=-c\dot{y}$$

$$F_{S1}=-\frac{12EI}{l_1^3}y，\quad F_{S2}=-\frac{12EI}{l_2^3}y \tag{b}$$

将式(b)代入式(a)，经整理，可得运动方程

$$m\ddot{y}+c\dot{y}+ky=F_P(t) \tag{c}$$

式中，刚度系数 $k=12EI/l_1^3+12EI/l_2^3$（这里的 k 又称为楼层刚度，系指上下楼面发生单位相对位移（$\varDelta=1$）时，楼层中各柱剪力之和，如图 12-12c 所示）。

【例 12-2】试用刚度法建立图 12-13a 所示静定梁的运动方程。

解：本题为单自由度体系。取 α 为坐标。在某一时刻 t，体系位移如图 12-13b 所示。其受力如图 12-13c 所示，即

$$\left.\begin{aligned}F_{I1}&=-m_1(a\ddot{\alpha})\\F_{I2}&=-m_2(l\ddot{\alpha})\end{aligned}\right\}\text{（设惯性力正方向与质量运动方向一致）}$$

$$F_B=k_B(b\alpha)\quad\text{（竖向反力 }F_B\text{ 方向与弹簧伸缩方向相反）}$$

考虑结构整体平衡，由 $\sum M_A=0$，得

$$m_1a^2\ddot{\alpha}+m_2l^2\ddot{\alpha}+k_Bb^2\alpha=0$$

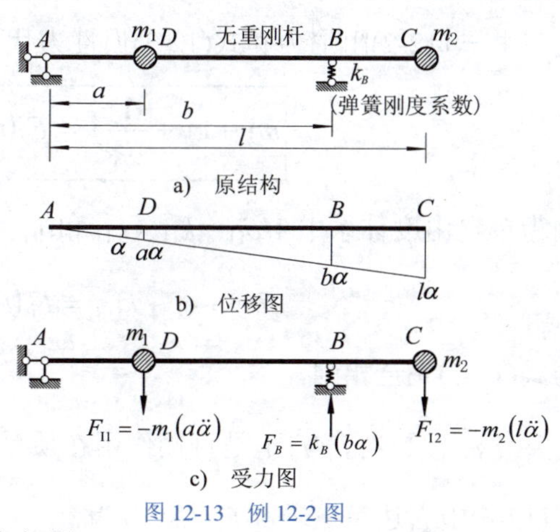

图 12-13　例 12-2 图

整理后，得运动方程

$$\left(m_1a^2+m_2l^2\right)\ddot{\alpha}+k_Bb^2\alpha=0$$

【讨论】关于刚度法的三种写法

1) 隔离体平衡法。切取质量为隔离体，列写运动方程。当结构作用于质量的弹性恢复力 F_S 容易求得时，宜用此法（以质量为对象）。参见图 12-11b 和例 12-1。

2) 整体平衡法。考虑结构整体平衡，列写运动方程。当无重刚杆上有集中质量时，宜用此法（以结构为对象），参见例 12-2。

当用以上两种写法均有困难时，则可用以下第 3)种写法。

3) 附加约束法。其概念与静力计算中的位移法相似。下面以图 12-14a 所示单自由度体系为例，说明其具体做法。

首先，在质量上沿动力自由度方向添加附加支杆；然后，分别求出惯性力 F_{I}、位移 y 和动力荷载 $F_{\mathrm{P}}(t)$ 引起的附加竖向反力 $F_{1\mathrm{I}}$、$k_{11}y$ 和 $F_{1\mathrm{F}}$（均假设为正，如图 12-14b、c、d 所示）；最后，考虑到在真正的动力平衡位置上，体系必然恢复自然的运动状态，因而，附加约束中竖向反力 F_1 应等于零，即

$$F_1 = F_{1\mathrm{I}} + k_{11}y + F_{1\mathrm{F}} = 0$$

亦即

$$m\ddot{y} + k_{11}y - F_{\mathrm{P}}(t) = 0$$

由此，可列写出该体系的运动方程为

$$m\ddot{y} + k_{11}y = F_{\mathrm{P}}(t)$$

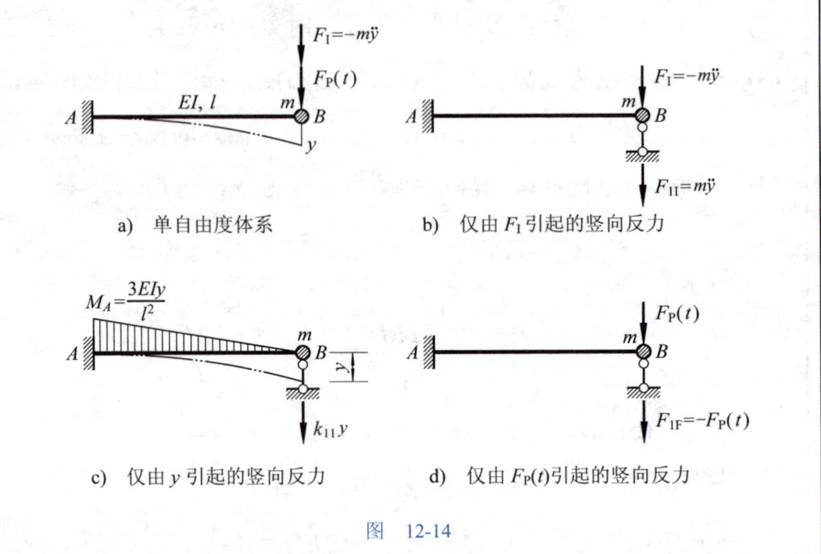

图　12-14

12.2.2 按位移协调条件建立运动方程——柔度法

如图 12-15 所示，质量 m 所产生的水平位移 y，可以视为由惯性力 F_{I}、阻尼力 F_{C} 和动力荷载 $F_{\mathrm{P}}(t)$ 共同作用在悬臂柱顶端所产生的。根据叠加原理，得

$$\boxed{y = \delta_{11}F_{\mathrm{I}} + \delta_{11}F_{\mathrm{C}} + \delta_{11}F_{\mathrm{P}}(t)} \quad (12\text{-}6)$$

式中，δ_{11} 为柔度系数。表示在体系的质量上沿动力自由度方向施加单位力时，引起该质量沿该方向所产生的静位移。

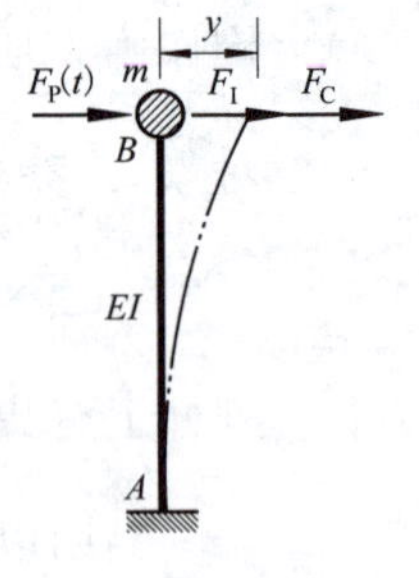

图 12-15　柔度法示意图

将式(12-2)阻尼力和式(12-3)惯性力代入上式，即得

$$\boxed{m\ddot{y} + c\dot{y} + \frac{1}{\delta_{11}}y = F_{\mathrm{P}}(t)} \quad (12\text{-}7)$$

因为单自由度体系中 $1/\delta_{11}=k_{11}$（k_{11} 和 δ_{11} 互为倒数），故有

$$m\ddot{y} + c\dot{y} + k_{11}y = F_{\mathrm{P}}(t)$$

与式(12-5)完全相同。

【注意】当 $F_{\mathrm{P}}(t)$ 不是直接作用在质量及其运动方向上时，则式(12-6)中右边第三项 $\delta_{11}F_{\mathrm{P}}(t)$ 应改为

$$\delta_{1\mathrm{P}}F_{\mathrm{P}}(t)$$

式中，δ_{1P} 表示 $F_P(t)=1$ 作用时，引起质量沿动力自由度方向所产生的位移。相应地，式(12-7)、式(12-5)中右边项 $F_P(t)$应改为

$$\left(\frac{\delta_{1P}}{\delta_{11}}\right)F_P(t)\xrightarrow{\text{可记为}}F_E(t)$$

式中，$F_E(t)$ 称为**等效动力荷载**。同时，它与由于 $F_P(t)$ 作用而在质点处添加的附加约束上所产生的支反力大小相等。

【例 12-3】试用柔度法建立图 12-16a 所示静定刚架受动力荷载 $M(t)$ 作用的运动方程。

解：本题为单自由度体系的振动。取质量 m 水平方向的位移 y 为坐标，在某一时刻 t，体系所受到的力如图 12-16b 所示。利用柔度法建立

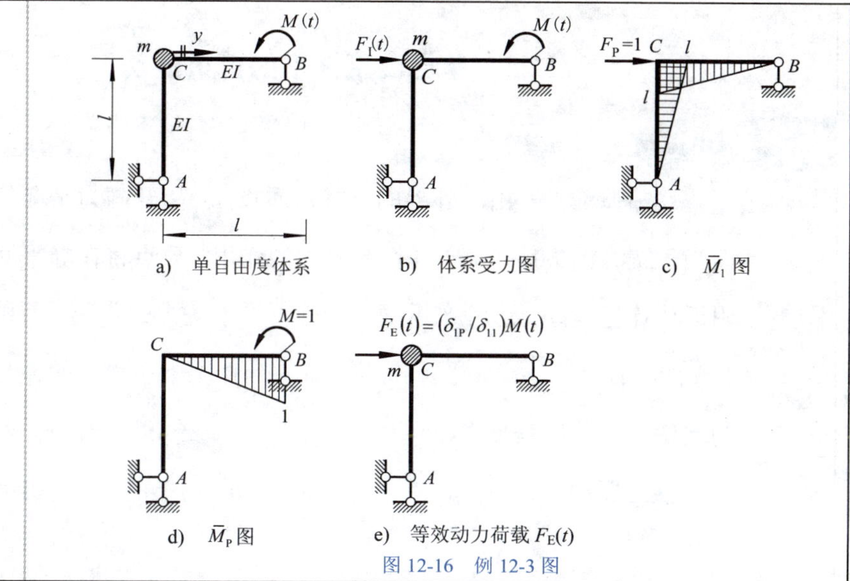

a)　单自由度体系　　b)　体系受力图　　c)　$\overline{M}_1$ 图　　d)　$\overline{M}_P$ 图　　e)　等效动力荷载 $F_E(t)$

图 12-16　例 12-3 图

运动方程为

$$y=\delta_{11}(-m\ddot{y})+\delta_{1P}M(t) \tag{a}$$

式中，δ_{11} 为单位力作用在 C 点水平方向所引起质量处的水平位移；而 δ_{1P} 为单位弯矩 $M(t)=1$ 作用在 B 点时引起质量处的水平位移。

绘出 $\overline{M}_1$ 图、$\overline{M}_P$ 图分别如图 12-16c、d 所示。由图乘法得

$$\delta_{11}=2l^3/3EI\text{，}\quad \delta_{1P}=l^2/6EI \tag{b}$$

将式(b)代入式(a)，并经整理得运动方程

$$m\ddot{y}+\left(\frac{3EI}{2l^3}\right)y=\left(\frac{1}{4l}\right)M(t)$$

也可写作

$$m\ddot{y}+k_{11}y=F_E(t)$$

式中，k_{11} 为刚度系数；$F_E(t)$为等效动力荷载(图 12-16e)

$$F_E(t)=(\delta_{1P}/\delta_{11})M(t)=\frac{1}{4l}M(t)$$

12.2.3 建立运动方程小结

1) 判断动力自由度数目，标出质量未知位移正向。

2) 沿所设位移正向加惯性力、阻尼力和弹性恢复力，并冠以负号。

3) 根据是求柔度系数方便还是求刚度系数方便的原则，确定是建立柔度方程还是建立刚度方程。一般情况下，对于静定结构，求柔度系数更为方便；而对于超静定结构，则求刚度系数更为方便。

12.3　单自由度体系的自由振动

12.3.1 自由振动

自由振动——由于外界的干扰，质点 m 离开静力平衡位置，而当干扰力消失后，由于弹性恢复力的作用，质点将在静平衡位置附近作往返运动。这种在运动过程中不受干扰力的作用，而由初位移 y_0 或初速度 v_0（即 $\dot{y}_0$）或者两者共同作用下所引起的振动，称为自由振动或固有振动。

强迫振动——质点体系在外部干扰力作用下的振动，称为强迫振动。

12.3.2 运动方程的建立及求解

根据式(12-5) $m\ddot{y}+c\dot{y}+k_{11}y=F_P(t)$，并令 $F_C=-c\dot{y}=0$ 和 $F_P(t)=0$，即得体系无阻尼自由振动方程为

$$m\ddot{y}+k_{11}y=0,\quad \ddot{y}+\frac{k_{11}}{m}y=0$$

令

$$\boxed{\omega^2=k_{11}/m} \tag{12-8}$$

可得

$$\boxed{\ddot{y}+\omega^2 y=0} \tag{12-9}$$

这是一个二阶常系数齐次线性微分方程。其特征方程为

$$r^2+\omega^2=0$$

$$r_{1,2}=\pm\omega \mathrm{i}$$

故通解为

$$y=C_1\sin\omega t+C_2\cos\omega t \tag{12-10}$$

$$\dot{y}=C_1\omega\cos\omega t-C_2\omega\sin\omega t \tag{12-11}$$

式中，系数 C_1 和 C_2 可由初始条件确定：

当 $t=0$ 时，$y=y_0$（初位移），可求出 $C_2=y_0$；而 $\dot{y}=v_0$（初速度），可求出 $C_1=v_0/\omega$。故有

$$\boxed{y=y_0\cos\omega t+\frac{v_0}{\omega}\sin\omega t} \tag{12-12}$$

由上式可以看出，振动由两部分组成，即

第一部分：单独由 y_0 引起，质点按 $y_0\cos\omega t$ 规律振动；

第二部分：单独由 v_0 引起，质点按 $\frac{v_0}{\omega}\sin\omega t$ 规律振动。

只要知道 y_0 和 v_0，即可算出任何时刻 t 质点的位移 y。

为将位移方程 y 写成更简单的单项形式，引入符号 a 和 α。使之满足(参见图 12-17)：

$$\boxed{y_0=a\cdot\sin\alpha} \tag{12-13}$$

$$\boxed{\frac{v_0}{\omega}=a\cdot\cos\alpha} \tag{12-14}$$

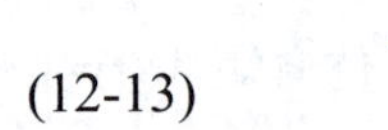

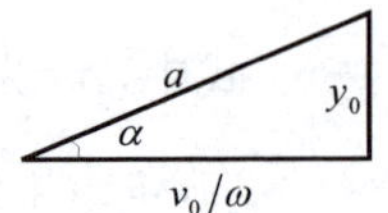

图 12-17　引入 a 和 α

代入式(12-12)，得

$$y=a\cdot\sin\alpha\cdot\cos\omega t+a\cdot\cos\alpha\cdot\sin\omega t$$

即

$$\boxed{y=a\sin(\omega t+\alpha)} \tag{12-15}$$

(简谐振动)

由式(12-13)、式(12-14)先平方再求和，得

$$a=\sqrt{y_0^2+\left(\frac{v_0}{\omega}\right)^2}$$

再由式(12-13)除以式(12-14)，得

$$\tan\alpha=\frac{y_0\omega}{v_0},\quad \alpha=\arctan\frac{y_0\omega}{v_0}$$

为了进一步说明ω、a 和α的物理意义，考察一个模拟的匀速圆周运动，如图12-18a 所示。设质量为 m 的质点，用刚性杆与转动轴相连，以角速度ω绕点 O 做匀速圆周运动，当 t=0 时，杆与水平轴的夹角为α；在任一瞬时 t，杆与水平轴的夹角为（$\omega t+\alpha$），

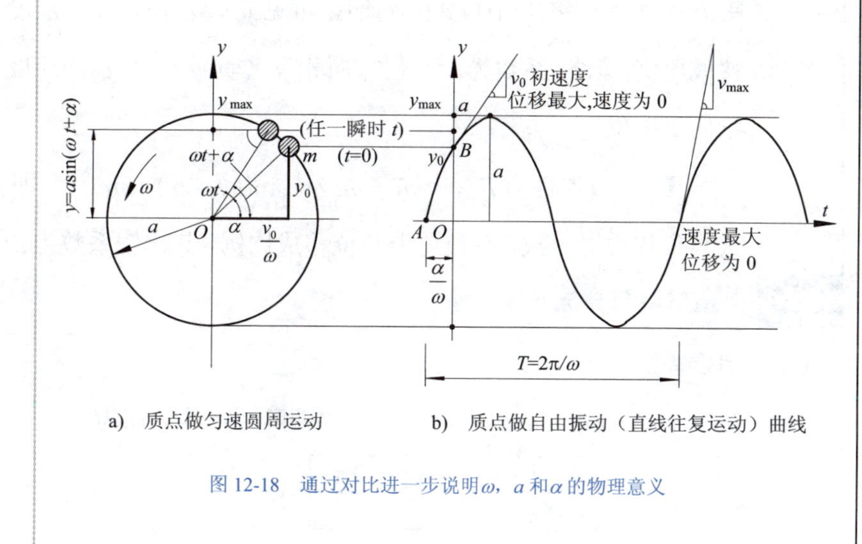

a) 质点做匀速圆周运动　b) 质点做自由振动（直线往复运动）曲线

图 12-18 通过对比进一步说明ω，a 和α 的物理意义

如果取杆长等于质点的振幅 a，则质点的竖标 $y=a\sin(\omega t+\alpha)$。由此可见，图 12-18b 中的质点做自由振动时其位移随时间变化的规律，与图 12-18a 中质点做匀速圆周运动时其竖标的改变规律相同。ω、a 和α的物理意义为：

ω——自振频率或圆频率；

a——振幅（自由振动时最大的幅度），$y_{\max}$；

α——初始相位角，标志着 t=0 时质点的位置。

12.3.3 自由振动中位移、速度、加速度和惯性力的变化规律

由位移 $y=a\sin(\omega t+\alpha)$，可得

$$y_{\max}=a \tag{a}$$

由速度 $\dot{y}=a\omega\cos(\omega t+\alpha)$，可得

$$v_{\max}=a\omega \tag{b}$$

由加速度 $\ddot{y}=-a\omega^2\sin(\omega t+\alpha)$，可得

$$\ddot{y}_{\max}=-a\omega^2 \tag{c}$$

由惯性力 $F_{\rm I}=-m\ddot{y}=ma\omega^2\sin(\omega t+\alpha)$，可得

$$F_{\rm I\max}=ma\omega^2 \tag{d}$$

【注一】由式(c)可知最大加速度的绝对值等于振幅 a 与频率

平方ω^2乘积，将式(a)与式(c)对照，可见$\ddot{y}=-\omega^2 y$，即加速度与位移成比例，比例系数为ω^2，但方向相反（负号），表示加速度永远指向平衡位置。

【注二】惯性力$F_1=-m\ddot{y}=ma\omega^2\sin(\omega t+\alpha)=m\omega^2 y$，即$F_1$永远与位移方向一致，在数值上与位移成比例，其比例系数为$m\omega^2$。

12.3.4 自振周期与自振频率

1 自振周期

$y=a\sin(\omega t+\alpha)$右边是一个周期函数，其周期为

$$\boxed{T=\frac{2\pi}{\omega}} \tag{12-16}$$

表示体系振动一次所需要的时间，其单位为 s（秒）。验证如下：

$$y=a\sin(\omega t+\alpha)=a\sin(\omega t+\alpha+2\pi)$$
$$=a\sin\left[\omega\left(t+\frac{2\pi}{\omega}\right)+\alpha\right]=a\sin[\omega(t+T)+\alpha]$$

所以

$$T=\frac{2\pi}{\omega}$$

2 工程频率

$$\boxed{f=\frac{1}{T}=\frac{\omega}{2\pi}} \tag{12-17}$$

式(12-17)表示体系每秒振动的次数，其单位为 s^{-1}（1/秒）或 Hz（赫兹）。一般建筑钢结构为 7～8 次/s，钢筋混凝土结构为 4 次/s，属低频；一般机器为高频。

3 自振频率

$$\boxed{\omega=2\pi f}=2\pi/T \tag{12-18}$$

式(12-18)表示体系在 2π s 内振动的次数，因此ω也称**圆频率**。其单位为 rad/s，也常简写为 s^{-1}。动力计算中定义[参见式(12-8)]

$$\omega=\sqrt{k_{11}/m}$$

式中，ω是体系固有的非常重要的动力特性。在强迫振动中，当体系的自振频率ω与强迫干扰力的干扰频率θ很接近时（$0.75\leqslant\frac{\theta}{\omega}\leqslant 1.25$ 区段），将会产生共振。为避免共振，就必须使ω与θ远离。

4 T 和ω的一些重要性质

(1) T和ω只与结构的 m 和 k_{11}有关，而与外界的干扰因素无关。干扰力的大小只能影响振幅 a 的大小。

(2) $T\propto\sqrt{m},\omega\propto 1/\sqrt{m}$，因此质量越大，则$T$越大,$\omega$越小；$T\propto 1/\sqrt{k_{11}}$，$\omega\propto\sqrt{k_{11}}$，刚度越大，则$T$越小,$\omega$越大。要改变 T、ω，只有从改变结构的质量或刚度（即改变截面、改变结构形式和材料）着手。

(3) 结构的 T、ω是结构动力性能的很重要的数量标志。两个外表相似的结构，如果 T、ω相差很大，则动力性能相差很大；反之，两个外表看来并不相同的结构，如果其 T、ω相近，则在动力荷载作用下其动力性能基本一致。工程实践中常发现这种性质。

5　T、ω的计算公式小结

(1) **自振周期**

$$T=\frac{2\pi}{\omega}\xrightarrow{\omega=\sqrt{\frac{k_{11}}{m}}}T=2\pi\sqrt{\frac{m}{k_{11}}}\begin{cases}\xrightarrow{\frac{1}{k_{11}}=\delta_{11}}T=2\pi\sqrt{m\delta_{11}}\\ \xrightarrow{m=\frac{W}{g}}T=2\pi\sqrt{W\delta_{11}/g}\end{cases}\tag{12-19}$$

$$\downarrow W\delta_{11}=\Delta_{st}$$

$$T=2\pi\sqrt{\Delta_{st}/g}$$

式中，g 为重力加速度；$W=mg$ 为质点的重力；$\Delta_{st}=W\delta_{11}$ 表示在质量上沿其动力自由度方向施加重力 $W=mg$ 的荷载时，引起该质量沿该方向所产生的静位移。

(2) **自振频率**

$$\omega=\sqrt{\frac{k_{11}}{m}}=\sqrt{\frac{1}{m\delta_{11}}}=\sqrt{\frac{g}{W\delta_{11}}}=\sqrt{\frac{g}{\Delta_{st}}}\tag{12-20}$$

(3) **工程频率**

$$f=\frac{1}{T}=\frac{\omega}{2\pi}$$

【例 12-4】试求图 12-19a 所示等截面梁的自振周期 T 和自振频率ω。已知 E=206GPa=206×10^9N/m^2，I=245cm^4=245×10^{-8}m^4。

解：采用柔度法。

(1) 按式（12-19），关键在于求出δ_{11}

应用图乘法（参见图 12-19b $\overline{M}_1$ 图），可得

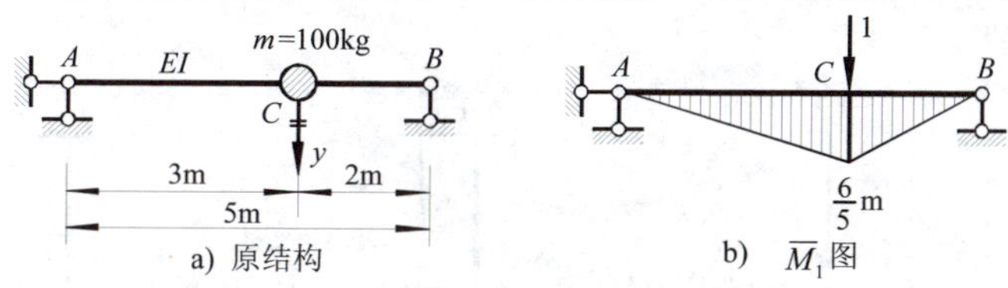

图 12-19　例 12-4 图

$$\delta_{11}=\frac{12}{5EI}=4.755\times10^{-6}\ \text{m/N}$$

(2) 代入式(12-19)求 T，得

$$T=2\pi\sqrt{m\delta_{11}}=0.137\text{s}$$

(3) 代入式(12-20)求ω，得

$$\omega=\sqrt{\frac{1}{m\delta_{11}}}=45.86\text{s}^{-1}$$

【例 12-5】试求图 12-20a 所示结构的ω。各杆 EI=常数。

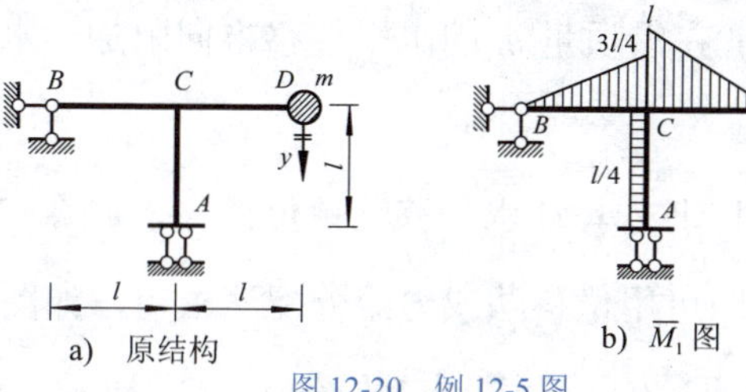

图 12-20　例 12-5 图

解：采用柔度法。该体系为单自由度体系。质量 m 在竖直方向做自由振动。在质点 m 处加相应单位力，用力矩分配法作 $\overline{M}_1$ 图，如图 12-20b 所示。用图乘法可求得

$$\delta_{11}=\frac{7l^3}{12EI}$$

代入式(12-20)，得

$$\omega=\sqrt{\frac{1}{m\delta_{11}}}=\sqrt{\frac{12EI}{7ml^3}}=1.309\sqrt{\frac{EI}{ml^3}}$$

【例 12-6】试求图 12-21a 所示结构的自振频率ω。

解：采用柔度法。

该体系为单自由度体系。质量 m 在竖直方向做自由振动。

在质量 m 处加相应单位力，绘 $\overline{M}_1$ 图，如图 12-21b 所示。用图乘法可求得柔度系数

$$\delta_{11}=\frac{l^3}{16EI}$$

代入式(12-20)，可得

$$\omega=\sqrt{\frac{1}{m\delta_{11}}}=4\sqrt{\frac{EI}{ml^3}}$$

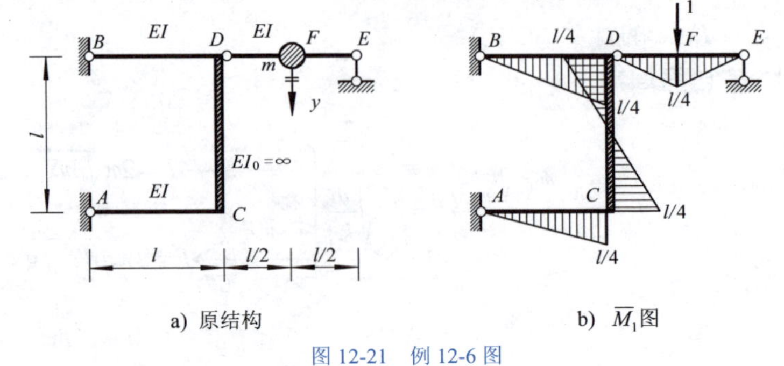

a) 原结构　　b) $\overline{M}_1$图

图 12-21　例 12-6 图

【例 12-7】求图 12-22a 所示结构的自振周期 T。

解：采用刚度法。

该体系为具有一个水平动力自由度的超静定结构。为了求体系的刚度系数 k_{11}，可按以下步骤进行：

1) 在沿质量 m 的水平位移方向附加一水平支杆，如图 12-22b 所示。

2) 让支承 D 水平移动单位位移，如图 12-22b 所示，由此产生的 $\overline{M}_1$ 图可用位移法或力矩分配法求得，如图 12-22c 所示。

3) 取 BD 为隔离体，如图 12-22d 所示。由 $\sum F_x=0$，求得附加约束力即刚度系数

$$k_{11}=\frac{33EI}{7l^3}$$

代入式(12-19)，得

$$T=2\pi\sqrt{\frac{m}{k_{11}}}=2.89\sqrt{\frac{ml^3}{EI}}$$

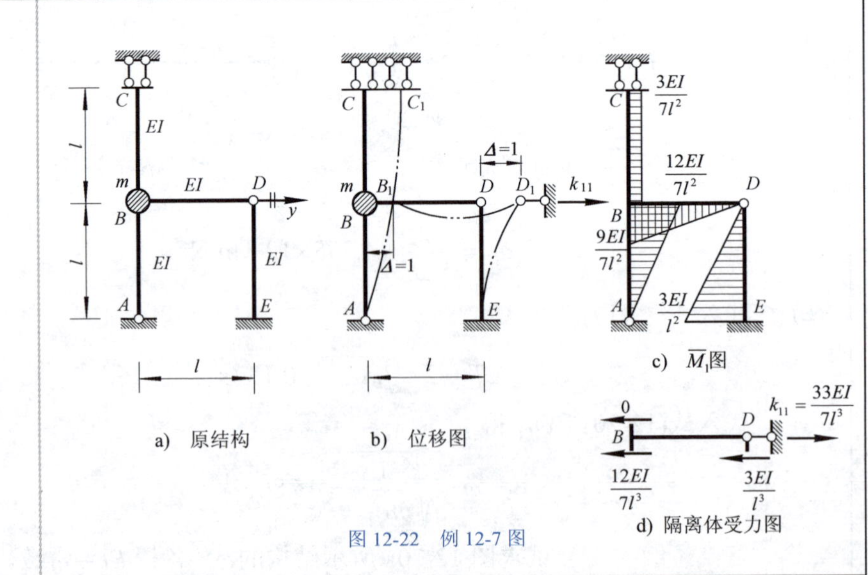

a) 原结构　　b) 位移图　　c) $\overline{M}_1$图　　d) 隔离体受力图

图 12-22　例 12-7 图

【例 12-8】试求图 12-23a 所示结构的自振频率ω。已知弹簧抗移动刚度系数$k=EI/3l^3$。梁的弯曲刚度为 EI。

解：本题是静定结构，通常用柔度法计算比较方便。

为了求该结构的柔度系数δ_{11}，需要在质量上沿运动方向施加一竖向单位力。此时，结构成为串联体系。该结构的柔度系数δ_{11}等于弹簧的柔度系数δ_1(图 12-23b)和伸臂梁的柔度系数δ_2 (图 12-23c)之和，即

$$\delta_{11}=\delta_1+\delta_2$$

式中，$\delta_1=1/k=3l^3/EI$；而由图 12-23c 中$\overline{M}_1$图自乘，可得

$$\delta_2=\frac{2l^3}{3EI}$$

将δ_1和δ_2代入上式，得

$$\delta_{11}=\delta_1+\delta_2=\frac{3l^3}{EI}+\frac{2l^3}{3EI}=\frac{11l^3}{3EI}$$

代入式(12-20)，得自振频率

$$\omega=\sqrt{\frac{1}{m\delta_{11}}}=\sqrt{\frac{3EI}{11ml^3}}=0.52\sqrt{\frac{EI}{ml^3}}$$

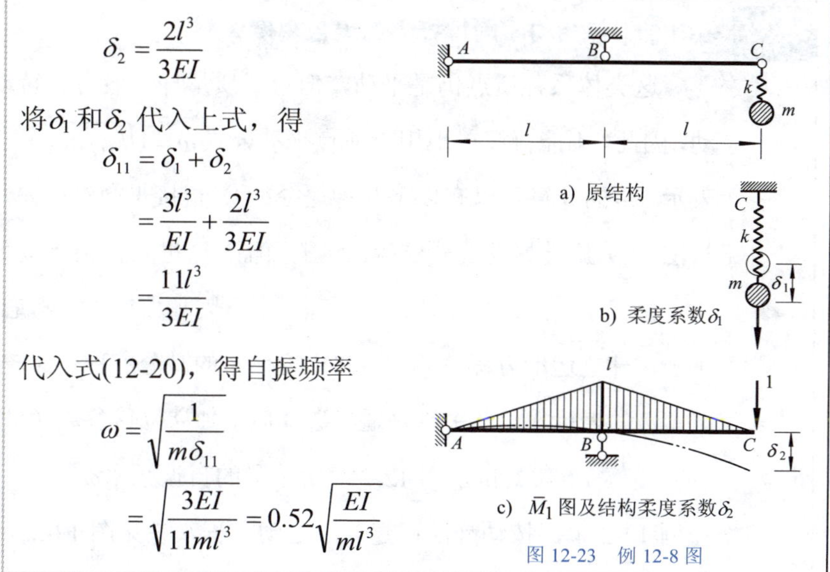

图 12-23　例 12-8 图

【例 12-9】试求图 12-24a 所示结构的自振周期 T。

解：本题用刚度法计算，求刚度系数 k_{11} 比较方便。

沿质量运动的水平方向施加单位位移，此时，结构的变形如图 12-4a 中双点画线所示。取隔离体，其受力如图 12-24b 所示。

由$\sum F_x=0$，得

$$k_{11}=k_1+k_2+k_3+k=(12+12+3+3)\frac{EI}{l^3}=\frac{30EI}{l^3}$$

该排架的总质量

$$m=2m_1$$

代入式(12-19)，得自振周期

$$T=2\pi\sqrt{\frac{m}{k_{11}}}=1.62\sqrt{\frac{m_1l^3}{EI}}$$

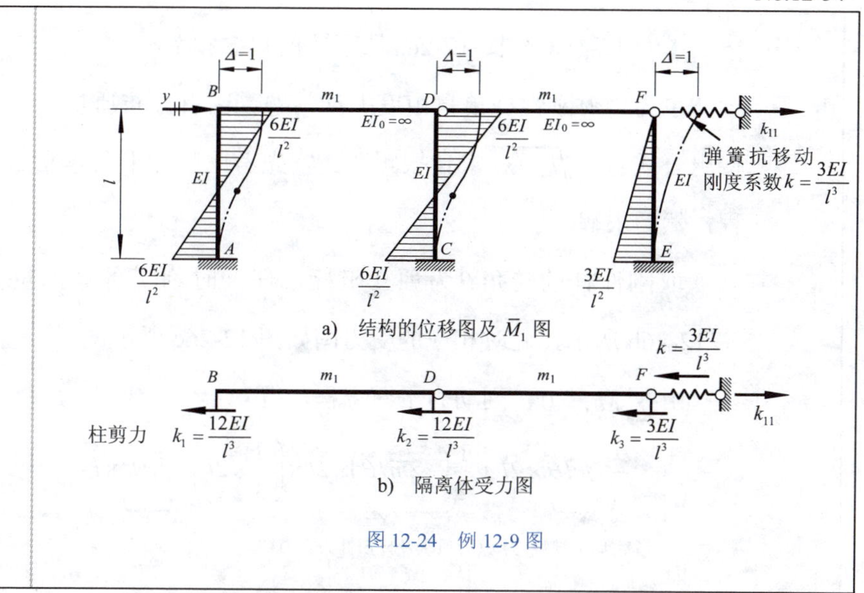

图 12-24　例 12-9 图

12.3.5 多质点（包括均质刚性杆）的单自由度体系

这类体系各质点仍是平动，但对于质量杆一般含有转动及平动，因此，不能再简单地用单质点平动公式 $\omega=\sqrt{k_{11}/m}$ 和 $T=2\pi/\omega$ 表示。ω 的计算可以有以下几种途径：① 直接平衡法；② 等效质量法；③ 旋转振动公式法等。限于篇幅，这里只介绍直接平衡法。

直接平衡法：根据达朗伯原理，引入附加惯性力，考虑瞬间动平衡，建立运动方程，并与单自由度体系的微分方程作比较，即可确定ω的表达式。其关键是适当选择质量独立位移参数（坐标）。

【例 12-10】试求图 12-25a 所示梁的自振频率ω。

解：在例 12-2 中，按动静法已建立了运动方程（参见图 12-25b）

$$m_1a^2\ddot{\alpha}+m_2l^2\ddot{\alpha}+kb^2\alpha=0$$

可改写为

$$\ddot{\alpha}+\frac{kb^2}{m_1a^2+m_2l^2}\alpha=0$$

现与单自由度体系的微分方程 $\ddot{y}+\omega^2y=0$ 作比较，知

$$\omega^2=\frac{kb^2}{m_1a^2+m_2l^2}$$

即

$$\omega=\sqrt{\frac{kb^2}{m_1a^2+m_2l^2}}$$

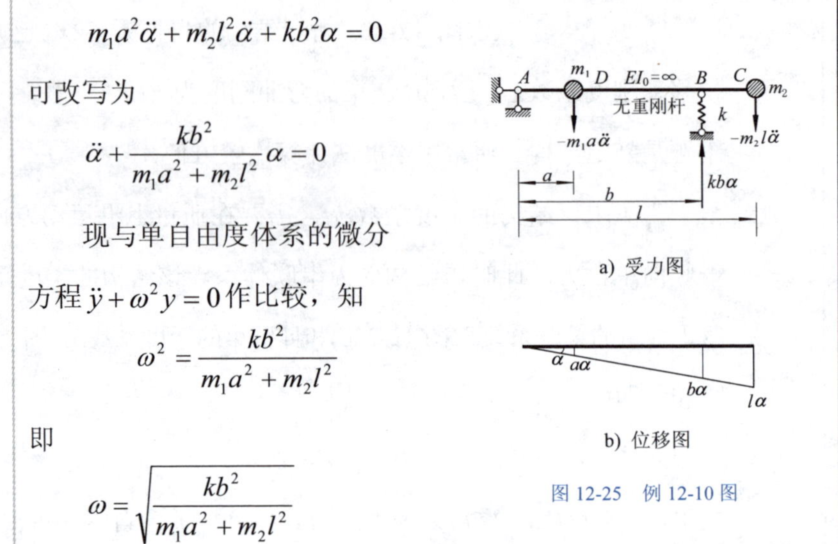

图 12-25　例 12-10 图

【例 12-11】求图 12-26a 所示梁的自振频率ω。

解：该体系为均质刚性杆单自由度振动问题。因有分布质量，不能直接用公式 $\omega=\sqrt{k_{11}/m}$ 求自振频率。宜先考虑整体平衡建立运动方程，然后求解。

取刚性杆的转角θ为独立坐标，任一时刻 t 体系的位置如图 12-26b 所示，此时相应的受力图如图 12-26c 所示。

由 $\sum M_A=0$，列动力平衡方程，得

$$\underbrace{-2ml\ddot{\theta}\times2l}_{(C\text{ 点 }m\text{ 上惯性力})}+\underbrace{\frac{1}{2}\left(-2\overline{m}l\ddot{\theta}\right)\times2l}_{(\text{均质刚性杆惯性力合力})}\times\left(\frac{2}{3}\times2l\right)\underbrace{-l\theta k}_{(B\text{ 点支反力})}\times l=0 \qquad (a)$$

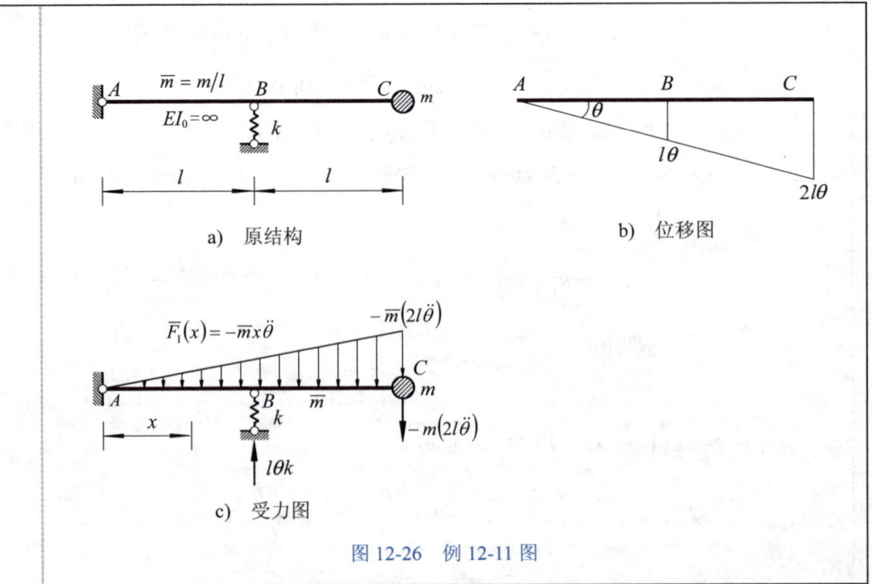

图 12-26　例 12-11 图

将$\overline{m}=m/l$代入式(a)，整理后,得动力平衡方程

$$\ddot{\theta}+\frac{3k}{20m}\theta=0 \tag{b}$$

对比$\ddot{y}+\omega^2 y=0$，得

$$\omega^2=\frac{3k}{20m}$$

故

$$\omega=\sqrt{3k/(20m)}=0.387\sqrt{k/m}$$

【例 12-12】求图 12-27a 所示静定梁的自振频率ω。

解：该体系为含有均质刚性杆单自由度振动问题。选取刚性杆的θ为独立坐标。在某一时刻t，其位移图如图 12-27b 所示，其受力图如图 12-27c 所示。

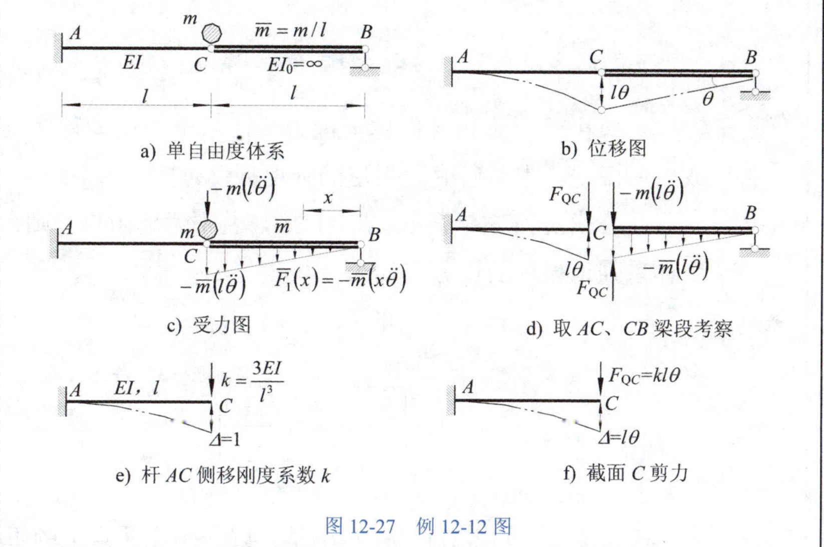

图 12-27　例 12-12 图

取梁段AC考察，如图 12-27d 所示。由图 12-27e 可知，杆AC侧移刚度系数

$$k=\frac{3EI}{l^3}$$

又由图 12-27f 可知，当C点发生位移$\varDelta=l\theta$时，该截面的剪力

$$F_{QC}=k(l\theta)=\frac{3EI}{l^3}\times l\theta$$

$$=\frac{3EI}{l^2}\theta$$

再取CB梁段为隔离体(图 12-27d)，由$\sum M_B=0$，列动力平衡方程，得

$$(-ml\ddot{\theta})\times l+\left[\frac{1}{2}\times(-\overline{m}l\ddot{\theta})\times l\right]\times\left(\frac{2}{3}l\right)-\frac{3EI}{l^2}\theta\times l=0$$

亦即

$$ml^2\ddot{\theta}+\frac{\overline{m}l^3}{3}\ddot{\theta}+\frac{3EI}{l}\theta=0 \tag{a}$$

已知$\overline{m}=m/l$，代入式(a)，得

$$ml^2\ddot{\theta}+(ml^2/3)\ddot{\theta}+(3EI/l)\theta=0$$

整理后,得动力平衡方程

$$\ddot{\theta}+\frac{9EI}{4ml^3}\theta=0 \tag{b}$$

对比$\ddot{y}+\omega^2 y=0$，得

$$\omega^2=9EI/4ml^3$$

所以

$$\omega=\frac{3}{2}\sqrt{EI/ml^3}$$

12.4　单自由度体系的强迫振动

结构在动力荷载（也称干扰力）作用下的振动称为强迫振动或受迫振动。本节研究无阻尼的强迫振动。

在公式 $m\ddot{y}+c\dot{y}+k_{11}y=F_P(t)$ 中，若不考虑阻尼，则得单自由度体系强迫振动的微分方程为

$$m\ddot{y}+k_{11}y=F_P(t)$$

或写成

$$\boxed{\ddot{y}+\omega^2 y=\frac{F_P(t)}{m}} \tag{12-21}$$

其中 $\omega=\sqrt{k_{11}/m}$ 。

【说明】式(12-21)中的 $F_P(t)$是正好作用在质点上的干扰力；若 $F_P(t)$不是直接作用在质点上时(见图 12-28a、d)，则可将其化为直接作用在质点上的等效动力荷载 $F_E(t)$，如图 12-28c、f 所示。

如果对图 12-28b 用力法计算未知约束力 F_{By}，可建立力法方程

$$\delta_{11}F_{By}+\delta_{1P}F_P(t)=0$$

由此得

$$F_{By}=-\left(\frac{\delta_{1P}}{\delta_{11}}\right)F_P(t)$$

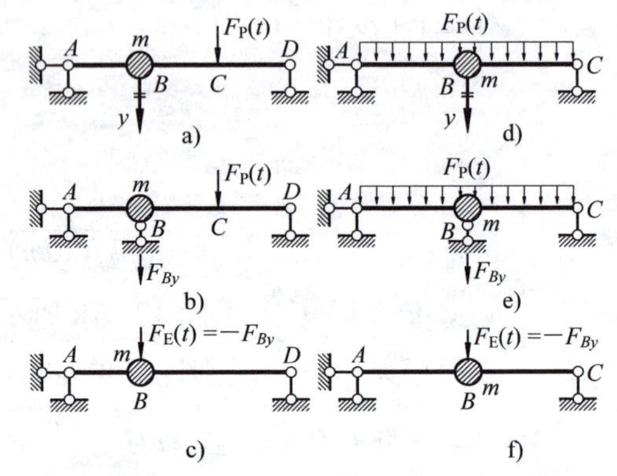

图 12-28　等效动力荷载 $F_E(t)$

式中，δ_{11} 为单自由度体系的柔度系数；δ_{1P} 为 $F_P(t)=1$ 作用在 C 点时，引起质量沿动力自由度 y 方向所产生的位移。

将 F_{By} 反号作用于图 12-28c，并令 $F_E(t)=-F_{By}$，则

$$F_E(t)=\left(\frac{\delta_{1P}}{\delta_{11}}\right)F_P(t)$$

于是，有

$$\ddot{y}+\omega^2 y=\frac{F_E(t)}{m}$$

等效动力荷载的幅值

$$F_E=\frac{\delta_{1P}}{\delta_{11}}F=\frac{\Delta_{1P}}{\delta_{11}}=k_{11}\Delta_{1P}$$

式中，F 为动力荷载的幅值；Δ_{1P} 为 F 作用下在质点振动方向产生的位移。

下面分别讨论几种常见动力荷载作用下的振动情况和动力性能。

12.4.1 简谐荷载作用下的动力反应（本节重点）

设

$$F_P(t)=F\sin\theta t \tag{a}$$

式中，θ 为简谐荷载的频率（干扰力的频率，简称干扰频率）；F 为荷载的最大值（动力荷载幅值）。将式(a)代入式(12-21)，得

$$\ddot{y}+\omega^2 y=\frac{F}{m}\sin\theta t \tag{b}$$

1　求解

其通解 y 由两部分组成

$$y=\bar{y}(齐次解)+y^*(特解)$$

(1)　齐次解 $\bar{y}$ (相当于体系作自由振动的解答，已于上节求出)

$$\bar{y}=C_1\sin\omega t+C_2\cos\omega t \tag{c}$$

(2) 特解 y^*(只要满足方程式的解都叫作特解，要根据荷载来求解)

采用待定系数法求 y^*。观察原式(a)右端项$(F\sin\theta t)$，设特解为

$$y^* = A\sin\theta t \tag{d}$$

于是有

$$\ddot{y}^* = -A\theta^2\sin\theta t$$

代入式(b)，得

$$\left(-\theta^2+\omega^2\right)A\sin\theta t = \frac{F}{m}\sin\theta t$$

由此得

$$A = \frac{F}{m\left(\omega^2-\theta^2\right)}$$

即

$$A = \frac{F}{m\omega^2}\times\frac{1}{1-\theta^2/\omega^2} = \frac{F}{k_{11}}\times\frac{1}{1-\theta^2/\omega^2} = F\delta_{11}\times\frac{1}{1-\theta^2/\omega^2}$$

令

$$y_{st} = F\delta_{11} = \frac{F}{k_{11}} = \frac{F}{m\omega^2} \tag{e}$$

则 y_{st} 可称为**最大“静”位移** (即把动力荷载最大值 F 当作“静荷载”作用时，结构所产生的位移)。注意区分 y_{st} 与Δ_{st}：

$$y_{st} = \delta_{11}F$$

式中，y_{st} 为动力荷载幅值产生的位移(最大“静”位移)。

$$\Delta_{st} = \delta_{11}W$$

式中，Δ_{st} 为实际静荷载(如自重 W)产生的位移(静位移)。

于是有

$$A = y_{st}\times\frac{1}{1-\theta^2/\omega^2} \tag{f}$$

故特解

$$y^* = A\sin\theta t = \left(y_{st}\times\frac{1}{1-\theta^2/\omega^2}\right)\sin\theta t$$

即

$$y^* = \left(\frac{F}{m\omega^2}\times\frac{1}{1-\theta^2/\omega^2}\right)\sin\theta t$$

(3) 通解

$$y = \bar{y} + y^*$$

$$y = C_1\sin\omega t + C_2\cos\omega t + A\sin\theta t \tag{g}$$

$$\dot{y} = C_1\omega\cos\omega t - C_2\omega\sin\omega t + A\theta\cos\theta t$$

系数 C_1 和 C_2 由初始条件确定：

设 $y(0) = y_0$，$\dot{y}(0) = v_0$

则得

$$C_1 = \frac{v_0 - A\theta}{\omega},\quad C_2 = y_0$$

故通解为

$$y = y_0\cos\omega t + \frac{v_0 - A\theta}{\omega}\sin\omega t + A\sin\theta t \tag{h}$$

亦即

$$y = y_0 \cos\omega t + \frac{v_0}{\omega}\sin\omega t - \frac{A\theta}{\omega}\sin\omega t + A\sin\theta t \qquad \text{(i)}$$

当 y_0=0 和 v_0=0 时，有

$$y = A\left(\sin\theta t - \frac{\theta}{\omega}\sin\omega t\right) \qquad (12\text{-}22)$$

在上面式(i)中共四项，其中

1) $y_0\cos\omega t$ 和 $\frac{v_0}{\omega}\sin\omega t$ 两项(为自由振动部分)，与初始条件 y_0 和 v_0 有关。

2) $-\frac{A\theta}{\omega}\sin\omega t$ 与 y_0 和 v_0 无关，是随干扰力的出现而伴随产生的，仍属自由振动(按自频 ω 振动)，称为**伴生自由振动**。

3) $A\sin\theta t$ 为纯强迫振动(无阻尼)，按干扰频率 θ 振动。

该体系在简谐荷载作用下的强迫振动，可分为以下两个阶段：

过渡阶段：振动刚开始的阶段。由于阻尼力的实际存在，前三项（按自振频率 ω 振动的部分）将很快衰减。

平稳阶段：最后只余下按干扰频率 θ 振动的纯强迫振动部分。

因此，在工程中有实际意义的是平稳阶段的 y，即

$$\begin{aligned} y &= A\sin\theta t \\ &= y_{d,max}\sin\theta t \\ &= y_{st}\frac{1}{1-\theta^2/\omega^2}\sin\theta t \end{aligned}$$

式中，$y_{d,max}$ 称**最大动位移**（即 A），**为强迫振动的振幅**，是控制设计的重要依据。

令**动力系数**

$$\beta = \frac{1}{1-\theta^2/\omega^2} = \frac{y_{d,max}}{y_{st}} \qquad (12\text{-}23)$$

则强迫振动的振幅

$$A = y_{d,max}$$

即

$$A = \beta y_{st}$$

所以有

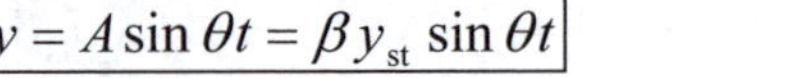

$$y = A\sin\theta t = \beta y_{st}\sin\theta t \qquad (12\text{-}24)$$

β 的物理意义是：表示动位移的最大值 $y_{d,max}$ (亦即振幅 A)是最大"静"位移 y_{st} 的多少倍，故称动力系数。

对于单自由度体系，当在简谐荷载作用下，且干扰力作用于质点上时，结构中内力与质点位移成比例。所以，其动力系数 β 既是位移的动力系数，又是内力的动力系数。

2 **讨论（关于振幅算式的分析）**

强迫振动的振幅

$$A = \beta y_{st}$$

其中，动力系数

$$\beta = \frac{1}{1-\theta^2/\omega^2}$$

现对图 12-29 所示β与θ/ω的关系图分析如下：

(1)　$\theta/\omega \to 0$，$\beta \to 1$：这说明机器转动很慢($\theta \ll \omega$)时，干扰力接近于静力。一般当$\theta/\omega<1/5$ 时，可当作静力计算（例如，当$\theta/\omega=1/5$ 时，$\beta=1.04$）。

(2)　$\theta/\omega \to \infty$，$\beta \to 0$：以θ/ω轴为渐近线。这说明机器转动非常快时($\theta \gg \omega$，高频荷载作用于质体)，质体基本上处于静止状态，即相当于没有干扰力作用(自重除外)。

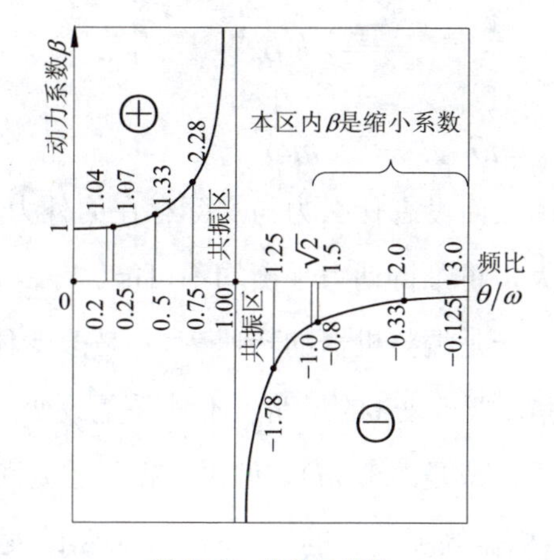

图 12-29　位移反应谱

【说明】由于振动是往复的，所以位移与外力的方向一致也好，不一致也好，亦即β是⊕也好，是⊖也好，对于单自由度体系来说，并无实际意义。需要的是β的绝对值，它标志着动力效应是静力效应的多少倍。因此，很多教材都把β画成正的，即给出$|\beta|$值。

(3)　$0<\theta/\omega<1$，β为正，且$\beta>1$，又β随θ/ω的增大而增大。

y与$F_P(t)$同号，即质点位移与干扰力的方向每时每刻都相同(同相位)。

(4)　$\theta/\omega>1$，β为负，其绝对值随θ/ω的增大而减小。

y与$F_P(t)$异号，即质点位移与干扰力的方向相反(相位相差π)。

【证明】关于(3)和(4)的结论证明如下：

$$y = A\sin\theta t = \beta y_{st}\sin\theta t = \beta\frac{F}{k_{11}}\sin\theta t = \frac{\beta}{k_{11}}F_P(t)$$

由上式可见：当β为⊕时，y与$F_P(t)$方向一致；当β为⊖时，y与$F_P(t)$方向相反。这并不奇怪，如图 12-30 所示，把 F_I考虑进去，就完全符合静力规律，即 F_I与$F_P(t)$的合力永远与位移y方向一致。

(5)　$\theta/\omega \to 1$，$\beta \to \infty$，$A=\beta y_{st} \to \infty$。即干扰频率$\theta$接近自振频率$\omega$时，无阻尼体系的振幅会趋于无穷大，此时体系发生共振。

【注】由于实际上有阻尼存在，一般建筑物β=10～100，其中，钢筋混凝土结构为 10～20，钢结构 40～100。$\theta/\omega=1$ 为**共振点**，$0.75\leqslant\theta/\omega\leqslant1.25$ 为**共振区**（人为划定）。为防止共振，给θ/ω一个人为的限值。

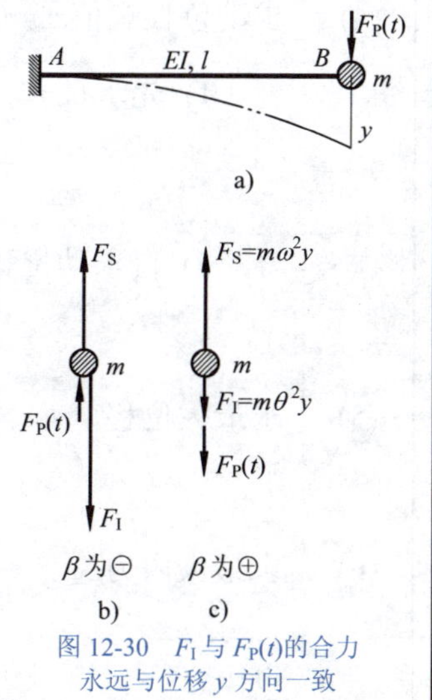

图 12-30　F_I与$F_P(t)$的合力永远与位移y方向一致

当$\theta/\omega=1$时，发生“共振”，此时有：

$$F_I \xlongequal{\text{当}\theta=\omega\text{时}} k_{11}y$$

$$\uparrow \qquad\qquad \uparrow$$

$$m\theta^2 y \qquad m\omega^2 y$$

即惯性力与弹性力平衡，而没有什么力与实际存在的外力$F_P(t)$平衡，因此无论振幅多大，再维持动力平衡均不可能。

防止共振的措施：一是调整机器的转速θ；二是改变体系的自振频率ω（$\omega=\sqrt{k_{11}/m}$，要改变ω的思路，不外乎是改变k_{11}，即改变截面形式、结构形式，或是改变m）。但“共振”也是可以利用的，如利用$\theta=\omega$时，结构振幅突出大的这一特点，不断改变机器（激振器）转速θ，可以测定结构的ω。

3 计算步骤（单自由度体系在简谐荷载作用下的强迫振动）

(1) 求自振频率

$$\omega=\sqrt{k_{11}/m}=\sqrt{\frac{1}{m\delta_{11}}}$$

(2) 求干扰力频率

一般给出电动机转速n（r/min）

$$\theta=\frac{2\pi n}{60} \quad (\mathrm{s}^{-1})$$

或直接给出具体值。

(3) 求动力系数

$$\beta=\frac{1}{1-\theta^2/\omega^2} \quad \text{（注意正负号）}$$

(4) 求动位移幅值$\varDelta_{动}$（即A）

1) 先求最大“静”位移

$$y_{st}=F\delta_{11}=F/k_{11}=\frac{F}{m\omega^2}$$

2) 再求动位移幅值

$$\varDelta_{动}=A=\beta y_{st}=\beta(F\delta_{11})$$

(5) 求最大位移

$$\varDelta_{max}=\varDelta_{动}+\varDelta_{静}=y_{d,max}+\varDelta_{st}=|A|+\varDelta_{st}$$

(6) 求最大内力

$$M_{max}=M_{动}+M_{静}=M_{d,max}+M_{st}$$

【方法一】动力系数法（仅当$F_P(t)$直接作用在质点上时）：将$|\beta|F$作为静力作用在体系上，按静力法计算(图 12-31a)。

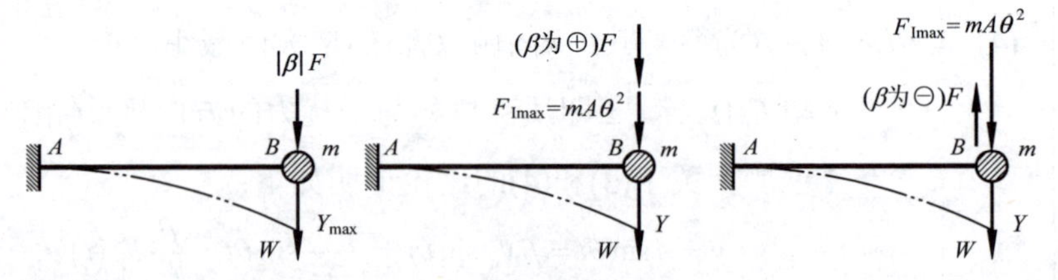

a) 动力系数法　　b) 幅值法(β为正)　　c) 幅值法(β为负)

图 12-31　求最大内力的两种方法

【方法二】幅值法：由达朗伯原理，把位移达到最大值时，所有力的幅值加上去。注意 F 的施加方向，即

1) 当 β 为正时，F 沿质点位移方向一致施加(图 12-31b)。

2) 当 β 为负时，F 沿质点位移方向反向施加(图 12-31c)。

【证明】当简谐荷载 $F_P(t)$ 直接作用在单质点上时，两种方法得出相同的结果（证明 $|\beta|F = F + F_{1\max}$）。

$$右端项 = F + F_{1\max} = F + mA\theta^2 = F + m[\beta y_{st}]\theta^2$$

将 $\beta = \dfrac{1}{1-\theta^2/\omega^2}$ 及 $y_{st} = \dfrac{F}{m\omega^2}$ 代入，即有

$$右端项 = F\times\frac{1}{1-\theta^2/\omega^2} = \beta F \quad（左端项）$$

证毕。

【讨论】1) 当 β 为⊕时，F 向下施加（与位移方向一致）。

$$\underset{\oplus}{\beta}\underset{\oplus}{F}(\downarrow) \longrightarrow \oplus\downarrow|\beta F|$$

2) 当 β 为⊖时，F 向上施加（与位移方向相反）

$$\underset{\ominus}{\beta}\underset{\ominus}{F}(\uparrow) \longrightarrow \oplus\downarrow|\beta F|$$

由此可见，当采用动力系数法时，无论 β 为⊕或为⊖，均可很方便地将 $|\beta F|$（习惯标注 $|\beta|F$）作为静力，沿质点位移方向作用在体系上，按静力法计算。

【例 12-13】对于图 12-32a 所示体系，已知下列各值：m=123kg，F=49N(离心力)，n=1200 r/min (发电机转速)，E=2.06×10^{11} N/m^2，I=78cm^4。求梁中最大动位移 $A(\Delta_{动})$和梁中最大动内力 $M_{d,\max}(M_{动})$。

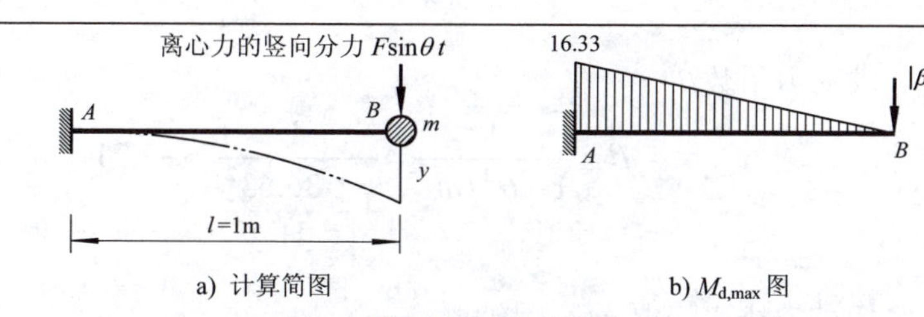

a) 计算简图　　b) $M_{d,\max}$ 图

图 12-32　例 12-13 图

解：(1) 求自振频率 ω

因为 $\delta_{11} = l^3/3EI$，故

$$\omega^2 = \frac{1}{m\delta_{11}} = \frac{3EI}{ml^3} = 3.919\times10^3\ \text{s}^{-2}$$

因此，得

$$\omega = 62.6\ \text{s}^{-1}$$

(2) 求干扰频率 θ

$$\theta = \frac{2\pi n}{60} = 125.6\ \text{s}^{-1}$$

(3) 求动力系数 β

$$\beta = \frac{1}{1-\theta^2/\omega^2}$$

而 $\theta/\omega = 2$，故

$$\beta = -1/3$$

(4) 求最大动位移 A

$$y_{st} = F\cdot\delta_{11} = \frac{Fl^3}{3EI} = 0.102\times10^{-3}\ \text{m}$$

$$A = \beta y_{st} = \left(-\frac{1}{3}\right)(0.102\times10^{-3}\ \text{m}) = -0.034\times10^{-3}\ \text{m}$$

式中，负号表示最大动位移与 $F_P(t)$方向相反。

(5) 求最大动内力 $M_{d,\max}$：采用动力系数法，在 B 点施加 $|\beta|F$，绘弯矩图，如图 12-32b 所示，图中 $M_{d,\max}$=16.33N·m。

【例 12-14】对于图 12-33a 所示体系，已知：梁上的机器总重 $W=30\text{kN}$，机器转速 $n=350\text{r/min}$，离心力幅值 $F=5\text{kN}$，忽略梁的自重，$EI=2.0\times10^4\text{kN}\cdot\text{m}^2$，试作动力弯矩幅值 $M_{\text{d,max}}$（即 $M_{动}$）图和总弯矩 M 图。

解：图 12-33a 所示结构为单自由度体系，采用动力系数法求解。

(1) 求柔度系数 δ_{11}（参见图 12-33b）

$$\delta_{11}=\int\frac{\bar{M}_1^2}{EI}x$$

$$=\frac{1}{EI}\left[\left(\frac{1}{2}\times4\times2\right)\times\frac{4}{3}+\left(\frac{1}{2}\times2\times1\right)\times\frac{2}{3}\times2\right]$$

$$=\frac{20}{3EI}$$

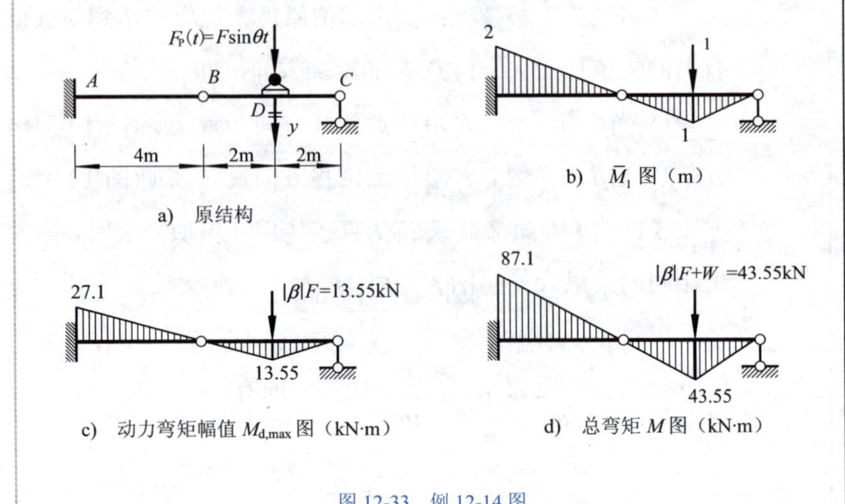

图 12-33　例 12-14 图

No.12-52

(2) 求自振频率 ω

$$\omega=\sqrt{g/\Delta_{\text{st}}}=\sqrt{g/W\delta_{11}}$$

$$=\sqrt{\frac{9.8\times3\times2\times10^4}{30\times20}}\ \text{s}^{-1}$$

$$=31.3\ \text{s}^{-1}$$

(3) 求干扰频率 θ

$$\theta=\frac{2\pi n}{60}=\frac{2\times3.14\times350}{60}\ \text{s}^{-1}$$

$$=36.63\ \text{s}^{-1}$$

(4) 求动力系数 β

$$\beta=\frac{1}{1-\theta^2/\omega^2}=\frac{1}{1-\dfrac{36.63^2}{31.3^2}}=-2.71$$

(5) 作动力弯矩幅值 $M_{\text{d,max}}$ 图

将 $|\beta|F=2.71\times5\,\text{kN}=13.55\text{kN}$ 作用于梁上 D 点，作 $M_{\text{d,max}}$ 图，如图 12-33c 所示（将 $\bar{M}_1$ 图乘以 13.55kN 即得）。

(6) 作总弯矩图 M

将 $|\beta|F+W=(2.71\times5+30)\text{kN}=43.55\,\text{kN}$ 作用于梁上 D 点，作 M 图，如图 12-33d 所示（将 $\bar{M}_1$ 图乘以 43.55kN 即得）。

【例 12-15】图 12-34a 所示结构，在柱顶有电动机，试求电动机转动时的最大水平位移和柱端弯矩。已知电动机和结构重量集中于柱顶。$W=20\text{kN}$，电动机水平离心力的幅值 $F=250\text{N}$，电动机转速 $n=550\ \text{r/min}$，柱的线刚度 $i=EI/h=5.88\times10^{6}\ \text{N}\cdot\text{m}$。

解：(1) 求自振频率ω

结构的刚度系数为

$$k_{11}=2\times\frac{12EI}{h^3}=\frac{24i}{h^2}=3.92\times10^{6}\ \text{N/m}$$

自振频率

$$\omega=\sqrt{k_{11}/m}=\sqrt{k_{11}g/W}=\sqrt{\frac{3.92\times10^{6}\times9.8}{2\times10^{4}}}\ \text{s}^{-1}=43.83\ \text{s}^{-1}$$

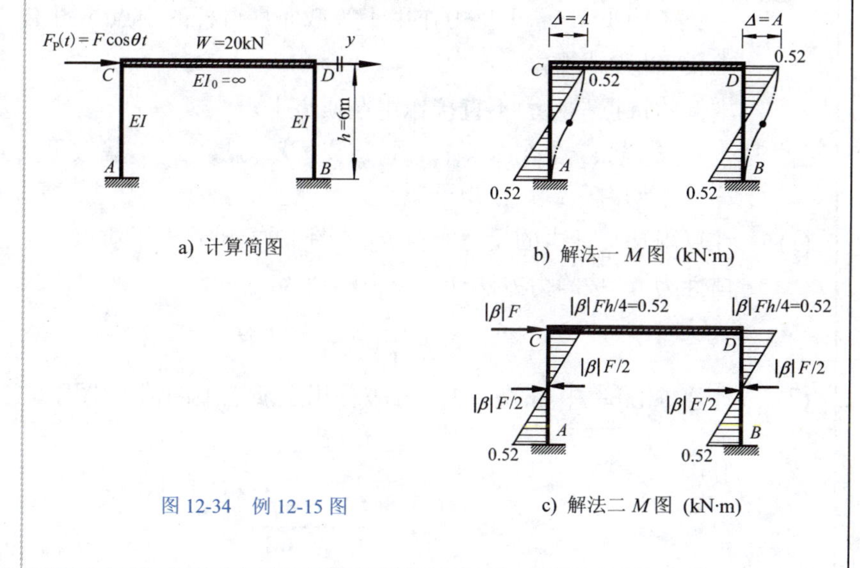

图 12-34　例 12-15 图

(2) 求干扰频率θ

$$\theta=2\pi n/60=57.60\ \text{s}^{-1}$$

(3) 求动力系数β

$$\beta=\frac{1}{1-\theta^2/\omega^2}=\frac{1}{1-1.73}=-1.38$$

(4) 求沿水平方向的$\varDelta_{\max}$

$$\varDelta_{\max}=\varDelta_{动}$$

故

$$\varDelta_{\max}=A=\beta\times\frac{F}{k_{11}}$$

$$=(-1.38)\times\frac{250}{3.92\times10^{6}}\ \text{m}=-87.82\times10^{-6}\ \text{m}$$

$$=-0.0088\,\text{cm}$$

其中，负号表示$\varDelta_{\max}$与$F_P(t)$的方向相反。

(5) 求柱端弯矩（分别采用两种解法）

【解法一】让二柱顶 C 和 D 点均水平移动$\varDelta=A$，按两端固定杆产生顺时针方向侧移$\varDelta=A$，绘柱弯矩图，如图 12-34b 所示，即各柱端弯矩均为

$$6i\frac{A}{h}=0.52\,\text{kN}\cdot\text{m}$$

【解法二】采用“动力系数法”，将$|\beta|F$ 向右施加于左柱顶 C 点，再用“剪力分配法”计算，其弯矩图如图 12-34c 所示，即各柱端弯矩均为

$$\frac{|\beta|Fh}{4}=0.52\,\text{kN}\cdot\text{m}$$

显见，两种方法计算结果完全相同。

【例 12-16】干扰力作用于等截面悬臂杆的中点（图 12-35a），求质点稳态振幅。

解：本例的特点是外力不直接作用在质点上。

【解法一】附加支杆，将该支杆反力反向（即等效干扰力，亦称等效动力荷载）作用于质点。

(1) 计算附加支杆内的反力幅值 F_R（图 12-35b）：由于质点无位移（无惯性力），按静力方法计算反力幅值为

$$F_R=\frac{5}{16}F \quad（力法）$$

(2) 计算 $F_E(t)=F_E\sin\theta t=F_R\sin\theta t$ 作用于质点上的情况(图 12-35c)

$$A=\beta y_{st}$$

其中

$$\beta=\frac{1}{1-\theta^2/\omega^2}$$

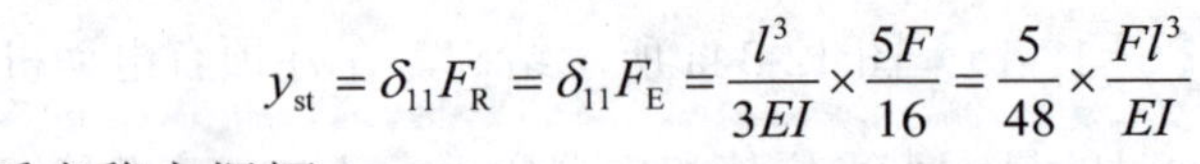

$$y_{st}=\delta_{11}F_R=\delta_{11}F_E=\frac{l^3}{3EI}\times\frac{5F}{16}=\frac{5}{48}\times\frac{Fl^3}{EI}$$

故质点稳态振幅

$$A=\beta y_{st}=\beta\left(\frac{5Fl^3}{48EI}\right)$$

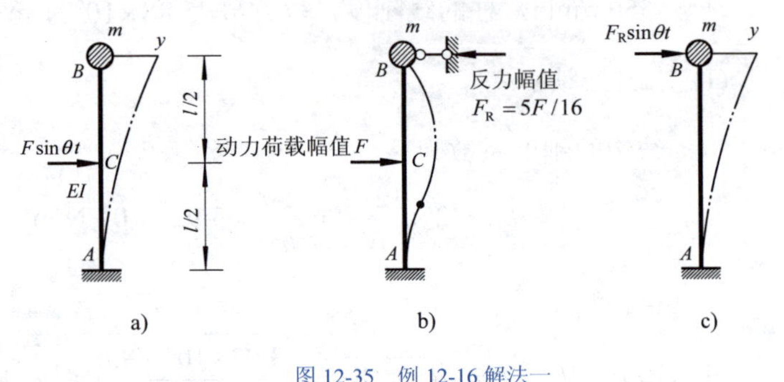

图 12-35　例 12-16 解法一

【解法二】直接建立运动方程求解。施加惯性力（图 12-36a），列柔度方程。在质量所在的 B 点

$$y=\delta_{11}(-m\ddot{y})+\delta_{1P}(F\sin\theta t)$$

$$m\ddot{y}+\frac{1}{\delta_{11}}y=\left(\frac{\delta_{1P}}{\delta_{11}}F\right)\sin\theta t$$

令等效干扰力幅值

$$F_E=\frac{\delta_{1P}}{\delta_{11}}F$$

则

$$m\ddot{y}+\frac{1}{\delta_{11}}y=F_E\sin\theta t$$

或

$$\ddot{y}+\omega^2y=\frac{F_E}{m}\sin\theta t$$

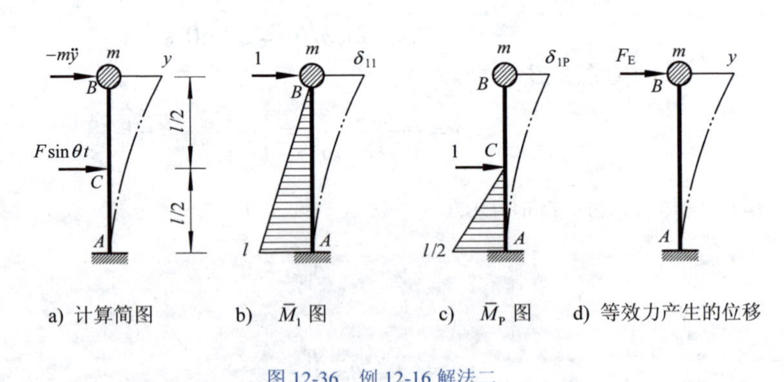

图 12-36　例 12-16 解法二

将此式与干扰力直接作用于质点的运动方程 $\ddot{y}+\omega^2y=\dfrac{F}{m}\sin\theta t$ 对

照，可见，位移 y 相当于作用于质点的等效力 $F_E\sin\theta t$ 产生的位移。具体计算如下（参见图 12-36b、c 所绘出的 $\bar{M}_1$ 图和 $\bar{M}_P$ 图）

1) $\delta_{11}=\dfrac{l^3}{3EI}$，$\delta_{1P}=\dfrac{5l^3}{48EI}$

2) $F_E=\dfrac{\delta_{1P}}{\delta_{11}}\times F$

3) $y_{st}=\delta_{11}F_E=\delta_{11}\left(\dfrac{\delta_{1P}}{\delta_{11}}\times F\right)$　或　$y_{st}=\delta_{1P}F=\dfrac{5Fl^3}{48EI}$

4) $A=\beta y_{st}=\beta\delta_{1P}F=\beta\left(\dfrac{5Fl^3}{48EI}\right)$

【解法三】**利用幅值方程求解**。在简谐振动中，惯性力与位移变化规律相同，即同时达到最大值，可列幅值方程（图 12-37）

$$A=\left(mA\theta^2\right)\delta_{11}+F\delta_{1P}$$

由此，得

$$A=\frac{F\delta_{1P}}{1-\delta_{11}m\theta^2}=\frac{F\delta_{1P}}{1-\left(\dfrac{1}{m\omega^2}\right)m\theta^2}$$

不难化为

$$A=\beta\left(\delta_{1P}F\right)=\beta\left(\frac{5Fl^3}{48EI}\right)$$

图 12-37　例 12-16 解法三

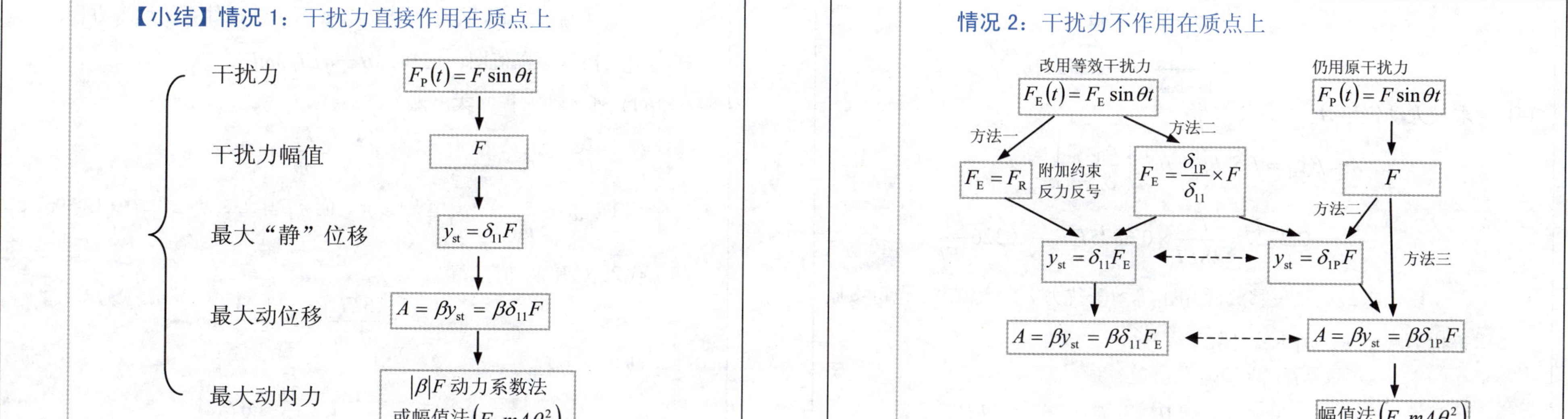

【例 12-17】图 12-38a 所示跨中带有一质量 m 的无重简支梁，动力荷载 $F_P(t)=F\sin\theta t$ 作用在距梁端 $l/4$ 处，若 $\theta=1.2\sqrt{48EI/ml^3}$，试求在荷载 $F_P(t)$ 作用下，质量 m 的最大动位移 A。

解：(1)求梁的柔度系数 δ_{11} 和 δ_{1P} (参见图 12-38c、d 中的 $\bar{M}_1$ 图、$\bar{M}_P$ 图)

$$\delta_{11}=\frac{l^3}{48EI},\quad \delta_{1P}=\frac{11l^3}{768EI}$$

(2) 求自振频率 ω

$$\omega=\frac{1}{\sqrt{m\delta_{11}}}=\sqrt{\frac{48EI}{ml^3}}$$

(3) 求动力系数 β

$$\theta/\omega=1.2$$

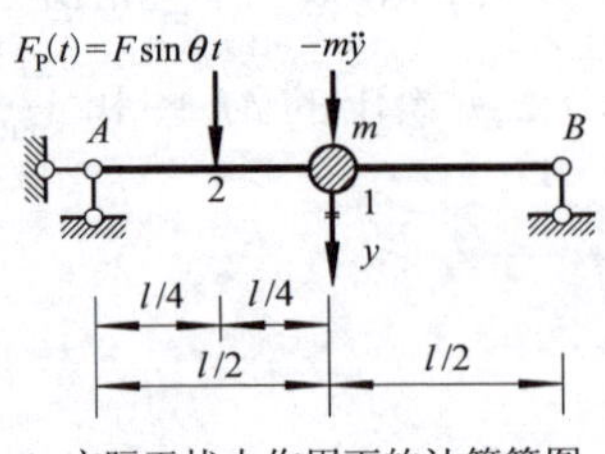

a) 实际干扰力作用下的计算简图

等效干扰力 $F_E(t)=\frac{\delta_{1P}}{\delta_{11}}F_P(t)$

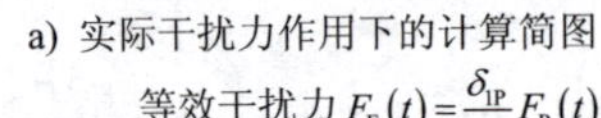
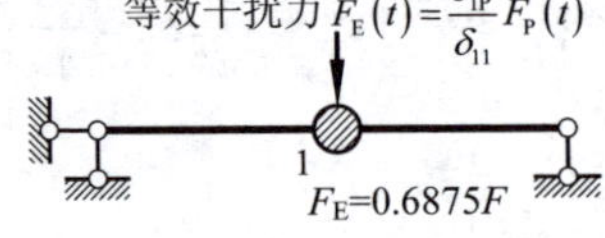

b) 化为等效干扰力作用下的计算简图

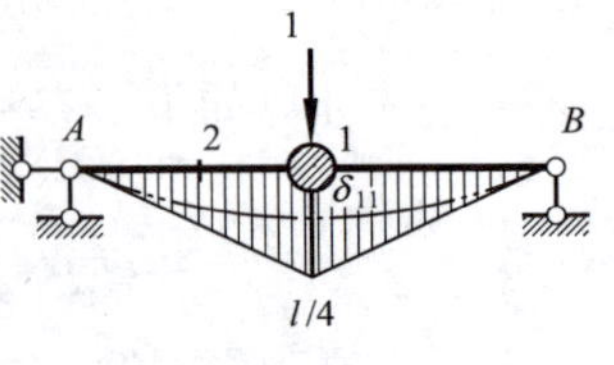

c) $\bar{M}_1$ 图

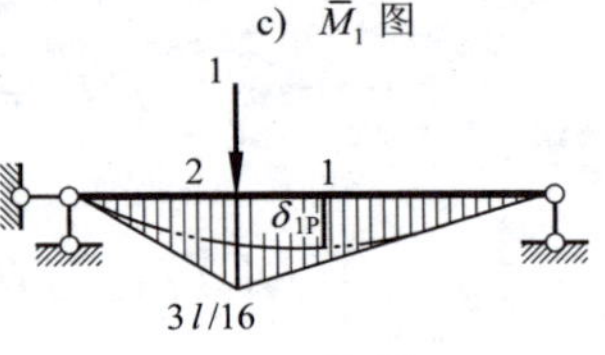

d) $\bar{M}_P$ 图

图 12-38　例 12-17 图

$$(\theta/\omega)^2=1.44$$

$$\beta=\frac{1}{1-1.44}=-2.2727$$

(4) 求最大动位移 A

$$A=\beta y_{st}=\beta\delta_{11}F_E=\beta\delta_{11}\left(\frac{\delta_{1P}}{\delta_{11}}F\right)$$

$$=-2.2727\times\frac{l^3}{48EI}\times 0.6875F=-0.0326\frac{Fl^3}{EI}$$

以上求最大动位移 A 采用了等效干扰力 F_E（幅值）；也可按原干扰力幅值 F，由下式计算

$$A=\beta y_{st}=\beta\delta_{1P}F$$

$$=-2.2727\times\frac{11l^3}{768EI}\times F=-0.0326\frac{Fl^3}{EI}$$

【例 12-18】试列出图 12-39a 所示结构体系的运动方程，并绘出结构弯矩幅值图。已知：$\theta=\sqrt{EI/5ml^3}$。

解：(1) 列运动方程（柔度法）

$$\ddot{y}+\omega^2 y=\frac{F_E}{m}\sin\theta t$$

式中，$\omega^2=\frac{1}{m\delta_{11}}$；$F_E=\frac{\delta_{1P}}{\delta_{11}}\times F$。而 $\delta_{11}=\frac{5l^3}{3EI}$，$\delta_{1P}=\frac{l^3}{EI}$(图 12-39b，c)，

代入 δ_{11} 和 δ_{1P} 值，得

$$\omega^2=\frac{3EI}{5l^3m},\quad F_E=\frac{3}{5}F$$

故运动方程为

$$\ddot{y}+\frac{3EI}{5l^3m}y=\frac{3F}{5m}\sin\theta t$$

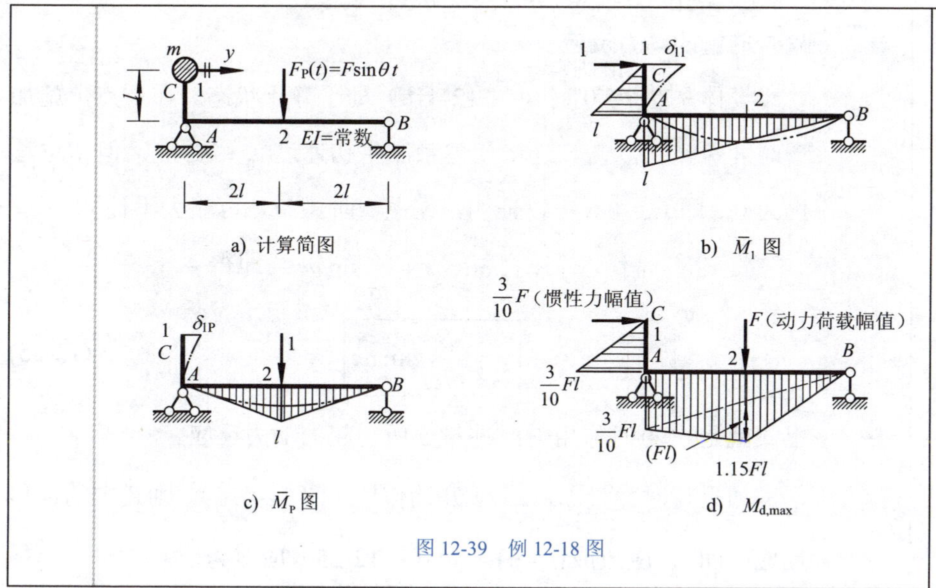

图 12-39　例 12-18 图

(2)　求惯性力幅值

$$\beta=\frac{1}{1-\theta^2/\omega^2}=\frac{1}{1-1/3}=\frac{3}{2}$$

$$A=\beta\delta_{1P}F=\frac{Fl^3}{EI}\beta=\frac{3Fl^3}{2EI}$$

$$mA\theta^2=m\times\frac{3Fl^3}{2EI}\times\frac{EI}{5ml^3}=\frac{3}{10}F$$

(3)　按幅值法作弯矩幅值图，如图 12-39d 所示。

【例 12-19】图 12-40a 所示简支梁跨中有一集中质量 m，EI 为常量，跨度为 l，不计梁的质量。梁右端作用干扰力矩 $M(t)=M\sin\theta t$。试作弯矩幅值图并求梁右端角位移 φ_B 的幅值。设静力平衡时梁轴线为水平直线。已知：$\theta=\sqrt{24EI/ml^3}$。

No.12-62

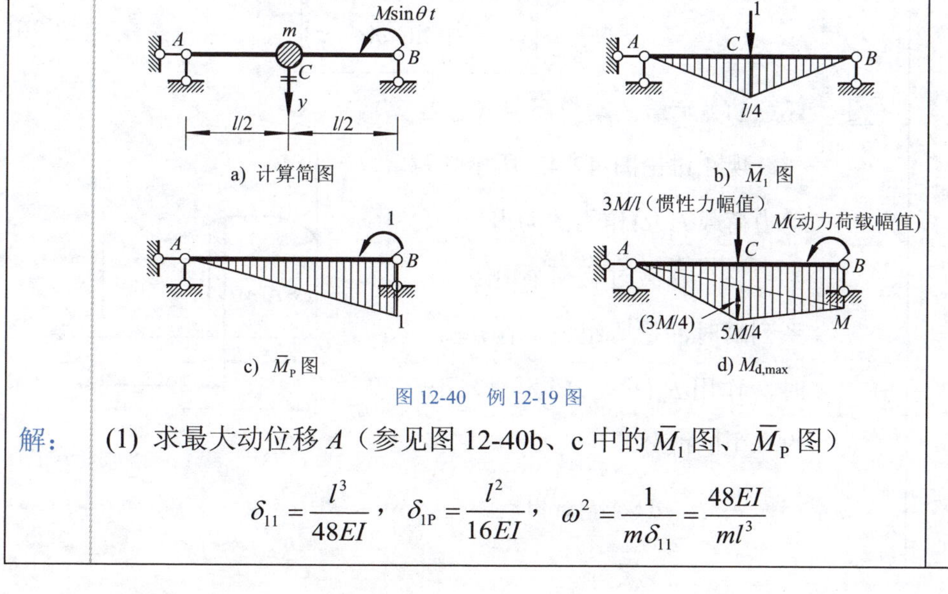

图 12-40　例 12-19 图

解：(1) 求最大动位移 A（参见图 12-40b、c 中的 $\bar{M}_1$ 图、$\bar{M}_P$ 图）

$$\delta_{11}=\frac{l^3}{48EI},\quad \delta_{1P}=\frac{l^2}{16EI},\quad \omega^2=\frac{1}{m\delta_{11}}=\frac{48EI}{ml^3}$$

$$\beta=\frac{1}{1-\theta^2/\omega^2}=\frac{1}{1-1/2}=2,\quad A=\delta_{1P}M\beta=\frac{Ml^2}{16EI}\times2=\frac{Ml^2}{8EI}$$

(2)　求惯性力幅值

$$mA\theta^2=m\times\frac{Ml^2}{8EI}\times\frac{24EI}{ml^3}=\frac{3M}{l}$$

(3)　求内力幅值

跨中 C 点

$$M_{d,max}=\frac{M}{2}+\frac{(3M/l)\times l}{4}=\frac{5M}{4}$$

作出弯矩幅值图，如图 12-40d 所示。

(4)　求 φ_B

由图 12-40d 与图 12-40c 图形相乘，得

$$\varphi_B=\frac{1}{EI}\left(\frac{1}{2}\times M\times l\times\frac{2}{3}+\frac{1}{2}\times\frac{3}{4}M\times l\times\frac{1}{2}\right)=\frac{25Ml}{48EI}$$

12.4.2 分析任意荷载作用下动力反应的冲量法

求解 $\ddot{y}+\omega^2 y=\frac{1}{m}F_P(t)$，一般可采用以下两种方法：

【方法一】冲量法(不直接解微分方程)
【方法二】拉格朗日常数变易法
（又称参数变易法，变动任意常数法）
均能导出杜哈梅积分（卷积）

下面着重介绍方法一——冲量法。

冲量法的基本思路是：将图 12-41a 所示干扰力的效应，看作无数微小冲量效应的总和，如图 12-41b 所示；将变力 $F_P(t)$ 的作用，看作是一系列在质点上短暂停留不变的力的作用的总和，停留时间 $\Delta t\to 0$。

1 瞬时冲量的动力反应

设体系在 t=0 时（图 12-41c）处于静止状态。在质点上施加瞬时冲量 $S=F_P\Delta t$。这将使体系产生初速度 $v_0=S/m$，但初位移仍为 0，即 y_0=0（可以证明，y_0 系二阶微量，可略去不计）。

将 y_0 和 v_0 代入 $y=y_0\cos\omega t+\frac{v_0}{\omega}\sin\omega t$，即得

$$y=\frac{S}{m\omega}\sin\omega t \tag{12-25}$$

上式就是 $t=0$ 时作用瞬时冲量 S 所引起的动力反应。

如果瞬时冲量 S 从 $t=\tau$ 开始作用（图 12-41d），则式中的位移反应时间 t，应改成 $(t-\tau)$，即式（12-25）应改为

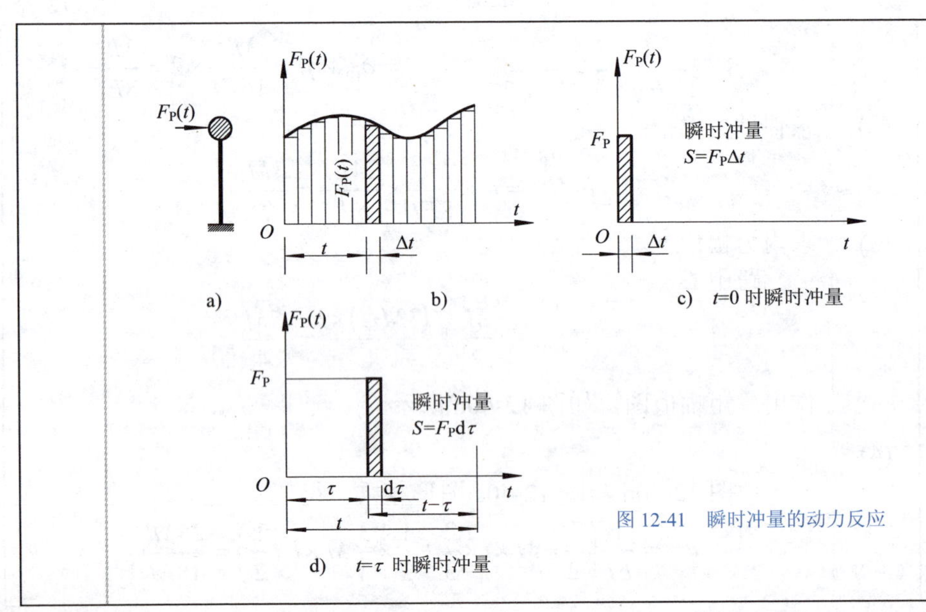

图 12-41　瞬时冲量的动力反应

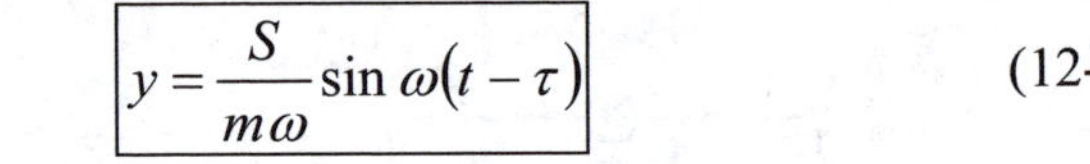

$$y=\frac{S}{m\omega}\sin\omega(t-\tau) \tag{12-26}$$

2 任意动力荷载的动力反应（总效应）

现在讨论图 12-42 所示任意动力荷载 $F_P(t)$ 作用的动力反应。

整个加载过程可看作由一系列瞬时冲量所组成。在 $t=\tau$ 时，作用 $F_P(\tau)$，在微分段 $\mathrm{d}\tau$ 内产生的微分冲量为

$$\mathrm{d}S=F_P(\tau)\mathrm{d}\tau$$

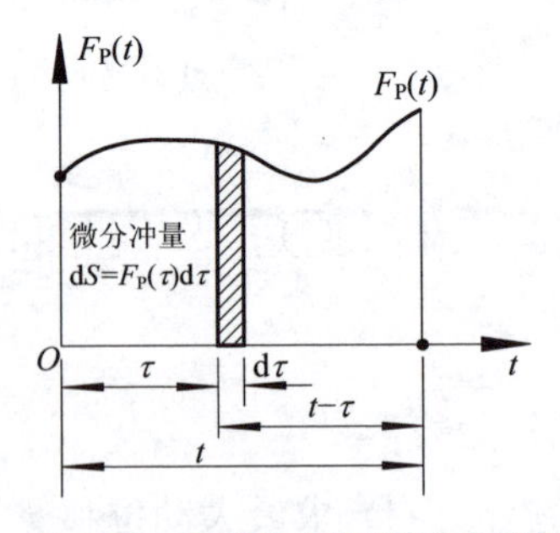

图 12-42　任意动力荷载的动力反应

由式(12-26)，得到（对于 $t>\tau$）

$$\mathrm{d}\,y=\frac{F_{\mathrm{P}}(\tau)\mathrm{d}\,\tau}{m\omega}\sin\omega(t-\tau)$$

总反应为

$$y=\frac{1}{m\omega}\int_0^t F_{\mathrm{P}}(\tau)\sin\omega(t-\tau)\mathrm{d}\,\tau \tag{12-27}$$

此式称为杜哈梅(J.M.C.Duhamel)积分（卷积）。这是初始处于静止状态的单自由度体系在任意动力荷载 $F_{\mathrm{P}}(t)$ 作用下的位移公式。

如果(在 O 点)初始位移 y_0 和初始速度 v_0 不为 0，则总位移应为

$$y=\underbrace{y_0\cos\omega t+\frac{v_0}{\omega}\sin\omega t}_{\text{(自由振动)}}+\underbrace{\frac{1}{m\omega}\int_0^t F_{\mathrm{P}}(\tau)\sin\omega(t-\tau)\mathrm{d}\,\tau}_{\text{(伴生自由振动+纯强迫振动)}} \tag{12-28}$$

【说明 1】这里为什么用 $\mathrm{d}\tau$ 而不用 $\mathrm{d}t$ ？

我们是在考察加在不同时刻 τ 的一系列瞬时冲量对同一时刻 t 的位移的影响。这里位移发生的时刻 t 被暂时地固定起来（是指定的常数），而瞬时冲量施加的时刻 τ 表示时间的流动坐标，是变量。因此，变量的微分为 $\mathrm{d}\tau$，而非 $\mathrm{d}t$。

【说明 2】在杜哈梅积分中，能否把伴生自由振动分离出来？

对于简谐荷载 $F_{\mathrm{P}}(t)=F\sin\theta t$ ，可以证明，能将杜哈梅积分分解为以下两项之和，即

$$\underbrace{-\frac{A\theta}{\omega}\sin\omega t}_{\text{(伴生自由振动)}}+\underbrace{A\sin\theta t}_{\text{(纯强迫振动)}}$$

其中

$$A=\frac{F}{m\omega^2}\times\frac{1}{1-\theta^2/\omega^2}$$

12.4.3 应用式（12-28）讨论几种特殊形式动力荷载作用下的动力反应

1 突加长期荷载

如图 12-43a 所示，设体系原处于静止状态，$y(0)=0,\dot{y}(0)=0$，且有

$$F_{\mathrm{P}}(t)=\begin{cases}0, & 当t<0\\ F_{\mathrm{P0}}, & 当t>0\end{cases}\quad(t=0有间断点)$$

当 $t>0$ 时，

$$y=\frac{F_{\mathrm{P0}}}{m\omega}\int_0^t\sin\omega(t-\tau)\mathrm{d}\,\tau=\frac{F_{\mathrm{P0}}}{m\omega}\left(-\frac{1}{\omega}\right)\int_0^t\sin\omega(t-\tau)\mathrm{d}\,\omega(t-\tau)$$

$$=-\frac{F_{\mathrm{P0}}}{m\omega^2}\left[-\cos\omega(t-\tau)\right]_0^t=\frac{F_{\mathrm{P0}}}{m\omega^2}(1-\cos\omega t)$$

所以

$$y=y_{\mathrm{st}}(1-\cos\omega t)=y_{\mathrm{st}}\left(1-\cos\frac{2\pi t}{T}\right) \tag{12-29}$$

仍系周期运动，但不是简谐运动。$t>0$ 时，质点围绕其静平衡位置（新的基线）$y=y_{\mathrm{st}}$ 做简谐运动(图 12-43b)：

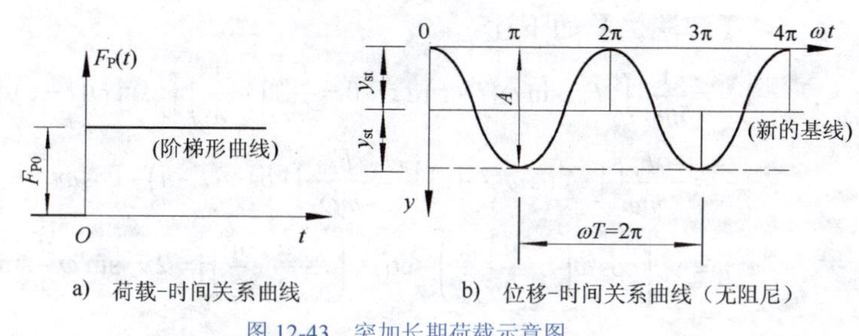

a) 荷载-时间关系曲线　　b) 位移-时间关系曲线（无阻尼）

图 12-43　突加长期荷载示意图

$$\left.\begin{aligned}&\text{周期}\quad T=2\pi/\omega\\&\text{最大振幅}\quad A=2y_{st}\\&\text{动力系数}\quad \boxed{\beta=A/y_{st}=2}\end{aligned}\right\}（\text{当}\ \omega t=\pi\ \text{时，}\cos\pi=-1）\quad(12\text{-}30)$$

由此看出，突加长期荷载所引起的最大动位移 A 比相应的最大静位移 y_{st} 增大一倍。

2 突加短时荷载（矩形脉冲）

如图 12-44 所示，设荷载 F_{P0} 在时刻 $t=0$ 突然加上，在 $0<t<u$ 时段内，荷载数值保持不变，在时刻 $t=u$ 以后荷载又突然消失。这种荷载可表示为

$$F_P(t)=\begin{cases}0, & \text{当}\ t<0\\ F_{P0}, & \text{当}\ 0<t<u\\ 0, & \text{当}\ t>u\end{cases}\qquad (t=0\ \text{有间断点})$$

$F_P(t)$-t 曲线如图 12-44a、b 所示。下面分两个阶段计算。

(1) 阶段Ⅰ($0\leqslant t\leqslant u$)：属强迫振动，与突加长期荷载公式相同，即

$$\begin{cases}y^{\mathrm{I}}=y_{st}(1-\cos\omega t)\\ A^{\mathrm{I}}=2y_{st}\\ \beta^{\mathrm{I}}=2\end{cases}$$

(2) 阶段Ⅱ（$t\geqslant u$)：无荷载作用，属自由振动。

【解法一】以阶段Ⅰ末的 $y(u)$ 和 $\dot{y}(u)$ 为初始条件做自由振动，得动力位移公式。

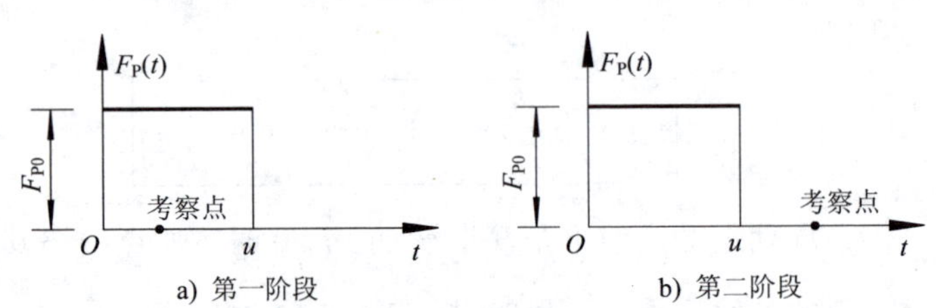

图 12-44　突加短时荷载示意图

【解法二】如下述：

$$y^{\mathrm{II}}=\frac{1}{m\omega}\int_0^u F_{P0}\sin\omega(t-\tau)\,\mathrm{d}\tau+0=\frac{F_{P0}}{m\omega}\left(-\frac{1}{\omega}\right)\int_0^u\sin\omega(t-\tau)\,\mathrm{d}\,\omega(t-\tau)$$

$$=-\frac{F_{P0}}{m\omega^2}\left[-\cos\omega(t-\tau)\right]_0^u=\frac{F_{P0}}{m\omega^2}\left[\cos\omega(t-u)-\cos\omega t\right]$$

$$=y_{st}\left[\cos\omega\left(t-\frac{u}{2}-\frac{u}{2}\right)-\cos\omega\left(t-\frac{u}{2}+\frac{u}{2}\right)\right]=2y_{st}\sin\omega\frac{u}{2}\sin\omega\left(t-\frac{u}{2}\right)$$

故

$$\boxed{\begin{aligned}&y^{\mathrm{II}}=2y_{st}\sin(\omega u/2)\times\sin\left[\omega(t-u/2)\right]\\&A^{\mathrm{II}}=2y_{st}\sin(\omega u/2)\end{aligned}}\qquad(12\text{-}31)$$

最大位移发生在哪一个阶段，与荷载作用的时间 u 的长短有很大关系。

1) 当 $u>T/2$ 时（u“长”)：相当于突加长期荷载，最大动力反应发生在第Ⅰ阶段。此时动力系数 $\beta=\beta^{\mathrm{I}}=2$。

【验证】

$$y^{\mathrm{I}}=y_{st}(1-\cos\omega t)=y_{st}\left(1-\cos\frac{2\pi}{T}t\right)$$

当 $t=T/2$ 时

$$A=A^{\mathrm{I}}=y_{st}(1-\cos\pi)=2y_{st}$$

所以有

$$\beta=\beta^{\mathrm{I}}=2$$

2) 当 $u<T/2$（u“短”）：最大动力反应发生在第Ⅱ阶段。此时

$$A=A^{\mathrm{II}}=2y_{st}\sin(\omega u/2)=2y_{st}\sin(\pi u/T)$$

故动力系数

$$\beta=\beta^{\mathrm{II}}=2\sin(\pi u/T)$$

综合上述两个阶段的结果得到动力系数反应谱，如图 12-45 所示，其动力系数

$$\beta=\begin{cases}\beta^{\mathrm{II}}=2\sin\dfrac{\pi u}{T}\\(\text{当}u/T<1/2\text{时})\\\beta^{\mathrm{I}}=2\\(\text{当}u/T>1/2\text{时})\end{cases}\tag{12-32}$$

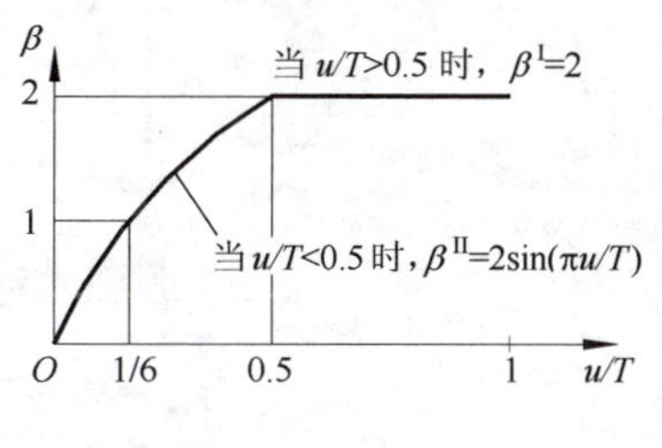

图 12-45　动力系数反应谱

3　线性渐增荷载

如图 12-46 所示，在一定时间内（$0\leqslant t\leqslant t_r$），荷载由 0 增至 F_{P0}，然后保持不变。

$$F_P(t)=\begin{cases}\dfrac{F_{P0}}{t_r}t,\ \text{当}\ 0\leqslant t\leqslant t_r\\F_{P0},\ \text{当}\ t>t_r\end{cases}$$

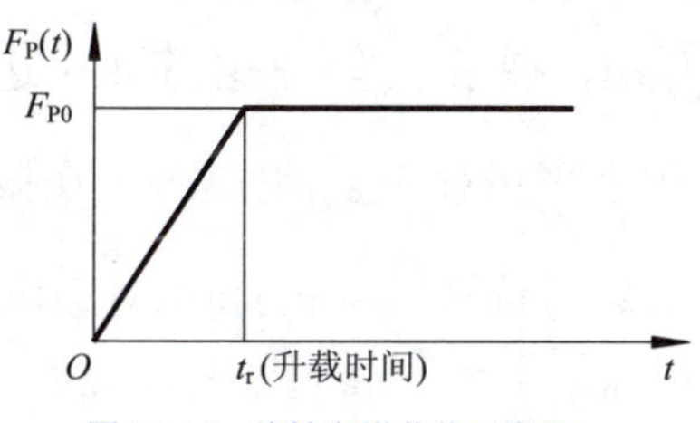

图 12-46　线性渐增荷载示意图

这种荷载引起的动力反应同样可以利用杜哈梅积分公式求解。分两阶段：

(1)　第Ⅰ阶段（$t\leqslant t_r$）

$$y^{\mathrm{I}}=\frac{1}{m\omega}\int_0^t\frac{F_{P0}}{t_r}\tau\sin\omega(t-\tau)\mathrm{d}\tau=\frac{F_{P0}}{m\omega t_r}\left(-\frac{1}{\omega}\right)\int_0^t\tau\sin\omega(t-\tau)\mathrm{d}\omega(t-\tau)$$

$$\boxed{y^{\mathrm{I}}=y_{st}\frac{1}{t_r}\left(t-\frac{\sin\omega t}{\omega}\right)}\quad(t\leqslant t_r)\tag{12-33a}$$

(2)　第Ⅱ阶段（$t\geqslant t_r$）

$$y^{\mathrm{II}}=\frac{1}{m\omega}\int_0^{t_r}\frac{F_{P0}}{t_r}\tau\sin\omega(t-\tau)\mathrm{d}\tau+\frac{1}{m\omega}\int_{t_r}^{t}F_{P0}\sin\omega(t-\tau)\mathrm{d}\tau$$

$$\boxed{y^{\mathrm{II}}=y_{st}\left\{1-\frac{1}{\omega t_r}\left[\sin\omega t-\sin\omega(t-t_r)\right]\right\}\quad(t\geqslant t_r)}\tag{12-33b}$$

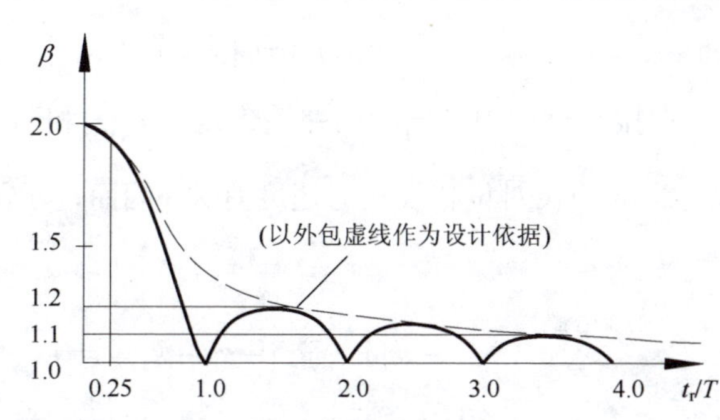

图 12-47　动力系数反应谱

从图 12-47 所示的动力系数反应谱可看出：

1) 动力系数 β 介乎于 1.0 与 2.0 之间。

2) 当 $t_r/T<0.25$ 时，则 β 接近 2.0，即相当于突加荷载的情况。

3) 当 $t_r/T>4$ 时，则 β 接近于 1.0，即相当于静荷载的情况。

12.4.4 地面运动作用

地面在水平方向发生运动，将使单自由度体系产生强迫振动。如地震和邻近动力设备对结构的影响都属于地面运动作用。下面来讨论地面运动所产生的强迫振动。

如图 12-48a 所示结构，在 A 点集中质量 m 上本来并无动力荷载直接作用，但由于地面产生了水平运动 y_g，也会引起结构的质量 m 发生水平相对位移 y 的振动。在振动过程中的任一时刻 t，质量 m 具有绝对位移$(y+y_g)$和绝对加速度$(\ddot{y}+\ddot{y}_g)$。作用在该质量 m 上的惯性力为

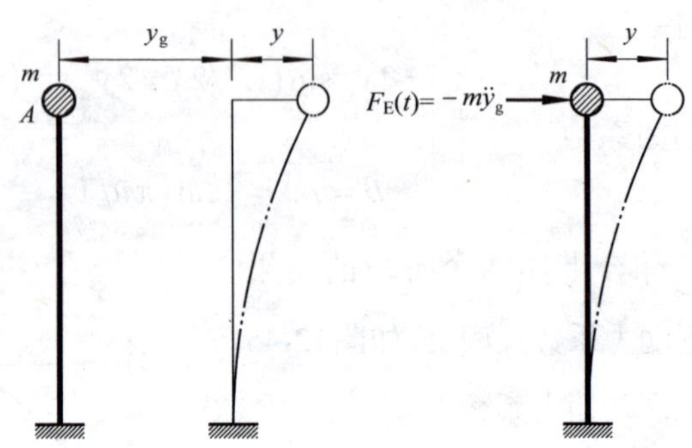

a) 地面运动作用下产生的动力反应　　b) 等效动力荷载的动力作用

图 12-48　地面运动作用示意

$$F_I(t)=-m[\ddot{y}+\ddot{y}_g] \tag{a}$$

在振动过程中，结构的弹性恢复力 $F_S(t)$和阻尼力 $F_C(t)$分别只和质量 m 的相对位移及相对速度有关，因而，可列写出结构的运动方程为

$$-m[\ddot{y}+\ddot{y}_g]-c\dot{y}-k_{11}y=0$$

或

$$m\ddot{y}+c\dot{y}+k_{11}y=-m\ddot{y}_g$$

可写成

$$m\ddot{y}+c\dot{y}+k_{11}y=F_E(t) \tag{b}$$

式中

$$F_E(t)=-m\ddot{y}_g \tag{c}$$

称为**等效动力荷载**，如图 12-48b 所示。式(c)中的负号，只表明 $F_E(t)$的方向与地面运动的加速度方向相反，它在实际分析中没有多大意义。

根据杜哈梅积分，若不考虑阻尼的影响，可得式(b)的解为

$$y=\frac{1}{\omega}\int_0^t-\ddot{y}_g(\tau)\sin\omega(t-\tau)\,\mathrm{d}\tau \tag{d}$$

由此，可以得出如下结论：求解地面运动 y_g 作用下产生的动力反应，等效于在质量 m 水平方向施加动力荷载 $F_E(t)=-m\ddot{y}_g$ 所产生的动力作用。这一结论，可推广和应用于多自由度体系。

12.5　阻尼对振动的影响

以上两节是在忽略阻尼影响的条件下研究单自由度体系的振动问题。因此，有些结论，如自由振动时振幅永不衰减，共振时振幅可趋于无穷大等，与实际振动情况不尽相符。有必要对阻尼力这个因素加以考虑。

12.5.1 关于阻尼的定义

阻尼是使振动衰减的因素，或者是使能量耗散的因素。阻尼作用常用阻尼力表现，阻尼力的来源有多种，例如，振动过程中，

1) 结构与支承之间的摩擦。

2) 结构材料之间的内摩擦。

3) 周围介质的阻力等。

12.5.2 黏滞阻尼理论

关于阻尼力的理论有多种，这里采用一种最常用的简化的阻尼模型。

阻尼的影响可用阻尼力来代表。该理论最初用于考虑物体以不大的速度在黏性液体中运动时所遇到的抗力，因此称为黏滞阻尼力。

该理论假设阻尼力其大小与质点速度成正比，其方向与质点速度的方向相反。即阻尼力

$$\boxed{F_{C}=-c\dot{y}}$$（对变形而言，是一种非弹性力）

式中，c 为阻尼系数；$\dot{y}$ 为质点速度。负号表明 F_{C} 的方向恒与质点速度 $\dot{y}$ 的方向相反，它在振动时做负功，因而造成能量耗散。

单自由度体系有阻尼强迫振动的运动方程为

$$\boxed{m\ddot{y}+c\dot{y}+k_{11}y=F_{P}(t)}$$

这是二阶线性非齐次常系数微分方程。

12.5.3 单自由度体系的有阻尼自由振动

研究有阻尼的自由振动，其目的在于：

1) 求考虑阻尼的自振频率 ω_{r} 或自振周期 T_{r}。

2) 求阻尼比 ξ，由其大小可知道结构会不会产生振动（$\xi<1$，结构才产生振动），振动衰减的快慢（ξ 越大，衰减速度越快）。

在上述普遍式中，令 $F_{P}(t)=0$，即得有阻尼自由振动方程

$$\boxed{m\ddot{y}+c\dot{y}+k_{11}y=0} \tag{12-34}$$

令 $\omega^{2}=k_{11}/m$，$c/m=2\xi\omega$，有

$$\boxed{\xi=\frac{c}{2m\omega}} \tag{12-35}$$

则

$$\boxed{\ddot{y}+2\xi\omega\dot{y}+\omega^{2}y=0} \tag{12-36}$$

式中，ξ 称为阻尼比。

设微分方程(12-36)的解为

$$y=C\mathrm{e}^{\lambda t}$$

则 λ 由下列特征方程

$$\lambda^{2}+2\xi\omega\lambda+\omega^{2}=0 \tag{a}$$

所确定，其解为

$$\lambda=\omega\left(-\xi\pm\sqrt{\xi^{2}-1}\right) \tag{b}$$

根据$\xi<1$、$\xi=1$、$\xi>1$三种情况，可得出三种运动状态，现分析如下：

1 考虑$\xi<1$的情况（即低阻尼情况）

令考虑阻尼时的自振频率

$$\boxed{\omega_{\mathrm{r}}=\omega\sqrt{1-\xi^2}} \tag{12-37}$$

则

$$\lambda_{1,2}=-\xi\omega\pm \mathrm{i}\omega_{\mathrm{r}} \quad（两个共轭虚根）$$

此时，微分方程(12-36)的解为

$$y=\mathrm{e}^{-\xi\omega t}\left(C_1\cos\omega_{\mathrm{r}}t+C_2\sin\omega_{\mathrm{r}}t\right)$$

再引入初始条件（当$t=0$时，$y(0)=y_0$，$\dot{y}(0)=v_0$），即得

$$\boxed{y=\mathrm{e}^{-\xi\omega t}\left(y_0\cos\omega_{\mathrm{r}}t+\frac{v_0+\xi\omega y_0}{\omega_{\mathrm{r}}}\sin\omega_{\mathrm{r}}t\right)} \tag{12-38}$$

式中，$\mathrm{e}^{-\xi\omega t}$称为衰减系数。

为将y写成更简单的单项形式，引入a、α代替y_0、v_0(参见图 12-49)，设

$$\left.\begin{aligned} y_0&=a\sin\alpha\\ \frac{v_0+\xi\omega y_0}{\omega_{\mathrm{r}}}&=a\cos\alpha\end{aligned}\right\}$$

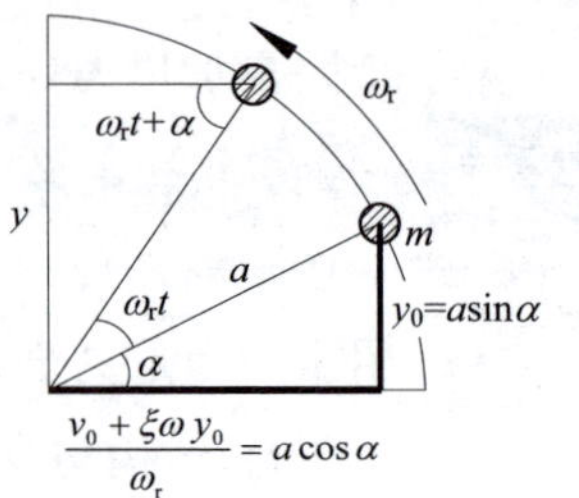

图 12-49　引入a和α

则

$$\boxed{a=\sqrt{y_0^2+\left(\frac{v_0+\xi\omega y_0}{\omega_{\mathrm{r}}}\right)^2},\ \alpha=\arctan\frac{y_0\omega_{\mathrm{r}}}{v_0+\xi\omega y_0}} \tag{12-39}$$

即当$\xi<1$时，则

$$\boxed{y=\mathrm{e}^{-\xi\omega t}\,a\sin(\omega_{\mathrm{r}}t+\alpha)} \tag{12-40}$$

与无阻尼自由振动情况

$$y=a\sin(\omega t+\alpha)$$

相比较可见，低阻尼时（$\xi<1$时）仍属周期运动，但不是简谐运动（因为$\mathrm{e}^{-\xi\omega t}$不是常数，$t$是变量），而是周期性的衰减运动。

由式(12-40)或式(12-38)，可画出低阻尼体系自由振动时的y–t曲线，如图 12-50 所示。

【讨论】下面讨论两个问题：

(1) 阻尼对自振频率的影响

$$\omega_{\mathrm{r}}=\omega\sqrt{1-\xi^2}\quad（随\xi的增大而减小）$$

当$\xi<0.2$时（一般建筑结构$\xi<0.1$），$0.98<\dfrac{\omega_{\mathrm{r}}}{\omega}<1$，阻尼对自振频率的影响可以忽略不计，故取

$$\omega_{\mathrm{r}}\approx\omega$$

$$T_{\mathrm{r}}=\frac{2\pi}{\omega_{\mathrm{r}}}\approx T$$

(2) 阻尼对振幅 $a\mathrm{e}^{-\xi\omega t}$ 的影响

如图 12-50 所示，其影响系按照等比级数 $\mathrm{e}^{-\xi\omega T_r}$ 或 y_{k+1}/y_k 逐渐衰减的波动曲线。

振幅 $A(t)=a\mathrm{e}^{-\xi\omega t}$。

经过一个周期 $T=2\pi/\omega$，相邻两个振幅 y_{k+1} 与 y_k 的比值为

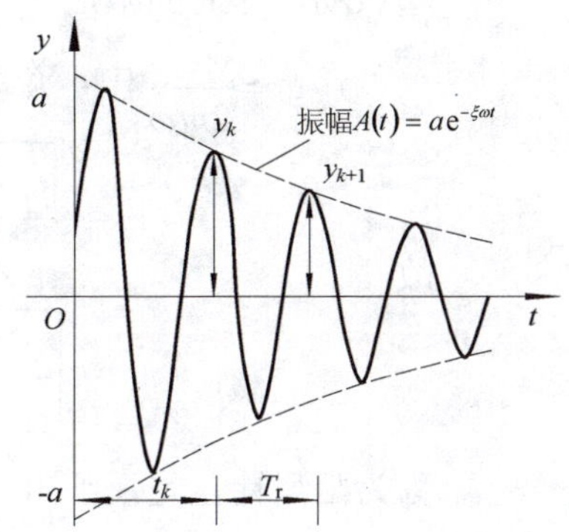

图 12-50　低阻尼情况的位移-时间曲线

$$y_{k+1}/y_k=\mathrm{e}^{-\xi\omega(t_k+T_r)}/\mathrm{e}^{-\xi\omega t_k}=\mathrm{e}^{-\xi\omega T_r}$$

由此可见，振幅是按公比 $\mathrm{e}^{-\xi\omega T_r}$（即 y_{k+1}/y_k）的几何级数衰减的，而且 ξ 值越大（阻尼越大），则衰减速度越快。

对上式等号两边倒数（分子与分母换位后）取自然对数，得

$$\ln\frac{y_k}{y_{k+1}}=\ln\left(\mathrm{e}^{\xi\omega T_r}\right)=\xi\omega T_r=\xi\omega\frac{2\pi}{\omega_r}$$

因此

$$\xi=\frac{1}{2\pi}\times\frac{\omega_r}{\omega}\ln\frac{y_k}{y_{k+1}}$$

如果 $\xi<0.2$，则 $\omega_r/\omega\approx1$，于是可取

$$\xi=\frac{1}{2\pi}\ln\frac{y_k}{y_{k+1}}$$

令 $\gamma=\ln\dfrac{y_k}{y_{k+1}}$，称为**振幅的对数递减率**，则

$$\xi=\frac{\gamma}{2\pi}$$

同样，相隔 n 个周期

$$\boxed{\xi=\frac{1}{2\pi n}\ln\frac{y_k}{y_{k+n}}}\qquad(12\text{-}41)$$

令 $\gamma'=\ln\dfrac{y_k}{y_{k+n}}$，则

$$\xi=\frac{\gamma'}{2\pi n}$$

工程上通过实测 y_k 及 y_{k+n}，并通过式(12-41)来计算 ξ。

关于求体系振动 n 周后的振幅 y_n，其计算式为

$$\xi=\frac{1}{2\pi n}\ln\frac{y_0}{y_n}\longrightarrow y_n/y_0=\mathrm{e}^{-\xi(\omega T)n}\xrightarrow[(\text{当 }n=1\text{ 时})]{}y_1/y_0=\mathrm{e}^{-\xi\omega T}$$

当振动 n 周后

$$y_n=(y_1/y_0)^n y_0$$

2　考虑 ξ =1 的情况（即临界阻尼情况）

由 $\lambda=\omega\left(-\xi\pm\sqrt{\xi^2-1}\right)$，得

$$\lambda_{1,2}=-\omega$$

因此，微分方程 $\ddot{y}+2\xi\omega\dot{y}+\omega^2y=0$ 的解为

$$y=(C_1+C_2t)\mathrm{e}^{-\omega t}$$

再引入初始条件，得

$$\boxed{y=[y_0(1+\omega t)+v_0 t]\mathrm{e}^{-\omega t}} \qquad (12\text{-}42)$$

其 y-t 曲线如图 12-51 所示。这条曲线仍然具有衰减性质，但不具有波动性质。

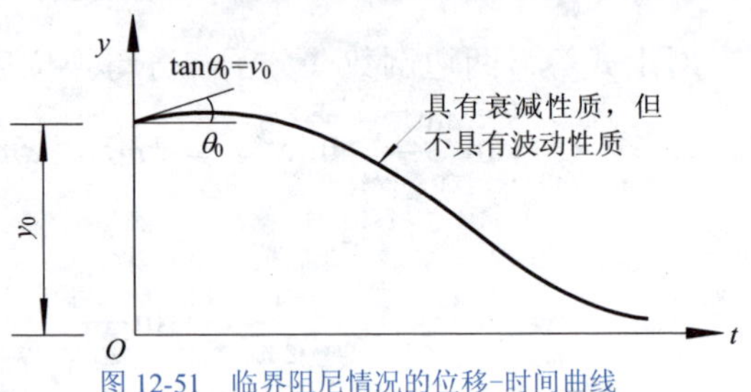

图 12-51　临界阻尼情况的位移-时间曲线

综合以上的讨论可知：当$\xi<1$ 时，体系在自由反应中是会引起振动的；而当阻尼增大到$\xi=1$ 时，体系在自由反应中即不再引起振动，这时的阻尼常数称为**临界阻尼系数**，用 c_{r} 表示。

在 $\xi=\dfrac{c}{2m\omega}$ 中，令$\xi=1$，则

$$\boxed{c_{\mathrm{r}}=2m\omega=2\sqrt{mk_{11}}} \qquad (12\text{-}43)$$

故

$$\boxed{\xi=\frac{c}{c_{\mathrm{r}}}}=\frac{\text{阻尼系数}}{\text{临界阻尼系数}}$$

称为**阻尼比**，是反映阻尼情况的基本参数。

3 对于$\xi>1$ 的情形

体系在自由反应中，仍不出现振动现象。由于在实际问题中很少遇到这种情况，故不做进一步讨论。

【小结】关于低阻尼的自由振动计算公式

1) 求阻尼比

$$\xi=\begin{cases}\dfrac{\gamma}{2\pi}=\dfrac{1}{2\pi}\ln\dfrac{y_k}{y_{k+1}}\\[2ex] \dfrac{\gamma'}{2\pi n}=\dfrac{1}{2\pi n}\ln\dfrac{y_k}{y_{k+n}}\end{cases}$$

2) 求振动周期数

$$n=\frac{\gamma'}{2\pi\xi}=\frac{1}{2\pi\xi}\ln\frac{y_k}{y_{k+n}}\quad(\text{周})$$

3)求振动时间

$$t_n=nT$$

4) 求结构刚度

$$k_{11}=\frac{(2\pi n)^2 m}{t_n^2}$$

式中，$t_n=nT=2\pi n\sqrt{m/k_{11}}$

5) 求阻尼系数

$$c=2m\omega\xi$$

6) 求振动 n 周后的振幅

$$y_n=\left(\frac{y_1}{y_0}\right)^n y_0$$

【例 12-20】图 12-52 所示刚架，它的横梁为无限刚性，质量为 2500kg，由于柱顶施以水平位移 y_0（初始振幅）作有阻尼自由振动。已测得对数递减率 γ=0.1。试求：

(1) 阻尼比 ξ 是多少？

(2) 振幅衰减至初始振幅的 5%时，所需的周期数 n。

(3) 若在 25s 内振幅衰减到初始振幅的 5%时，柱子的总抗剪刚度 k_{11} 是多少？

解：(1) 求阻尼比 ξ

$$\xi = \frac{\gamma}{2\pi} = \frac{0.1}{2\times 3.1416} = 0.016$$

(2) 求周期数 n

$$n = \frac{\gamma'}{2\pi\xi} = \frac{1}{2\pi\xi}\ln\frac{y_k}{y_{k+n}} \quad (k=0)$$

$$n = \frac{1}{2\pi\xi}\ln\frac{y_0}{y_k} = \frac{1}{2\pi\times\frac{0.1}{2\pi}}\ln\frac{1}{0.05} = 29.9$$

取 n=30 (周)。

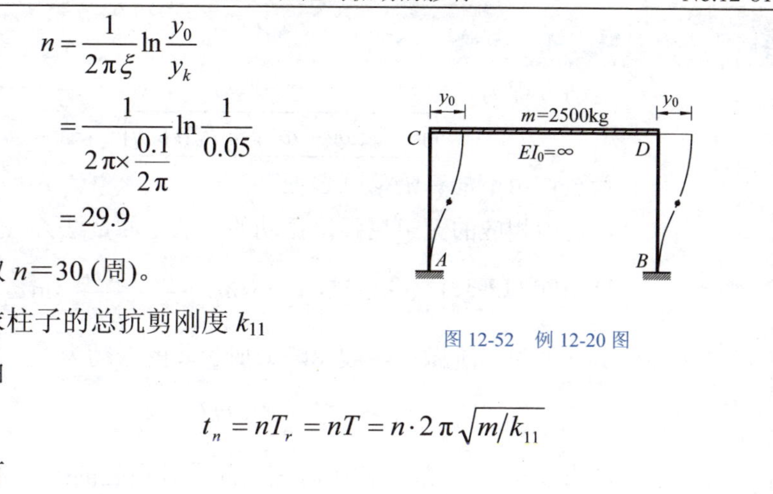

图 12-52　例 12-20 图

(3) 求柱子的总抗剪刚度 k_{11}

由

$$t_n = nT_r = nT = n\cdot 2\pi\sqrt{m/k_{11}}$$

有

$$k_{11} = \frac{(2\pi n)^2 m}{t_n^2} = \frac{(2\times 3.1416\times 30)^2\times 2500}{25^2}\text{N/m} = 142.12\times 10^3\ \text{N/m}$$

【例 12-21】图 12-53 所示门架横梁 $EI_0=\infty$，质量集中在横梁上，设总质量为 m（未知）。为了确定水平振动时门架的动力特性，进行了以下振动实验：在横梁处加一水平力 F_P=9.8kN，门架发生侧移 y_0=0.5cm，然后突然释放，使结构做自由振动。此时，测得周期 T=1.5s，并测得一个周期后横梁摆回的侧移为 y_1=0.4cm。试计算：

(1) 门架的阻尼系数 c；

(2) 振动 5 周后的振幅 y_5。

y　m　F_P=9.8kN　$EI_0=\infty$　阻尼系数 c　A　B

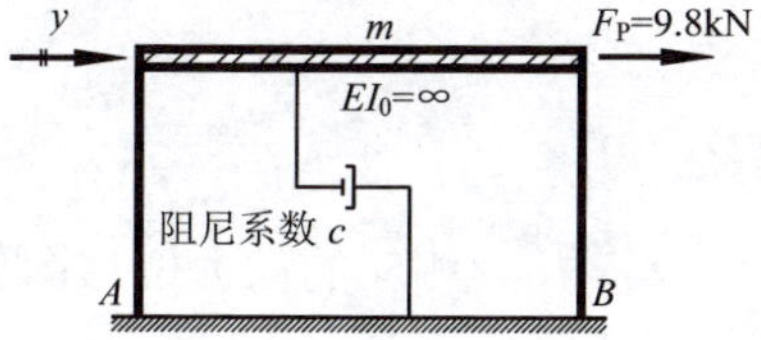

图 12-53　例 12-21 图

解：(1) 求阻尼系数 c

取 $T=T_r$（低阻尼），则有

$$\omega = \frac{2\pi}{T} = \frac{2\pi}{1.5\text{s}} = 4.1888\ \text{s}^{-1}$$

$$k_{11} = F_P/y_0 = \frac{9.8\times 10^3}{0.005}\text{N/m} = 196\times 10^4\ \text{N/m}$$

$$m = \frac{k_{11}}{\omega^2} = \frac{196\times 10^4}{(4.1888)^2}\text{kg} = 1.12\times 10^5\ \text{kg}$$

$$\xi = \frac{\gamma}{2\pi} = \frac{1}{2\pi}\ln\frac{y_0}{y_1} = \frac{1}{2\times 3.1416}\ln\frac{0.5}{0.4} = 0.0355\text{（低阻尼）}$$

$$c = 2m\omega\xi = 33220\ \text{N}\cdot\text{s/m} = 332.2\ \text{N}\cdot\text{s/cm}$$

(2) 求振动 5 周后的振幅 y_5

$$y_n/y_0 = \mathrm{e}^{-\xi\omega nT} \xrightarrow{(n=5)} y_5/y_0$$

$$y_1/y_0 = \mathrm{e}^{-\xi\omega T} \rightarrow y_5/y_0 = (y_1/y_0)^5$$

由此可得

$$y_5 = \left(\frac{y_1}{y_0}\right)^5 y_0 = \left(\frac{0.4}{0.5}\right)^5\times 0.5\text{cm} = 0.164\text{cm}$$

12.5.4 有阻尼的强迫振动（$\xi<1$）

运动方程为

$$\ddot{y}+2\xi\omega\dot{y}+\omega^2 y=F_P(t)/m \tag{12-44}$$

1 任意荷载作用下的有阻尼强迫振动

可仿照相应的无阻尼强迫振动的方法（冲量法），推导如下：

1) 由式(12-38) $y=e^{-\xi\omega t}\left(y_0\cos\omega_r t+\frac{v_0+\xi\omega y_0}{\omega_r}\sin\omega_r t\right)$可知，单独由 v_0（y_0 为二阶微量，被忽略）所引起的振动为

$$y=e^{-\xi\omega t}\frac{v_0}{\omega_r}\sin\omega_r t \tag{a}$$

由于冲量 $S=mv_0$，故在初始时刻由冲量 S 引起的振动为

$$y=e^{-\xi\omega t}\frac{S}{m\omega_r}\sin\omega_r t \tag{b}$$

2) 任意荷载 $F_P(t)$的加载过程可以看作由一系列瞬时冲量所组成。在由 $t=\tau$ 到 $t=\tau+d\tau$ 的时段内，荷载的微分冲量 $dS=F_P(\tau)d\tau$。此 dS 引起的动力反应(对于 $t>\tau$)为

$$dy=\frac{F_P(\tau)d\tau}{m\omega_r}e^{-\xi\omega(t-\tau)}\sin\omega_r(t-\tau) \tag{c}$$

3) 对式(c)进行积分，即得总反应为

$$y=\int_0^t\frac{F_P(\tau)}{m\omega_r}e^{-\xi\omega(t-\tau)}\sin\omega_r(t-\tau)d\tau \tag{12-45}$$

这就是开始时处于静止状态的单自由度体系，在任意荷载 $F_P(t)$作用下，所引起的有阻尼强迫振动的位移公式。

4) 如果当 $t=0$ 时，$y=y_0$，$\dot{y}=v_0$，则总位移为

$$y=e^{-\xi\omega t}\left(y_0\cos\omega_r t+\frac{v_0+\xi\omega y_0}{\omega_r}\sin\omega_r t\right)+\int_0^t\frac{F_P(\tau)}{m\omega_r}e^{-\xi\omega(t-\tau)}\sin\omega_r(t-\tau)d\tau \tag{12-46}$$

式中，第一项为自由振动部分；第二项为伴生自由振动和纯强迫振动。

2 突加长期荷载 F_{P0}

将 $F(\tau)=F_{P0}$ 代入式(12-45)，经积分得（当 $t>0$ 时）

$$y=\frac{F_{P0}}{m\omega^2}\left[1-e^{-\xi\omega t}\left(\cos\omega_r t-\frac{\xi\omega}{\omega_r}\sin\omega_r t\right)\right] \tag{12-47}$$

此式与无阻尼强迫振动的式(12-29) $y=y_{st}(1-\cos\omega t)$相对应。只需要在式(12-47)中将ξ 取为 0，并取 $\omega_r=\omega$，则得到式(12-29)。

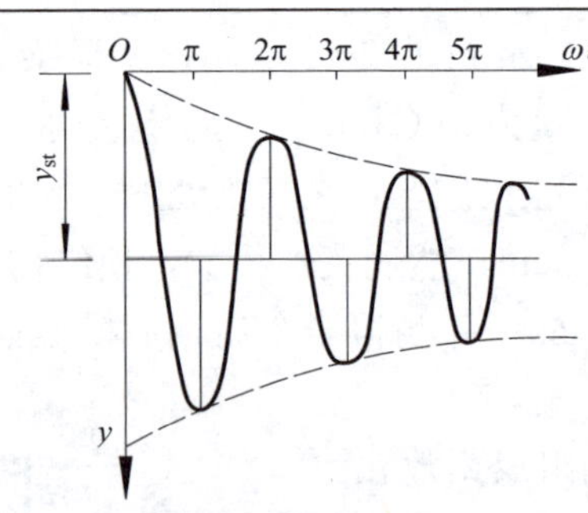

图 12-54　突加长期荷载的动力位移图（有阻尼）

相应的动力位移图如图 12-54 所示（此图可与无阻尼体系的动力位移图 12-43b 相对照）。由图看出，最初引起的最大位移可能接近最大“静”位移 $y_{st}=F_{P0}/m\omega^2$ 的两倍，然后经过衰减振动，最后停留在静力平衡位置上。

3 简谐荷载

对此类荷载直接解微分方程更简便。

令

$$F_P(t)=F\sin\theta t$$

则运动方程为

$$\ddot{y}+2\xi\omega\dot{y}+\omega^2 y=\frac{F}{m}\sin\theta t \tag{12-48}$$

(1) 齐次解 $\bar{y}$

$$\bar{y}=e^{-\xi\omega t}\left(C_1\cos\omega_r t+C_2\sin\omega_r t\right)$$

这与有阻尼自由振动的运动微分方程的解相同。

(2) 特解 y^*

用待定系数法求解，设

$$y^*=A\sin\theta t+B\cos\theta t$$

于是有

$$\dot{y}^*=A\theta\cos\theta t-B\theta\sin\theta t$$
$$\ddot{y}^*=-A\theta^2\sin\theta t-B\theta^2\cos\theta t$$

代入式(12-48)，使方程在任意时刻得到满足。分别令等式两侧 $\sin\theta t$ 和 $\cos\theta t$ 的相应系数相等，整理后，得

$$\left.\begin{aligned}&\left(\omega^2-\theta^2\right)B+2\xi\omega\theta A=0\\&-2\xi\omega\theta B+\left(\omega^2-\theta^2\right)A=\frac{F}{m}\end{aligned}\right\}$$

由以上两个式子解出

$$\begin{aligned}A&=\frac{F}{m}\times\frac{\omega^2-\theta^2}{\left(\omega^2-\theta^2\right)^2+4\xi^2\omega^2\theta^2}\\B&=\frac{F}{m}\times\frac{-2\xi\omega\theta}{\left(\omega^2-\theta^2\right)^2+4\xi^2\omega^2\theta^2}\end{aligned} \tag{12-49}$$

(3) 通解 y

$$y=\bar{y}+y^*=e^{-\xi\omega t}\left(C_1\cos\omega_r t+C_2\sin\omega_r t\right)+A\sin\theta t+B\cos\theta t \tag{12-50}$$

其中两个常数 C_1 和 C_2 由初始条件确定。

由于阻尼的存在，式(12-50)中，频率为ω_r的第一部分（含有阻尼的自由振动和伴生自由振动），含有衰减系数$e^{-\xi\omega t}$，将很快衰减而消失；频率为θ的第二部分，由于受到荷载的周期影响而不衰减，这部分振动称为**平稳振动**（或**纯受迫振动**）。

(4) 关于平稳振动（有阻尼）的讨论

任一时刻的动力位移

$$y=y^*=A\sin\theta t+B\cos\theta t$$

可改写为以下单项形式

$$y=y_P\sin\left(\theta t-\alpha\right) \tag{12-51}$$

式中，y_P 为有阻尼的纯受迫振动的振幅

$$y_P=y_{st}\beta \tag{12-52a}$$

α为位移与干扰力之间的相位角

$$\alpha=\arctan\frac{2\xi(\theta/\omega)}{1-(\theta/\omega)^2}=\arctan\frac{2\xi\omega\theta}{\omega^2-\theta^2} \tag{12-52b}$$

β为相应的动力系数

$$\beta=\frac{y_{\mathrm{P}}}{y_{\mathrm{st}}}=\left[\left(1-\theta^2/\omega^2\right)^2+\left(2\xi\theta/\omega\right)^2\right]^{-\frac{1}{2}} \tag{12-53}$$

现对式(12-51)推证如下：

将式(12-49)A、B 计算式中的分母提出公因子ω^4，则

$$A=\frac{F}{m\omega^2}\times\frac{1-\theta^2/\omega^2}{\left(1-\theta^2/\omega^2\right)^2+\left(2\xi\theta/\omega\right)^2}$$

$$B=\frac{F}{m\omega^2}\times\frac{-2\xi\theta/\omega}{\left(1-\theta^2/\omega^2\right)^2+\left(2\xi\theta/\omega\right)^2}$$

于是有

$$y=\frac{F}{m\omega^2}\times\frac{1}{\left(1-\theta^2/\omega^2\right)^2+\left(2\xi\theta/\omega\right)^2}\left[\left(1-\theta^2/\omega^2\right)\sin\theta t-\left(2\xi\theta/\omega\right)\cos\theta t\right]$$

设（参见图 12-55）

A 中分子：$1-\theta^2/\omega^2=a\cos\alpha$

B 中分子：$2\xi\theta/\omega=a\sin\alpha$

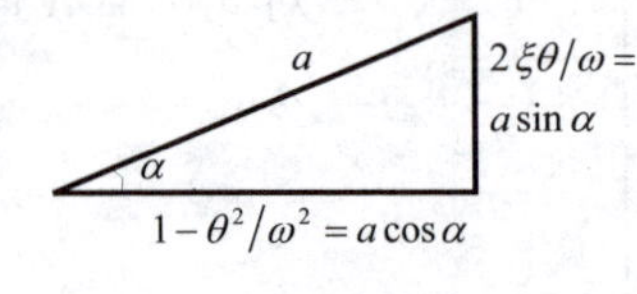

图 12-55　引入 a 和α

即

$$a=\sqrt{\left(1-\theta^2/\omega^2\right)^2+\left(2\xi\theta/\omega\right)^2}$$

$$\tan\alpha=\left(2\xi\theta/\omega\right)/\left(1-\theta^2/\omega^2\right)$$

故

$$y=\frac{F}{m\omega^2}\times\frac{1}{a^2}\left[a\sin(\theta t-\alpha)\right]$$

即

$$y=y_{st}\times\frac{1}{a}\sin(\theta t-\alpha)$$

令

$$\beta=\frac{1}{a}=\left[\left(1-\theta^2/\omega^2\right)^2+\left(2\xi\theta/\omega\right)^2\right]^{-\frac{1}{2}}$$

则

$$y=y_{\mathrm{st}}\beta\times\sin(\theta t-\alpha)$$

再令 $y_{\mathrm{P}}=y_{\mathrm{st}}\beta$，则

$$y=y_{\mathrm{P}}\sin(\theta t-\alpha)$$

此即式(12-51)。

【讨论 1】关于动力系数β的分析结论

式(12-53)计算式表明：动力系数β不仅与频率比值θ/ω有关，而且与阻尼比ξ有关。对于不同的值ξ，所画出相应的β与θ/ω之间

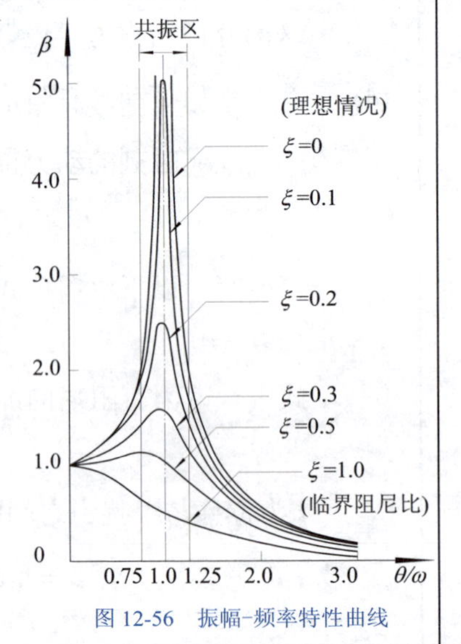

图 12-56　振幅-频率特性曲线

的关系曲线，称为**振幅-频率特性曲线**，如图 12-56 所示。

1) 当ξ由 0 $\xrightarrow{\text{增至}}$ 1 时，相应曲线从险峻的山峰 $\xrightarrow{\text{降为}}$ 平缓的小丘。

2) 发现：由于有阻尼，且β总是一个有限值，但有两种极端情况，一种最危险情况：

① $\theta/\omega\to 0,\ \beta\to 1$，可看作静力；

② $\theta/\omega\to\infty,\beta\to 0$，相当于无干扰力；

③ $\theta/\omega\to 1,\beta=1/\sqrt{(2\xi\times 1)^2}=1/2\xi$，实际结构$\xi\neq 0$(有阻尼)，$\beta$不可能达到$\infty$，此时为共振。

为了研究共振时动力反应，阻尼的影响是不容忽视的。

3) 有阻尼体系中，$\beta_{共}=\beta|_{\frac{\theta}{\omega}=1}\neq\beta_{\max}$，但二者数值比较接近。

β_{max}不发生在$\theta/\omega=1$处，而稍偏左。只需令$d\beta/d(\theta/\omega)=0$，即可求得$(\theta/\omega)_{峰}=\sqrt{1-2\xi^2}$。若$\xi=0.1$，则$(\theta/\omega)_{峰}=0.989949$。

将$(\theta/\omega)_{峰}=\sqrt{1-2\xi^2}$代入式(12-53)，即得

$$\beta_{峰}(即\beta_{max})=\frac{1}{2\xi\sqrt{1-\xi^2}}\approx\beta\Big|_{\frac{\theta}{\omega}=1}=\frac{1}{2\xi} \tag{12-54}$$

一般把$\theta/\omega=1$作为共振点，并取

$$\beta_{max}\approx\beta_{共}=\frac{1}{2\xi} \tag{12-55}$$

4) 结论：在共振区范围内($0.75\leqslant\theta/\omega\leqslant1.25$)，应考虑阻尼影响（减幅作用大）；在远离共振区的范围内，可以不考虑阻尼的影响（偏安全）。

【讨论 2】关于相位角α

比较以下两式：

$$F_P(t)=F\sin\theta t$$

$$y=y_P\sin(\theta t-\alpha) \qquad [即式(12-51)]$$

可以看出，有阻尼的位移y比简谐荷载$F_P(t)$滞后一个相位角α。该α值可以由式(12-52b)

$$\alpha=\arctan\frac{2\xi(\theta/\omega)}{1-(\theta/\omega)^2}$$

求出。下面，通过相位角α变化的三个典型情况，来分析振动时相应诸力的平衡关系。

1) 当荷载频率很小，即$\theta<<\omega$时，$\alpha\to0°$。由式(12-51)可知，位移与荷载趋于同步。此时，体系振动很慢，惯性力和阻尼力都很小，故动力荷载主要由弹性力与之平衡。

2) 当荷载频率很大，即$\theta>>\omega$时，$\alpha\to180°$。由式(12-51)可知，位移与荷载趋于反向。此时，体系振动很快，惯性力很大，弹性力和阻尼力相对比较小，故动力荷载主要与惯性力平衡。

3) 当荷载频率接近自振频率，即$\theta\approx\omega$时，$\alpha\to90°$。说明位移落后于荷载90°。因此，当荷载最大时，位移和加速度都接近于零，故动力荷载主要由阻尼力与之平衡。而在无阻尼振动中，因没有阻尼力去平衡动力荷载，故将会出现位移无限增大的情况。

由此看出，在共振情况下，阻尼力起重要作用，它的影响是不容忽略的。在工程设计中，应该注意通过调整结构的刚度和质量来控制结构的自振频率ω，使其不致与干扰力的频率θ接近，以避免共振现象。一般常使最低自振频率ω至少较θ大25%～30%，这样，可控制θ/ω的比值小于0.75～0.70，即不在共振区内，因而计算时也可不考虑阻尼影响。

容易推证，有阻尼时，$F_P(t)$与y不是同时达到最大值，后者$t=\dfrac{\pi}{2\theta}+\dfrac{\alpha}{\theta}$，即要比前者$t=\dfrac{\pi}{2\theta}$滞后一个时段$\dfrac{\alpha}{\theta}$；而$y$与$F_I(t)$则是同时达到最大值。

12.6　多自由度体系的自由振动

●工程实例

①多层房屋的侧向振动；②不等高排架的振动；③块式基础的水平回转振动；④高耸结构(如烟囱)在地震作用下的振动；⑤桥梁的振动；⑥拱坝和水闸的振动等，一般均化为多自由度体系计算。

●目的

1) 计算自振频率 ω_i，即 ω_1，ω_2，…，ω_n。

2) 确定振型（振动形式）$\boldsymbol{Y}^{(i)}$，即 $\boldsymbol{Y}^{(1)}$，$\boldsymbol{Y}^{(2)}$，…，$\boldsymbol{Y}^{(n)}$ 或振型常数 ρ_1、ρ_2（仅适用于两个自由度体系），并讨论振型的特性——主振型的正交性（从而完成了结构动力学中关于自由振动的全部概念）。

●方法

1) 刚度法——根据力的平衡条件建立运动微分方程。

2) 柔度法——根据位移协调条件建立运动微分方程。

对于多自由度体系自由振动分析一般不考虑阻尼。

12.6.1 两个自由度体系的自由振动

1 刚度法

(1) 运动方程的建立

对于图 12-57a 所示体系，若不考虑阻尼，取质量 m_1 和 m_2 作为隔离体，质点上作用惯性力和弹性恢复力，如图 12-57b 所示，根据达朗伯原理，可列出平衡方程

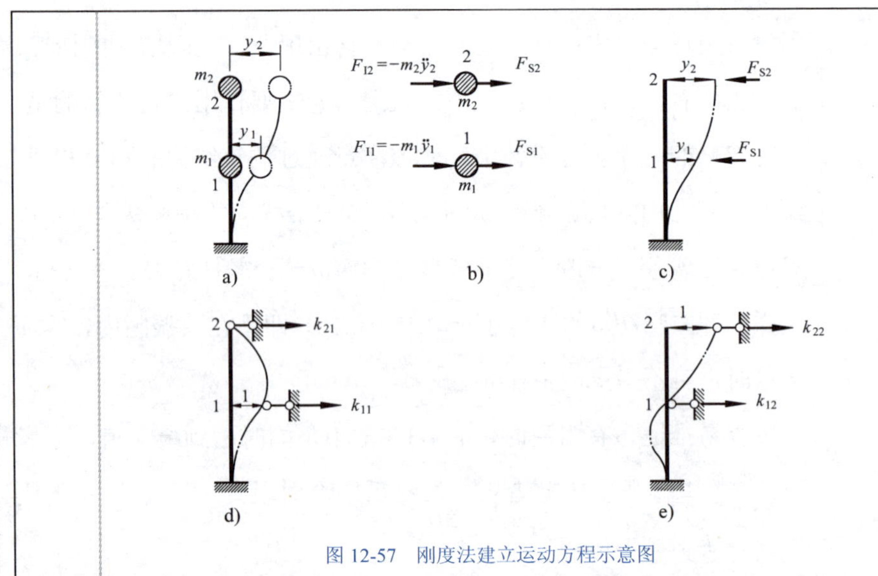

图 12-57　刚度法建立运动方程示意图

$$\left.\begin{aligned}F_{I1}+F_{S1}=0\\F_{I2}+F_{S2}=0\end{aligned}\right\}\tag{a}$$

在图 12-57c 中，结构所受的力 F_{S1}、F_{S2} 与结构的位移 y_1、y_2 之间应满足刚度方程

$$\left.\begin{aligned}F_{S1}=-(k_{11}y_1+k_{12}y_2)\\F_{S2}=-(k_{21}y_1+k_{22}y_2)\end{aligned}\right\}\tag{b}$$

这里的 k_{ij} 是结构的刚度系数（图 12-57d、e）。例如，k_{12} 是使点 2 沿运动方向产生单位位移（点 1 位移保持为 0）时，在点 1 沿第一个自由度方向需施加的力；或理解为：第 2 个自由度方向发生单位位移引起的第 1 个自由度方向对应约束的支反力。

将惯性力及式(b)代入式(a)，可得

$$\left.\begin{array}{l} m_1\ddot{y}_1 + k_{11}y_1 + k_{12}y_2 = 0 \\ m_2\ddot{y}_2 + k_{21}y_1 + k_{22}y_2 = 0 \end{array}\right\} \tag{12-56a}$$

也可用矩阵表示为

$$\begin{bmatrix} m_1 & 0 \\ 0 & m_2 \end{bmatrix}\begin{bmatrix} \ddot{y}_1 \\ \ddot{y}_2 \end{bmatrix} + \begin{bmatrix} k_{11} & k_{12} \\ k_{21} & k_{22} \end{bmatrix}\begin{bmatrix} y_1 \\ y_2 \end{bmatrix} = \begin{bmatrix} 0 \\ 0 \end{bmatrix}$$

$$\boldsymbol{M\ddot{y}} + \boldsymbol{Ky} = \boldsymbol{0} \tag{12-56b}$$

式中，$\boldsymbol{M}$ 为质量矩阵；$\boldsymbol{\ddot{y}}$ 为加速度列阵；$\boldsymbol{K}$ 为刚度矩阵；$\boldsymbol{y}$ 为位移列阵。

(2)　运动方程的求解

假设微分方程组特解的形式仍与单自由度体系自由振动的一样为简谐振动，即

$$\left.\begin{array}{l} y_1 = Y_1 \sin(\omega t + \alpha) \\ y_2 = Y_2 \sin(\omega t + \alpha) \end{array}\right\} \tag{12-57}$$

式中，Y_1、Y_2 分别为 m_1 和 m_2 的位移幅值。

式(12-57)所表明的运动具有以下特点：

1) 在振动过程中，两个质点同频率（ω）、同相位（α）。

2) 在振动过程中，两个质点的位移在数值上随时间而变化，但二者的比值始终保持不变，即

$$\frac{y_1}{y_2} = \frac{Y_1}{Y_2} = 常数$$

这种结构位移形状保持不变的振动形式，称为**主振型**或**振型**。这样的振动称为**按振型自振**（单频振动，具有不变的振动形式），而实际的多自由度体系的自由振动是多频振动，振动形状随时间而变化，但可化为各个主振型振动的叠加。

(3)　求自振频率 ω_i

由式(12-57)，得

$$\left.\begin{array}{l} \ddot{y}_1 = -\omega^2 Y_1 \sin(\omega t + \alpha) \\ \ddot{y}_2 = -\omega^2 Y_2 \sin(\omega t + \alpha) \end{array}\right\}$$

将 $\boldsymbol{y}$ 及 $\boldsymbol{\ddot{y}}$ 代入运动方程(12-56)，并消去公因子 $\sin(\omega t + \alpha)$，得到关于质点振幅 Y_1 和 Y_2 的两个齐次代数方程，称为**振型方程**或**特征向量方程**，即

$$\left.\begin{array}{l} (k_{11} - \omega^2 m_1)Y_1 + k_{12}Y_2 = 0 \\ k_{21}Y_1 + (k_{22} - \omega^2 m_2)Y_2 = 0 \end{array}\right. \tag{12-58a}$$

或

$$\left(\boldsymbol{K} - \omega^2\boldsymbol{M}\right)\boldsymbol{Y} = \boldsymbol{0} \tag{12-58b}$$

上式中 $Y_1 = Y_2 = 0$ 虽然是方程的解，但它相应于没有发生振动的静止状态。为了要求得 Y_1、Y_2 不全为零的解答，应使其系数行列式为零，即

$$D=\begin{vmatrix} k_{11}-\omega^2 m_1 & k_{12} \\ k_{21} & k_{22}-\omega^2 m_2 \end{vmatrix}=0 \tag{12-59}$$

此式可确定体系的自振频率ω_i，因此，称为**频率方程**或**特征方程**。

主振型$\boldsymbol{Y}^{(i)}$常称**特征向量**，自振频率的平方ω^2常称**特征值**，合称**特征对**。

由式(12-59)可以求出ω^2，进而求出ω，将式(12-59)展开，有

$$\left(k_{11}-\omega^2 m_1\right)\left(k_{22}-\omega^2 m_2\right)-k_{12}k_{21}=0$$

整理后，得

$$(\omega^2)^2-\left(\frac{k_{11}}{m_1}+\frac{k_{22}}{m_2}\right)\omega^2+\frac{k_{11}k_{22}-k_{12}k_{21}}{m_1 m_2}=0$$

上式是ω^2的二次方程，由此可以解出ω^2的两个根，即

$$\omega_{1,2}^2=\frac{1}{2}\left(\frac{k_{11}}{m_1}+\frac{k_{22}}{m_2}\right)\mp\sqrt{\left[\frac{1}{2}\left(\frac{k_{11}}{m_1}+\frac{k_{22}}{m_2}\right)\right]^2-\frac{k_{11}k_{22}-k_{12}k_{21}}{m_1 m_2}} \tag{12-60}$$

由上式可见，ω只与体系本身的刚度系数及其质量分布情形有关，而与外部荷载无关。

应用虚功原理可以证明，以上两个根均为正。

约定$\omega_1<\omega_2$，其中ω_1称为**第一圆频率（最小圆频率，基本圆频率）**，ω_2称为**第二圆频率**。

求出ω_1和ω_2之后，即可求各自相应的振型。

(4) 求主振型

写成向量形式$\boldsymbol{Y}^{(i)}$，或写成比值形式ρ_i（**振型常数**）。

第一，　求第一主振型：

在式(12-57)中，令$\omega=\omega_1$，则

$$\left.\begin{aligned} y_1 &= Y_{11}\sin(\omega_1 t+\alpha_1) \\ y_2 &= Y_{21}\sin(\omega_1 t+\alpha_1) \end{aligned}\right\}\ \text{甲组特解}$$

式中，Y_{11}和Y_{21}分别表示第一振型中质点 1 和 2 的振幅。代入振型方程 (12-58a)，得

$$\left.\begin{aligned} (k_{11}-\omega_1^2 m_1)Y_{11}+k_{12}Y_{21} &= 0 \quad \text{(a-1)} \\ k_{21}Y_{11}+(k_{22}-\omega_1^2 m_2)Y_{21} &= 0 \quad \text{(a-2)} \end{aligned}\right\}$$

由于系数行列式$D=0$，此两个方程是线性相关的（实际上只有一个独立的方程），不能求出Y_{11}和Y_{21}的具体数值，而只能求得二者的比值Y_{11}/Y_{21}（由以上两个方程中的任一方程均可求出该比值）。

第一振型（相对于ω_1），可表示为

$$\boldsymbol{Y}^{(1)}=\begin{bmatrix} Y_{11} \\ Y_{21} \end{bmatrix} \quad \text{或} \quad \rho_1=\frac{Y_{11}}{Y_{21}}$$

利用式(a-1)，可求得振型常数

$$\rho_1=\frac{Y_{11}}{Y_{21}}=\frac{-k_{12}}{k_{11}-\omega_1^2 m_1} \quad \text{(相对位移)} \tag{12-61a}$$

同样，利用式(a-2)，也可求得

$$\rho_1 = \frac{Y_{11}}{Y_{21}} = \frac{-\left(k_{22} - \omega_1^2 m_2\right)}{k_{21}} \tag{12-61b}$$

第二，求第二主振型：

在式(12-57)中，令ω=ω_2，则

$$\left.\begin{aligned} y_1 &= Y_{12}\sin(\omega_2 t + \alpha_2) \\ y_2 &= Y_{22}\sin(\omega_2 t + \alpha_2) \end{aligned}\right\} \text{乙组特解}$$

式中，Y_{12}和Y_{22}分别表示第二振型中质点 1 和 2 的振幅。代入振型方程(12-58a)，得

$$\left.\begin{aligned} (k_{11} - \omega_2{}^2 m_1)Y_{12} + k_{12}Y_{22} = 0 \quad \text{(b-1)} \\ k_{21}Y_{12} + (k_{22} - \omega_2{}^2 m_2)Y_{22} = 0 \quad \text{(b-2)} \end{aligned}\right\}$$

第二振型（相对于ω_2），可表示为

$$\boldsymbol{Y}^{(2)} = \begin{bmatrix} Y_{12} \\ Y_{22} \end{bmatrix} \quad \text{或} \quad \rho_2 = \frac{Y_{12}}{Y_{22}}$$

利用式(b-1)，可求得振型常数

$$\rho_2 = \frac{Y_{12}}{Y_{22}} = \frac{-k_{12}}{k_{11} - \omega_2^2 m_1} \quad \text{（相对位移）} \tag{12-61c}$$

同样，利用式(b-2)，也可求得

$$\rho_2 = \frac{Y_{12}}{Y_{22}} = \frac{-\left(k_{22} - \omega_2^2 m_2\right)}{k_{21}} \tag{12-61d}$$

根据式(12-61a、c)或式(12-61b、d)可作出图 12-58a 所示两个自由度体系的第一主振型和第二主振型，如图 12-58b、c 所示。

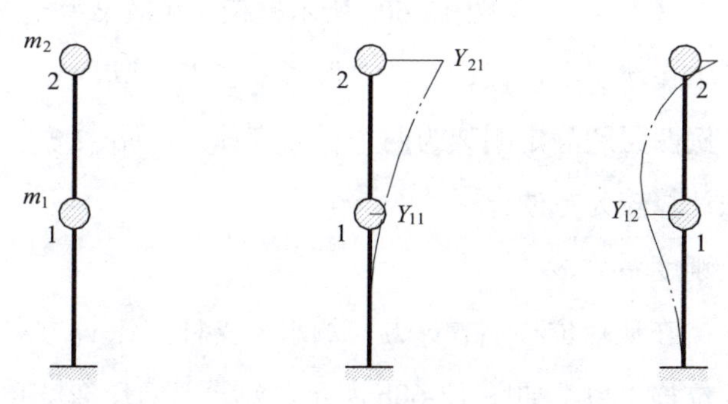

a)　两个自由度体系　　b)　第一主振型　　c)　第二主振型

图 12-58　两个自由度体系的主振型

在一般情况下，两个自由度体系的自由振动可以看作是两个频率及其主振型的组合振动。

相应于ω_1，有一组特解（前述甲组特解），相应于ω_2也有一组特解（乙组特解），它们是线性无关的。由这两组特解加以线性组合，即得通解为

$$\begin{aligned} y_1 &= A_1 Y_{11}\sin(\omega_1 t + \alpha_1) + A_2 Y_{12}\sin(\omega_2 t + \alpha_2) \\ y_2 &= A_1 \underbrace{Y_{21}\sin(\omega_1 t + \alpha_1)}_{\text{甲组特解}} + A_2 \underbrace{Y_{22}\sin(\omega_2 t + \alpha_2)}_{\text{乙组特解}} \end{aligned}$$

式中，两对待定常数A_1、α_1和A_2、α_2由初始条件(y_0和v_0)确定。

两个自由度体系可按第一主振型、第二主振型或二者的组合振动。

体系能按某个振型自振，其条件是：y_0 和 v_0 应当与此主振型相对应。要想引起按第一主振型的简谐自振，则所给 y_{01}/y_{02} 或 v_{01}/v_{02} 必须等于ρ_1；要想引起按第二主振型的简谐自振，则所给 y_{01}/y_{02} 或 v_{01}/v_{02} 必须等于ρ_2。否则，将产生组合的非简谐的周期运动。

(5) 标准化（规一化）主振型

为了使主振型$\boldsymbol{Y}^{(i)}$的振幅具有确定值，需要另外补充条件，这样得到的主振型叫作标准化主振型。一般可规定主振型$\boldsymbol{Y}^{(i)}$中某个元素为给定值，如规定某个元素 Y_{ji} 等于 1，或最大元素等于 1。

例如，图 12-59a、b 中：

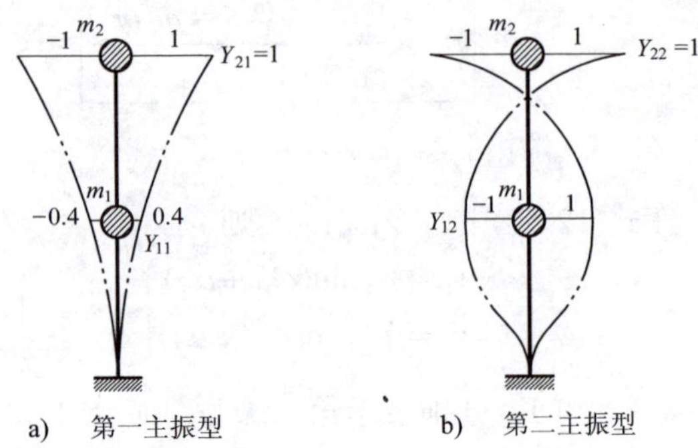

图 12-59　标准化主振型

$$\boldsymbol{Y}^{(1)}=\begin{bmatrix}0.4\\1\end{bmatrix},\quad \boldsymbol{Y}^{(2)}=\begin{bmatrix}-1\\1\end{bmatrix}$$

从上面的讨论可以看出，进行多自由度体系自由振动分析所

关注的问题，主要是要确定体系的全部自振频率（利用频率方程）及其相应的主振型（利用振型方程），这是进一步研究其动力反应的前提和基础。同时，还可看出，多自由度体系自由振动具有这样一些重要特性：①多自由度体系自振频率和主振型的个数均与体系自由度的个数相等；②每个自振频率有其相应的主振型，而这些主振型就是多自由度体系能够按单自由度体系振动时所具有的特定形式；③多自由度体系的自振频率和主振型是体系自身的固有动力特性，它们只取决于体系自身的刚度系数及其质量的分布情形，而与外部荷载无关。

【例 12-22】图 12-60a 所示框架，其横梁为无限刚性。设质量集中在楼层上，试计算其自振频率和主振型。

解：本例两层超静定刚架为两个自由度体系，$m_1=2m$，$m_2=m$。用刚度法计算较为方便。

(1) 求刚度系数 k_{ij}

在质点位移 y_1、y_2 方向加水平支杆。让 y_1 方向的支杆发生单位位移$\Delta_1=1$，如图 12-60b 所示。k_{11} 等于①、②、③、④、⑤杆的侧移刚度之和，k_{21} 等于④、⑤杆的侧移刚度之和，即

$$k_{11}=\frac{12EI}{l^3}\times4+\frac{3EI}{l^3}=\frac{51EI}{l^3}$$

$$k_{21}=k_{12}=-\left(\frac{12EI}{l^3}+\frac{3EI}{l^3}\right)=-\frac{15EI}{l^3}$$

再让 y_2 方向的支杆发生单位位移 $\Delta_2=1$，如图 12-60c 所示。k_{22} 等于④、⑤杆的侧移刚度之和，即

$$k_{22}=\frac{12EI}{l^3}+\frac{3EI}{l^3}=\frac{15EI}{l^3}$$

(2)　求自振频率 ω_i

将 $m_1=2m$ 和 $m_2=m$ 以及已求出的 k_{ij} 代入式(12-60)，则

$$\omega_{1,2}^2=\frac{1}{2}\left(\frac{k_{11}}{2m}+\frac{k_{22}}{m}\right)\mp\sqrt{\left[\frac{1}{2}\left(\frac{k_{11}}{2m}+\frac{k_{22}}{m}\right)\right]^2-\frac{k_{11}k_{22}-k_{12}^2}{(2m)(m)}}$$

$$=(20.25\mp11.84)\frac{EI}{ml^3}$$

所以

$$\omega_1^2=8.41\frac{EI}{ml^3},\quad \omega_2^2=32.09\frac{EI}{ml^3}$$

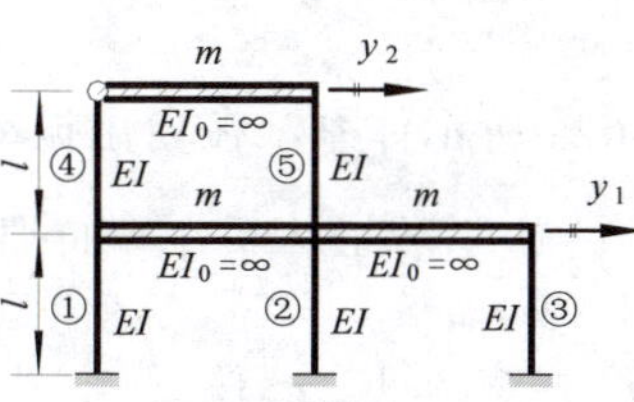

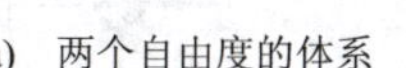
a)　两个自由度的体系

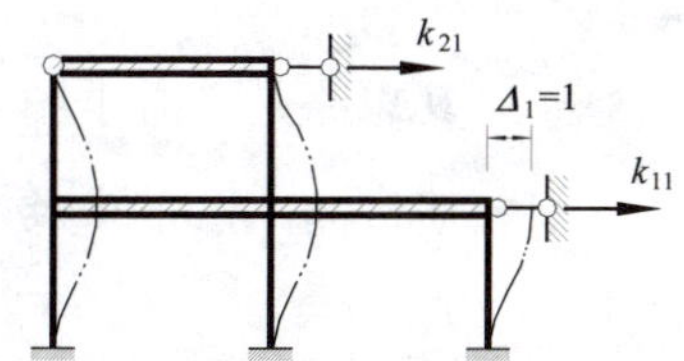

b)　由 $\Delta_1=1$ 引起的刚度系数

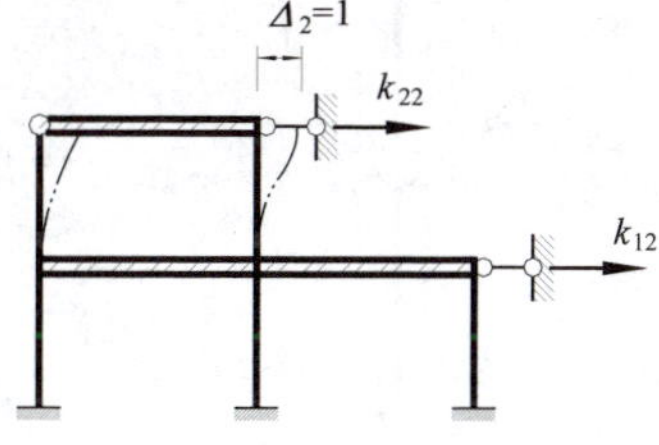

c)　由 $\Delta_2=1$ 引起的刚度系数

图 12-60　例 12-22 图

由此得

$$\omega_1=2.9\sqrt{\frac{EI}{ml^3}},\quad \omega_2=5.66\sqrt{\frac{EI}{ml^3}},$$

(3)　求主振型（振型常数 ρ_i）

分别代入振型公式（12-61a）和式（12-61c），得

第一主振型

$$\rho_1=\frac{Y_{11}}{Y_{21}}=\frac{-k_{12}}{k_{11}-\omega_1^2m_1}=\frac{15}{51-8.41\times2}=\frac{15}{34.18}$$

第二主振型

$$\rho_2=\frac{Y_{12}}{Y_{22}}=\frac{-k_{12}}{k_{11}-\omega_2^2m_1}=\frac{15}{51-32.09\times2}=-\frac{15}{13.18}$$

对主振型规一化，得

$$\rho_1=\frac{1}{2.28},\quad \rho_2=\frac{1}{-0.88}$$

(4)　作振型曲线，如图 12-61a、b 所示。

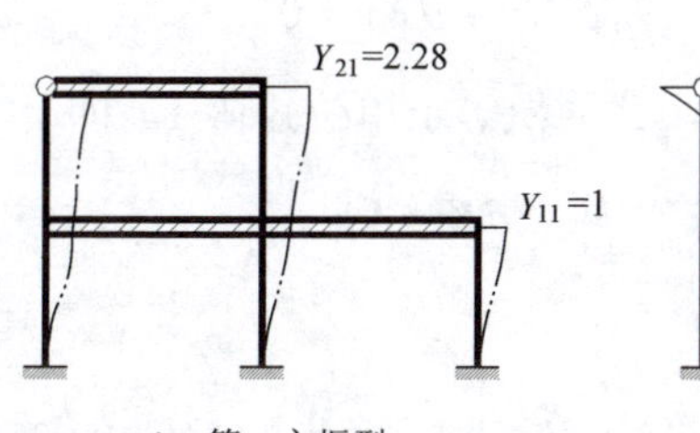

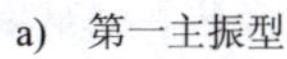
a)　第一主振型

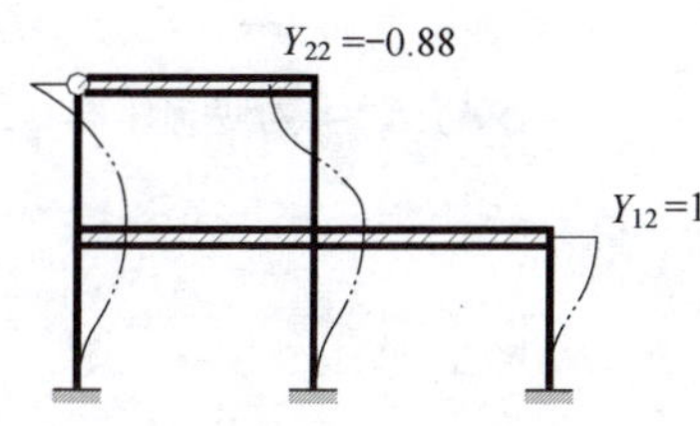

b)　第二主振型

图 12-61　例 12-22 主振型

2 柔度法

其思路是：对于图 12-62a 所示体系，在自由振动中的任一时刻 t，质量 m_1、m_2 的位移 y_1、y_2 应当等于体系在当时惯性力 $-m_1\ddot{y}_1$、$-m_2\ddot{y}_2$ 作用下所产生的静力位移。据此，再参见图 12-62b、c，可列出运动方程如下：

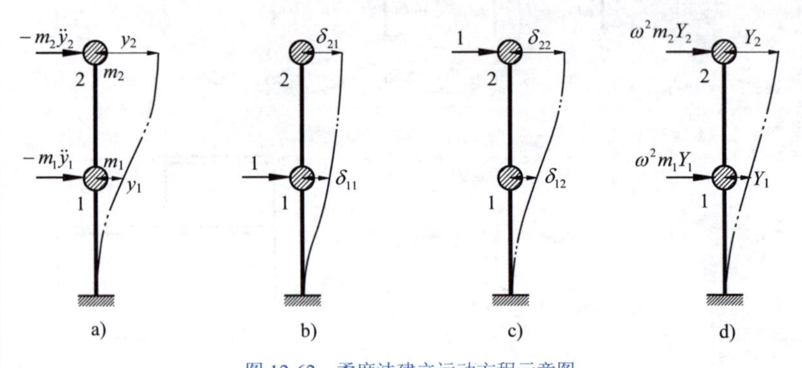

图 12-62　柔度法建立运动方程示意图

(1) 运动方程的建立

$$\boxed{\begin{aligned} y_1 &= -m_1\ddot{y}_1\delta_{11} - m_2\ddot{y}_2\delta_{12} \\ y_2 &= -m_1\ddot{y}_1\delta_{21} - m_2\ddot{y}_2\delta_{22} \end{aligned}} \tag{12-62a}$$

式中，δ_{ij} 是体系的柔度系数，如图 12-62b、c 所示。这个按柔度法建立的方程可以与按刚度法建立的方程(12-56)加以对照。对于式(12-62a)也可写为

$$\begin{bmatrix} \delta_{11} & \delta_{12} \\ \delta_{21} & \delta_{22} \end{bmatrix}\begin{bmatrix} m_1 & 0 \\ 0 & m_2 \end{bmatrix}\begin{bmatrix} \ddot{y}_1 \\ \ddot{y}_2 \end{bmatrix} + \begin{bmatrix} y_1 \\ y_2 \end{bmatrix} = \begin{bmatrix} 0 \\ 0 \end{bmatrix}$$

或

$$\boxed{\boldsymbol{\delta M\ddot{y}} + \boldsymbol{y} = \boldsymbol{0}} \tag{12-62b}$$

式中，$\boldsymbol{\delta}$ 为柔度矩阵。

以上运动方程，也可利用刚度法所建立的运动方程间接导出：

由式(12-56b) $\boldsymbol{M\ddot{y}} + \boldsymbol{Ky} = \boldsymbol{0}$ 前乘以 $\boldsymbol{\delta}$，得

$$\boldsymbol{\delta M\ddot{y}} + \boldsymbol{\delta K y} = \boldsymbol{0}$$

因 $\boldsymbol{\delta}$ 与 $\boldsymbol{K}$ 互为逆矩阵，其乘积等于单位矩阵 $\mathbf{I}$，即

$$\boldsymbol{\delta K} = \mathbf{I}$$

所以，有

$$\boldsymbol{\delta M\ddot{y}} + \boldsymbol{y} = \boldsymbol{0}$$

得出同一方程。但需注意：$\boldsymbol{\delta}$ 与 $\boldsymbol{K}$ 虽然互为逆矩阵，但 $\boldsymbol{\delta}$ 中的 δ_{ij} 与 $\boldsymbol{K}$ 中的 k_{ij} 元素一般并不互逆（仅单自由度体系例外，因其 $\boldsymbol{\delta}$ 与 $\boldsymbol{K}$ 中均只有一个元素 $\delta_{11} = 1/k_{11}$）。

(2) 运动方程的求解

设特解

$$\boxed{\left.\begin{aligned} y_1 &= Y_1\sin(\omega t + \alpha) \\ y_2 &= Y_2\sin(\omega t + \alpha) \end{aligned}\right\}} \tag{12-63}$$

与刚度法所设相同：同 ω、同 α；$y_1/y_2 = Y_1/Y_2 =$ 常数，均系简谐振动。

(3) 求自振频率 ω_i

$$\boxed{\left.\begin{aligned} \ddot{y}_1 &= -\omega^2 Y_1\sin(\omega t + \alpha) \\ \ddot{y}_2 &= -\omega^2 Y_2\sin(\omega t + \alpha) \end{aligned}\right\}} \tag{12-64}$$

两个质点的惯性力分别为

$$F_{I1} = -m_1\ddot{y}_1 = m_1\omega^2 Y_1 \sin(\omega t + \alpha)$$

$$F_{I2} = -m_2\ddot{y}_2 = m_2\omega^2 Y_2 \sin(\omega t + \alpha)$$

将式(12-63)和式(12-64)中的 y 及 $\ddot{y}$ 代入运动方程(12-62a)，并消去公因子 $\sin(\omega t + \alpha)$，得到关于质点振幅 Y_1 和 Y_2 的两个齐次线性代数方程

$$\begin{cases} Y_1 = \delta_{11}\left(\omega^2 m_1 Y_1\right) + \delta_{12}\left(\omega^2 m_2 Y_2\right) \\ Y_2 = \delta_{21}\left(\omega^2 m_1 Y_1\right) + \delta_{22}\left(\omega^2 m_2 Y_2\right) \end{cases} \qquad (12\text{-}65)$$

上式表明，主振型的位移幅值(Y_1 及 Y_2)，就是体系在此主振型惯性力幅值($\omega^2 m_1 Y_1$ 和 $\omega^2 m_2 Y_2$)作用下引起的静力位移，如图 12-62d 所示。

将式(12-65)通除以 ω^2，可写成

$$\begin{cases} \left(\delta_{11}m_1 - \dfrac{1}{\omega^2}\right)Y_1 + \delta_{12}m_2 Y_2 = 0 \\ \delta_{21}m_1 Y_1 + \left(\delta_{22}m_2 - \dfrac{1}{\omega^2}\right)Y_2 = 0 \end{cases} \qquad (12\text{-}66)$$

称为**振型方程**或**特征向量方程**。为了求得 Y_1、Y_2 不全为 0 的解，应使其系数行列式等于零，即

$$D = \begin{vmatrix} \delta_{11}m_1 - \dfrac{1}{\omega^2} & \delta_{12}m_2 \\ \delta_{21}m_1 & \delta_{22}m_2 - \dfrac{1}{\omega^2} \end{vmatrix} = 0 \qquad (12\text{-}67)$$

称为**频率方程**或**特征方程**。由它可以求出 ω_1 和 ω_2。

将式(12-67)展开，得

$$\left(\delta_{11}m_1 - \frac{1}{\omega^2}\right)\left(\delta_{22}m_2 - \frac{1}{\omega^2}\right) - \left(\delta_{12}m_2\right)\left(\delta_{21}m_1\right) = 0 \qquad \text{(a)}$$

令 $\lambda = 1/\omega^2$，代入式(a)，得关于 λ 的二次方程

$$\lambda^2 - (\delta_{11}m_1 + \delta_{22}m_2)\lambda + m_1 m_2(\delta_{11}\delta_{22} - \delta_{12}\delta_{21}) = 0 \qquad \text{(b)}$$

由式(b)，可解出 λ 的两个根，即

$$\lambda_{1,2} = \frac{1}{2}\left[(\delta_{11}m_1 + \delta_{22}m_2) \pm \sqrt{(\delta_{11}m_1 + \delta_{22}m_2)^2 - 4\left(\delta_{11}\delta_{22} - \delta_{12}\delta_{21}\right)m_1 m_2}\right] \qquad (12\text{-}68)$$

约定 $\lambda_1 > \lambda_2$(从而满足 $\omega_1 < \omega_2$)，于是求得

$$\omega_1 = \frac{1}{\sqrt{\lambda_1}},\ \omega_2 = \frac{1}{\sqrt{\lambda_2}} \qquad (12\text{-}69)$$

(4) 求主振型

1) 第一主振型：将 $\omega = \omega_1$ 代入式(12-66)第一式，得

$$\rho_1 = \frac{Y_{11}}{Y_{21}} = \frac{-\delta_{12}m_2}{\delta_{11}m_1 - \lambda_1} \qquad (12\text{-}70a)$$

2) 第二主振型：将 $\omega = \omega_2$ 代入同一式，得

$$\rho_2 = \frac{Y_{12}}{Y_{22}} = \frac{-\delta_{12}m_2}{\delta_{11}m_1 - \lambda_2} \qquad (12\text{-}70b)$$

根据规一化的主振型，可绘出主振型曲线。

【例 12-23】试求图 12-63a 所示结构的自振频率及主振型。各杆 EI 为常数，弹性支座的刚度系数 $k=9EI/32l^3$。

解：此刚架有两个自由度。假设质量 m 水平方向的位移为 y_1，竖直方向的位移为 y_2。

(1) 计算柔度系数δ_{ij}

计算柔度系数时，应考虑弹性支座变形对位移的影响。

作 $\overline{M}_1$、$\overline{M}_2$ 图，如图 12-63b、c 所示。

$$\delta_{11}=\frac{1}{EI}\left[(\frac{1}{2}\times3\times3)\times(\frac{2}{3}\times3)+(3\times2)\times3+(\frac{1}{2}\times3\times4)\times(\frac{2}{3}\times3)\right]+\frac{3}{4}\times\frac{3}{4}\times\frac{32l^3}{9EI}=\frac{41}{EI}$$

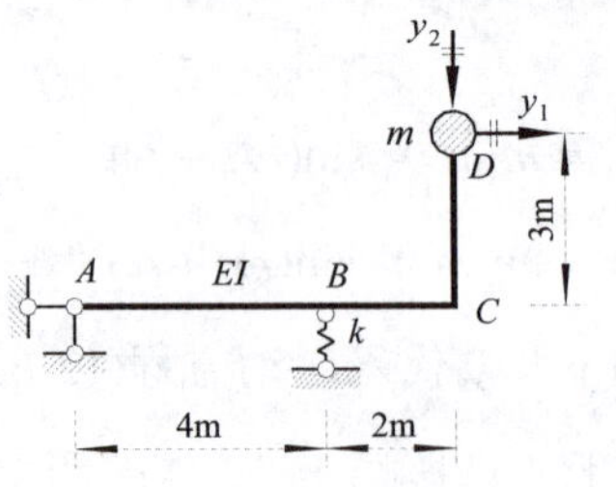

a) 两个自由度体系

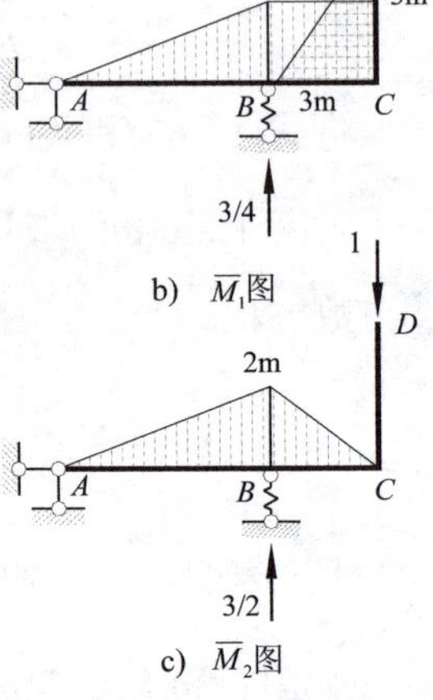

b) $\overline{M}_1$图

c) $\overline{M}_2$图

图 12-63　例 12-23 图

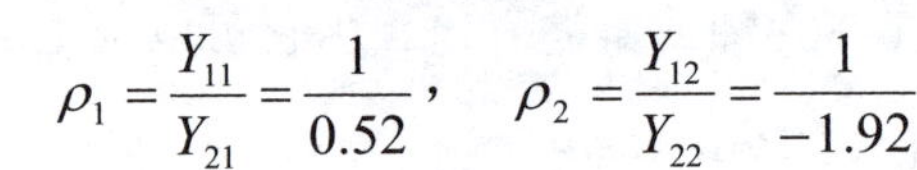

$$\delta_{22}=\frac{1}{EI}\left[(\frac{1}{2}\times2\times2)\times(\frac{2}{3}\times2)+(\frac{1}{2}\times2\times4)\times(\frac{2}{3}\times2)\right]+\frac{3}{2}\times\frac{3}{2}\times\frac{32l^3}{9EI}=\frac{16}{EI}$$

$$\delta_{12}=\delta_{21}=\frac{1}{EI}\left[(\frac{1}{2}\times3\times4)\times(\frac{2}{3}\times2)+(3\times2)\times1\right]+\frac{3}{4}\times\frac{3}{2}\times\frac{32l^3}{9EI}=\frac{18}{EI}$$

(2) 求自振频率ω_i

将 $m_1=m_2=m$ 及已求得的δ_{ij}代入式（12-68），求得

$$\lambda_1=\frac{50.415m}{EI},\quad \lambda_2=\frac{6.585m}{EI}$$

从而可求得

$$\omega_1=\frac{1}{\sqrt{\lambda_1}}=0.1408\sqrt{\frac{EI}{m}},\quad \omega_2=\frac{1}{\sqrt{\lambda_2}}=0.3897\sqrt{\frac{EI}{m}}$$

(3) 求主振型ρ_i

由式（12-70a）和式（12-70b），得

$$\rho_1=\frac{Y_{11}}{Y_{21}}=\frac{1}{0.52},\quad \rho_2=\frac{Y_{12}}{Y_{22}}=\frac{1}{-1.92}$$

(4) 作振型曲线，如图 12-64a、b 所示。

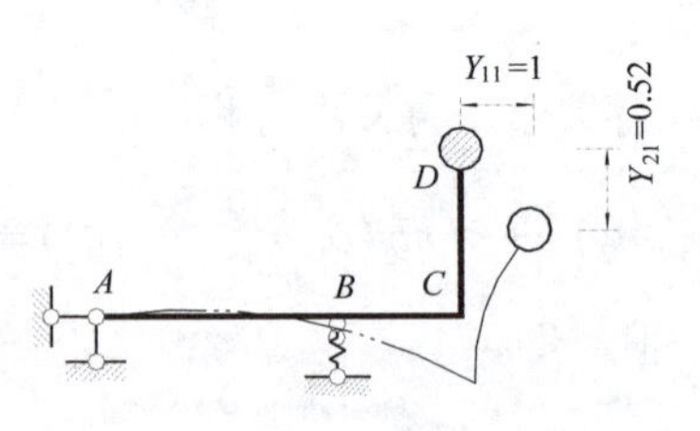

a) 第一主振型

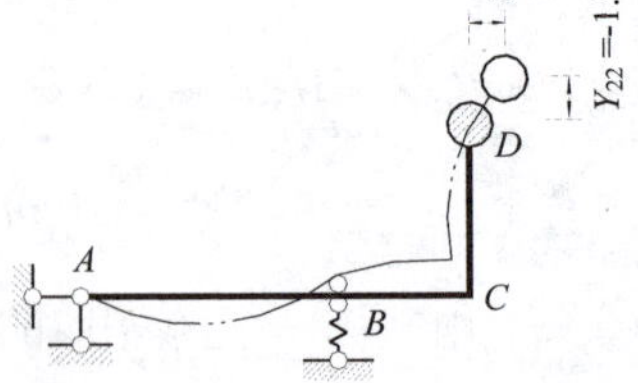

b) 第二主振型

图 12-64　例 12-23 主振型

【例 12-24】试求图 12-65a 所示等截面梁的自振频率和主振型。质量 $m_1=m_2=m=1000\text{kg}$。$E=200\text{GPa}$，$I=2\times10^4\text{cm}^4$，l=4m。

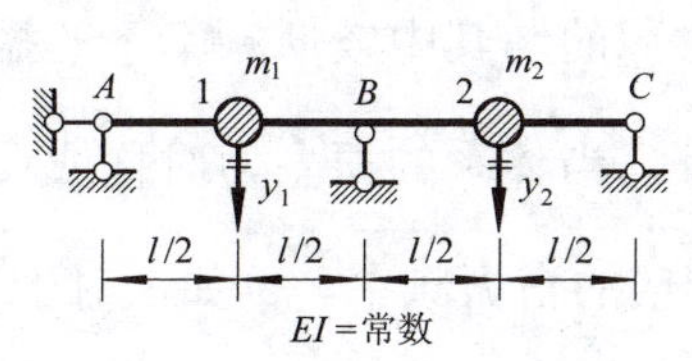

a)　两个自由度体系

b)　$\overline{M}_1$ 图

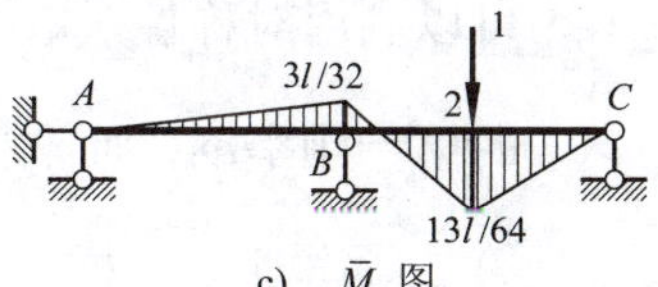

c)　$\overline{M}_2$ 图

图 12-65　例 12-24 图

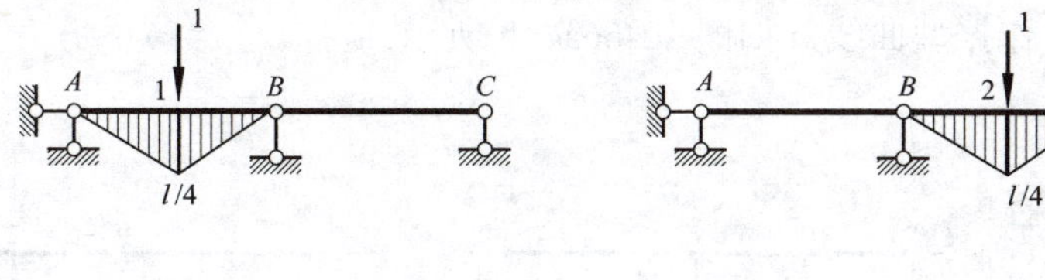

d)　$\overline{M}_{基1}$ 图　　e)　$\overline{M}_{基2}$ 图

图 12-65　例 12-24 图（续）

解：此体系有两个自由度，两个质点均沿竖直方向振动。

(1)　求柔度系数δ_{ij}

分别用力法（或力矩分配法）作单位力作用下的$\overline{M}_1$图和$\overline{M}_2$图，如图 12-65b、c 所示。为求柔度系数，可将虚单位力加于力法基本体系上，作$\overline{M}_{基1}$图和$\overline{M}_{基2}$图，如图 12-65d、e 所示。这实质

上是一个计算超静定结构的位移问题，即

$$\delta_{11}=\int\frac{\overline{M}_1\overline{M}_{基1}}{EI}\mathrm{d}x=\frac{23}{24EI}$$

$$\delta_{22}=\int\frac{\overline{M}_2\overline{M}_{基2}}{EI}\mathrm{d}x=\frac{23}{24EI}$$

$$\delta_{12}=\delta_{21}=\int\frac{\overline{M}_2\overline{M}_{基1}}{EI}\mathrm{d}x=\int\frac{\overline{M}_1\overline{M}_{基2}}{EI}\mathrm{d}x=-\frac{3}{8EI}$$

(2)　求自振频率ω_i

代入式 (12-68)，得

$$\lambda_{1,2}=\frac{1}{2}\left[(\delta_{11}m_1+\delta_{22}m_2)\pm\sqrt{(\delta_{11}m_1+\delta_{22}m_2)^2-4\left(\delta_{11}\delta_{22}-\delta_{12}\delta_{21}\right)m_1m_2}\right]$$

$$=\frac{m}{2}\left(2\delta_{11}\pm2\delta_{12}\right)$$

即

$$\lambda_1=4m/3EI\text{，}\quad\lambda_2=7m/12EI$$

所以，自振频率为

$$\omega_1=\frac{1}{\sqrt{\lambda_1}}=0.866\sqrt{\frac{EI}{m}}=173.20\ \text{s}^{-1}$$

$$\omega_2=\frac{1}{\sqrt{\lambda_2}}=1.309\sqrt{\frac{EI}{m}}=261.86\ \text{s}^{-1}$$

(3)　求主振型ρ_i

由式（12-70a）和式（12-70b），得

第一主振型

$$\rho_1=\frac{Y_{11}}{Y_{21}}=\frac{-\delta_{12}m_2}{\delta_{11}m_1-\lambda_1}=\frac{1}{-1}$$

第二主振型

$$\rho_2=\frac{Y_{12}}{Y_{22}}=\frac{-\delta_{12}m_2}{\delta_{11}m_1-\lambda_2}=\frac{1}{1}$$

(4) 作振型曲线，如图 12-66a、b 所示。

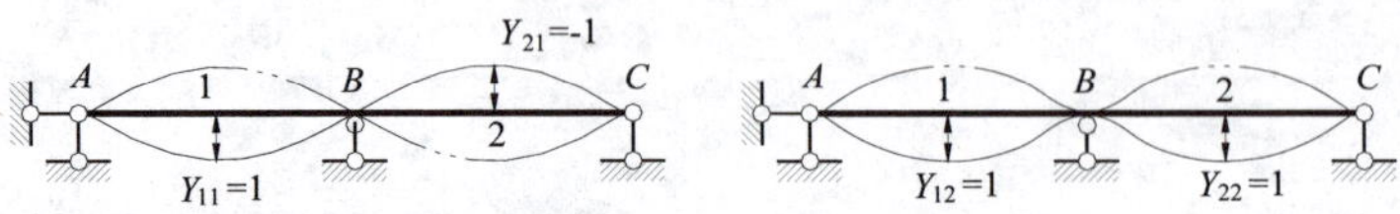

a) 第一主振型（反对称）　b) 第二主振型（对称）

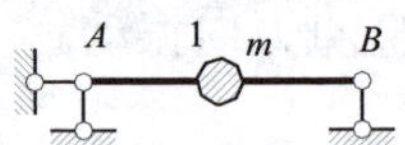

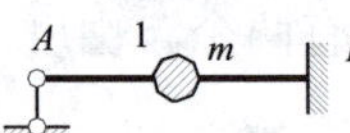

c) 反对称半边结构　d) 对称半边结构

图 12-66　例 12-24 主振型及对称性利用

以上计算结果表明：该例第一主振型是反对称的，第二主振型是对称的。一般规律是：如果结构和质量布置都是对称的，体系的振型必定是对称或反对称的，其中较低频率下的振型对应体系的应变能相对较小。而且，当体系的振型为对称或反对称时，均可以取半边结构计算其相应的自振频率。例如，对于本例而言，可以利用对称性，取图 12-66c 所示的反对称半边结构，计算体系的第一频率ω_1；而取图 12-66d 所示的对称半边结构，计算体系的第二频率ω_2。这样，就将两个自由度体系的计算问题，简化为按两个单自由度体系分别进行计算。

【例 12-25】试计算图 12-67 所示刚架的自振频率和主振型。

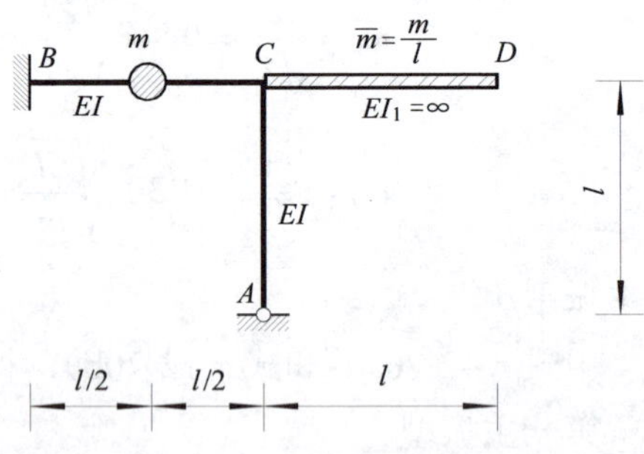

图 12-67　例 12-25 图

解：本题为含有均质刚性杆的两个自由度体系（既有平动，又有转动）。取集中质量 m 处竖向位移 y 和刚性杆 CD 绕 C 点的转角θ作为独立的几何位移，如图 12-68a 所示。由于本题是由线位移和角位移耦合组成的振动，因此，不能简单地利用前面按柔度法推出的公式（12-68）和式（12-70）计算自振频率和主振型，而应从考虑结构整体平衡，建立运动方程入手。

某一瞬时 t，刚架上作用的惯性力如图 12-68b 所示。

由分布质量所产生的惯性力对 C 点的合力矩为

$$I_\theta = \frac{1}{2}\times\left(-\overline{m}l\ddot{\theta}\right)\times l\times\frac{2}{3}l = -\frac{1}{3}\overline{m}l^3\ddot{\theta} = -\frac{1}{3}ml^2\ddot{\theta}$$

(1) 计算柔度系数δ_{ij}

分别在集中质量 m 处和结点 C 处加单位力和单位力偶。用位

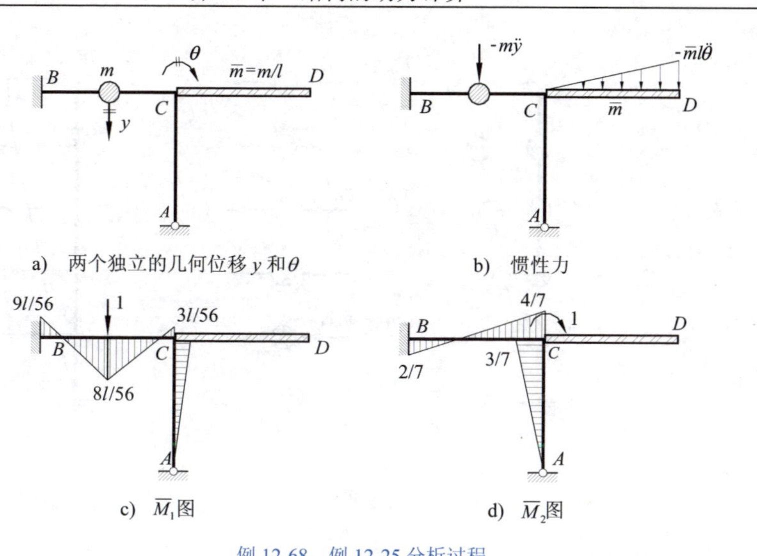

例 12-68　例 12-25 分析过程

移法或力矩分配法求解并作出单位弯矩图 $\overline{M}_1$ 图和 $\overline{M}_2$ 图，如图 12-68c、d 所示。利用图乘法求得质量 m 的竖向位移δ_{11}、δ_{12}和刚性杆绕 C 点的转角δ_{21}、δ_{22}为

$$\delta_{11}=0.00744\frac{l^3}{EI}，\quad \delta_{12}=\delta_{21}=-0.01786\frac{l^2}{EI}$$

$$\delta_{22}=0.14286\frac{l}{EI}$$

(2)　建立运动方程

$$\left.\begin{aligned} y&=\delta_{11}(-m\ddot{y})+\delta_{12}I_\theta \\ \theta&=\delta_{21}(-m\ddot{y})+\delta_{22}I_\theta \end{aligned}\right\} \tag{a}$$

将 $I_\theta=-\dfrac{1}{3}ml^2\ddot{\theta}$ 及各柔度系数δ_{ij}代入式(a)，经整理后，得

$$\left.\begin{aligned} y&=-m\ddot{y}\delta_{11}-\frac{1}{3}ml^2\ddot{\theta}\delta_{12} \\ \theta&=-m\ddot{y}\delta_{21}-\frac{1}{3}ml^2\ddot{\theta}\delta_{22} \end{aligned}\right\} \tag{b}$$

将式(b)与前面建立的运动方程式(12-62a)对比可知：只要将 $m_1=m$，$m_2=ml^2/3$ 及各柔度系数δ_{ij}代入式（12-68）和式（12-70），即可解出自振频率及主振型。

(3)　求自振频率ω_i

$$\lambda_1=0.05011\frac{ml^3}{EI}，\quad \lambda_2=0.00495\frac{ml^3}{EI}$$

由式(12-69)，可得相应的自振频率

$$\omega_1=\frac{1}{\sqrt{\lambda_1}}=4.467\sqrt{\frac{EI}{ml^3}}，\quad \omega_2=\frac{1}{\sqrt{\lambda_2}}=14.214\sqrt{\frac{EI}{ml^3}}$$

(4)　求主振型ρ_i

由式(12-70a)和式(12-70b)，得

$$\rho_1=\frac{Y_{11}}{\theta_{21}}=-\frac{l}{7.168}=\frac{1}{-7.168/l}，\quad \rho_2=\frac{Y_{12}}{\theta_{22}}=\frac{l}{0.418}=\frac{1}{0.418/l}$$

（5）　作振型曲线，如图 12-69a、b 所示

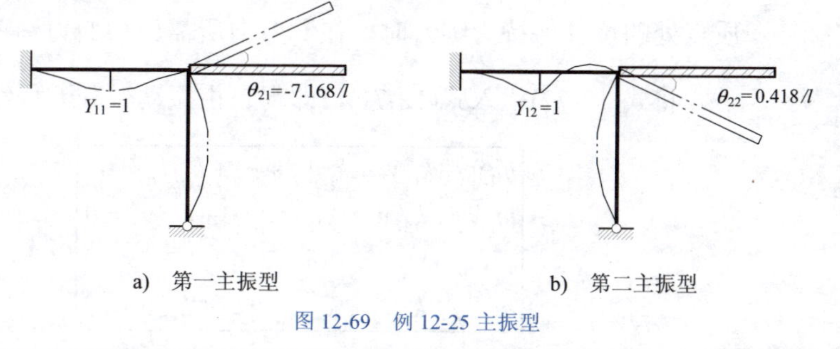

图 12-69　例 12-25 主振型

12.6.2（推广）n 个自由度体系的自由振动

1 刚度法

(1) 运动方程的建立

图 12-70a 所示为一具有 n 个自由度的体系。取各质点为隔离体，如图 12-70b 所示。质量 m_i 所受的力包括惯性力 $F_{Ii}=-m_i\ddot{y}_i$ 和弹性力 F_{Si}，其平衡方程为

$$\boxed{F_{Ii}+F_{Si}=0} \quad (i=1,2,\cdots,n) \tag{12-71}$$

弹性力 F_{Si} 是质量 m_i 与结构之间的相互作用力。图 12-70b 中的 F_{Si} 是质量 m_i 所受的力，图 12-70c 中的 F_{Si} 是结构所受的力，二

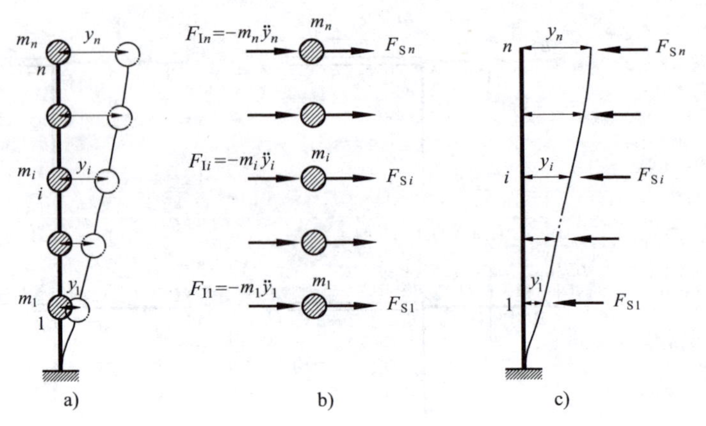

图 12-70　n 个自由度体系用刚度法建立运动方程示意图

者的方向彼此相反。在图 12-70c 中，结构所受的力 F_{Si} 与结构的位移 y_1，y_2，…，y_n 之间应满足刚度方程

$$\boxed{F_{Si}=-(k_{i1}y_1+k_{i2}y_2+\cdots+k_{in}y_n)} \quad (i=1,2,\cdots,n) \tag{12-72}$$

式中，k_{ij} 是结构的刚度系数，即使 y_j 方向产生单位位移（其他各质点处的位移保持为零）时，在 y_i 方向所需施加的力。

将式(12-72)代入式(12-71)，即得自由振动微分方程组

$$\boxed{\begin{aligned} m_1\ddot{y}_1+k_{11}y_1+k_{12}y_2+\cdots+k_{1n}y_n&=0\\ m_2\ddot{y}_2+k_{21}y_1+k_{22}y_2+\cdots+k_{2n}y_n&=0\\ &\vdots\\ m_n\ddot{y}_n+k_{n1}y_1+k_{n2}y_2+\cdots+k_{nn}y_n&=0 \end{aligned}} \tag{12-73}$$

其矩阵形式为

$$\begin{bmatrix} m_1 & & & \\ & m_2 & & \\ & & \ddots & \\ & & & m_n \end{bmatrix}\begin{bmatrix}\ddot{y}_1\\ \ddot{y}_2\\ \vdots\\ \ddot{y}_n\end{bmatrix}+\begin{bmatrix} k_{11} & k_{12} & \cdots & k_{1n}\\ k_{21} & k_{22} & \cdots & k_{2n}\\ \vdots & \vdots & & \vdots\\ k_{n1} & k_{n2} & \cdots & k_{nn}\end{bmatrix}\begin{bmatrix}y_1\\ y_2\\ \vdots\\ y_n\end{bmatrix}=\begin{bmatrix}0\\0\\ \vdots\\0\end{bmatrix}$$

或简写为

$$\boxed{\boldsymbol{M}\ddot{\boldsymbol{y}}+\boldsymbol{K}\boldsymbol{y}=\boldsymbol{0}} \tag{12-74}$$

式中，$\boldsymbol{y}$ 和 $\ddot{\boldsymbol{y}}$ 分别是位移向量和加速度向量，即

$$\boldsymbol{y}=\begin{bmatrix}y_1 & y_2 & \cdots & y_n\end{bmatrix}^{\mathrm{T}}$$

$$\ddot{\boldsymbol{y}}=\begin{bmatrix}\ddot{y}_1 & \ddot{y}_2 & \cdots & \ddot{y}_n\end{bmatrix}^{\mathrm{T}}$$

M 和 K 分别为体系的质量矩阵和刚度矩阵，即

$$M=\begin{bmatrix} m_1 & & & \\ & m_2 & & \\ & & \ddots & \\ & & & m_n \end{bmatrix},\quad K=\begin{bmatrix} k_{11} & k_{12} & \cdots & k_{1n} \\ k_{21} & k_{22} & \cdots & k_{2n} \\ \vdots & \vdots & & \vdots \\ k_{n1} & k_{n2} & \cdots & k_{nn} \end{bmatrix}$$

由支反力互等定理知，$k_{ij}=k_{ji}$，故 K 是对称方阵；在集中质量的体系中，即当不考虑质量的转动惯量时，M 是对角矩阵。

(2) 运动方程的求解

设特解

$$\boxed{y=Y\sin(\omega t+\alpha)} \quad (12\text{-}75a)$$

$$\boxed{\ddot{y}=-\omega^2 Y\sin(\omega t+\alpha)} \quad (12\text{-}75b)$$

式中，**Y 称为位移幅值向量**，即

$$Y=\begin{bmatrix} Y_1 & Y_2 & \cdots & Y_n \end{bmatrix}^{\mathrm{T}}$$

(3) 求自振频率

将 y 和 $\ddot{y}$ 代入式(12-74)，得

$$-\omega^2 MY\sin(\omega t+\alpha)+KY\sin(\omega t+\alpha)=0$$

消去公因子 $\sin(\omega t+\alpha)$，即得

$$\boxed{(K-\omega^2 M)Y=0} \quad (12\text{-}76)$$

这是关于位移幅值 Y 的齐次线性代数方程组，称为**振型方程**或**特

征向量方程。

例如，以 n=2 为例，即得

$$\left(\begin{bmatrix} k_{11} & k_{12} \\ k_{21} & k_{22} \end{bmatrix}-\omega^2\begin{bmatrix} m_1 & 0 \\ 0 & m_2 \end{bmatrix}\right)\begin{bmatrix} Y_1 \\ Y_2 \end{bmatrix}=\begin{bmatrix} 0 \\ 0 \end{bmatrix}$$

即

$$\left.\begin{aligned} (k_{11}-\omega^2 m_1)Y_1+k_{12}Y_2=0 \\ k_{21}Y_1+(k_{22}-\omega^2 m_2)Y_2=0 \end{aligned}\right\}$$

此即式(12-58)。

欲使式(12-76)中 Y 的各元素不同时为零，则必须使该方程的系数行列式为零，即

$$\boxed{\left|K-\omega^2 M\right|=0} \quad (12\text{-}77)$$

此即多自由度体系的**频率方程**或**特征方程**。其展开形式为

$$\begin{vmatrix} k_{11}-\omega^2 m_1 & k_{12} & \cdots & k_{1n} \\ k_{21} & k_{22}-\omega^2 m_2 & \cdots & k_{2n} \\ \vdots & \vdots & & \vdots \\ k_{n1} & k_{n2} & \cdots & k_{nn}-\omega^2 m_n \end{vmatrix}=0 \quad (12\text{-}78)$$

将行列式展开，可得到一个关于频率 ω^2 的 n 次代数方程(n 是体系自由度数)。求出这个方程的 n 个根 ω_1^2，ω_2^2，…，ω_n^2，即可得到体系的 n 个自振频率 ω_1，ω_2，…，ω_n，且约定 $\omega_1<\omega_2<\cdots<\omega_n$，即按从小到大的顺序排列成频率向量 $\boldsymbol{\omega}$，称为**频率谱**。其中，ω_1 称为**基本频率**或**第一频率**。

(4) 求主振型

令 $\boldsymbol{Y}^{(i)}$ 表示与频率 ω_i 相应的第 i 个主振型向量，即

$$\boldsymbol{Y}^{(i)}=\begin{bmatrix}Y_{1i} & Y_{2i} & \cdots & Y_{ni}\end{bmatrix}^{\mathrm{T}}$$

将 ω_i 和 $\boldsymbol{Y}^{(i)}$ 代入振型方程(12-76)，得

$$\boxed{(\boldsymbol{K}-\omega_i^2\boldsymbol{M})\boldsymbol{Y}^{(i)}=\boldsymbol{0}} \tag{12-79}$$

令 i=1,2,…,n，可得出 n 个振型方程，由此可求出 n 个主振型：

$$(\boldsymbol{K}-\omega_1^2\boldsymbol{M})\boldsymbol{Y}^{(1)}=\boldsymbol{0}\xrightarrow{\text{可求出}}\boldsymbol{Y}^{(1)}=\begin{bmatrix}Y_{11} & Y_{21} & \cdots & Y_{n1}\end{bmatrix}^{\mathrm{T}}$$

$$(\boldsymbol{K}-\omega_2^2\boldsymbol{M})\boldsymbol{Y}^{(2)}=\boldsymbol{0}\longrightarrow\boldsymbol{Y}^{(2)}=\begin{bmatrix}Y_{12} & Y_{22} & \cdots & Y_{n2}\end{bmatrix}^{\mathrm{T}}$$

$$\vdots \qquad\qquad \vdots$$

$$(\boldsymbol{K}-\omega_n^2\boldsymbol{M})\boldsymbol{Y}^{(n)}=\boldsymbol{0}\longrightarrow\boldsymbol{Y}^{(n)}=\begin{bmatrix}Y_{1n} & Y_{2n} & \cdots & Y_{nn}\end{bmatrix}^{\mathrm{T}}$$

以上每个振型方程都代表 n 个联立代数方程，以 Y_{1i}，Y_{2i}，…，Y_{ni} 为未知量。由于这是一组齐次方程，因此，如果

$$Y_{1i},\ Y_{2i},\ \cdots,\ Y_{ni}$$

是方程的解，则

$$CY_{1i},\ CY_{2i},\ \cdots,\ CY_{ni}$$

也是方程的解(这里，C 是任意常数)。也就是说：

由振型方程(12-79)可以唯一地确定主振型 $\boldsymbol{Y}^{(i)}$ 的形状，即 $\boldsymbol{Y}^{(i)}$ 中各幅值的相对值，但不能唯一地确定它的幅值（因方程右端项干扰力为零）。

(5) 标准化主振型(规一化主振型)

为了使主振型 $\boldsymbol{Y}^{(i)}$ 的幅值也具有确定值，需要另外补充条件(进行标准化)，这样得到的主振型称为标准化主振型。

一般常用以下两种作法：

1) 规定主振型 $\boldsymbol{Y}^{(i)}$ 中的某个元素为某个给定值。通常规定第一个元素 Y_{1i} 或最后一个元素 Y_{ni} 等于 1，也可以规定最大的一个元素等于 1。

2) 规定主振型 $\boldsymbol{Y}^{(i)}$ 满足：

$$\boldsymbol{Y}^{(i)\mathrm{T}}\boldsymbol{M}\boldsymbol{Y}^{(i)}=1$$

【例 12-26】试求图 12-71a 所示三层刚架的自振频率和主振型（横梁变形略去不计）。各层间侧移刚度（亦称抗剪刚度，为该层上下两端发生单位水平相对位移时该层各柱剪力之和）分别为 k_1、k_2、k_3，其单位为 MN/m。

解：以各楼层的水平位移为几何坐标。

(1) 求自振频率 ω_i

1) 建立刚度矩阵 $\boldsymbol{K}$：由图 12-71b、c、d，可知

$$k_{11}=k_1+k_2=441$$

$$k_{21}=k_{12}=-k_2=-196$$

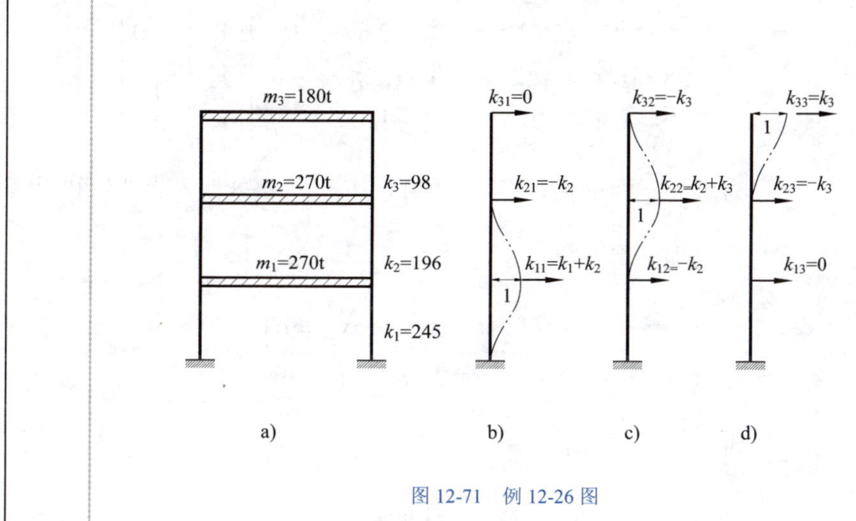

图 12-71　例 12-26 图

$$k_{31}=k_{13}=0$$

$$k_{22}=k_2+k_3=294$$

$$k_{32}=k_{23}=-k_3=-98$$

$$k_{33}=k_3=98$$

于是，得到刚度矩阵为

$$\boldsymbol{K}=\begin{bmatrix}k_{11} & k_{12} & k_{13}\\ k_{21} & k_{22} & k_{23}\\ k_{31} & k_{32} & k_{33}\end{bmatrix}=98\times10^6\begin{bmatrix}4.5 & -2 & 0\\ -2 & 3 & -1\\ 0 & -1 & 1\end{bmatrix}\ \text{N/m}$$

2) 建立质量矩阵 $\boldsymbol{M}$

$$\boldsymbol{M}=\begin{bmatrix}m_1 & 0 & 0\\ 0 & m_2 & 0\\ 0 & 0 & m_3\end{bmatrix}=180\times10^3\begin{bmatrix}1.5 & 0 & 0\\ 0 & 1.5 & 0\\ 0 & 0 & 1\end{bmatrix}\ \text{kg}$$

3) 引入符号η，并求自振频率

$$\eta=\frac{m_3}{k_3}\omega^2=\left(\frac{180\times10^3}{98\times10^6}\right)\omega^2=\left(\frac{180}{98}\times10^{-3}\right)\omega^2$$

$$\omega^2=\left(\frac{98}{180}\times10^3\right)\eta$$

则

$$\boldsymbol{K}-\omega^2\boldsymbol{M}=98\times10^6\begin{bmatrix}4.5-1.5\eta & -2 & 0\\ -2 & 3-1.5\eta & -1\\ 0 & -1 & 1-\eta\end{bmatrix}$$

频率方程为

$$\left|\boldsymbol{K}-\omega^2\boldsymbol{M}\right|=0$$

其展开式为

$$(3\eta-1)(\eta-5/3)(\eta-4)=0$$

解得上式的三个根为

$$\eta_1=1/3,\quad \eta_2=5/3,\quad \eta_3=4$$

于是得

$$\omega_1=\sqrt{k_3\eta_1/m_3}=13.47\ \mathrm{s}^{-1}$$

$$\omega_2=\sqrt{k_3\eta_2/m_3}=30.12\ \mathrm{s}^{-1}$$

$$\omega_3=\sqrt{k_3\eta_3/m_3}=46.67\ \mathrm{s}^{-1}$$

(2)　求主振型 $\boldsymbol{Y}^{(i)}$

设取各标准化振型的第一个元素 Y_{1i} 为 1，确定 $\boldsymbol{Y}^{(i)}$的方程为

$$(\boldsymbol{K}-\omega_i^2\boldsymbol{M})\boldsymbol{Y}^{(i)}=\boldsymbol{0}$$

由前面计算，可得

$$98\times10^6\begin{bmatrix}4.5-1.5\eta_i & -2 & 0\\ -2 & 3-1.5\eta_i & -1\\ 0 & -1 & 1-\eta_i\end{bmatrix}\begin{bmatrix}Y_{1i}\\ Y_{2i}\\ Y_{3i}\end{bmatrix}=\begin{bmatrix}0\\0\\0\end{bmatrix}$$

为求第一标准化振型，令 i=1，并将 $\eta_1=1/3$ 代入上式，利用其前两个方程，得

$$\left.\begin{aligned}4Y_{11}-2Y_{21}=0\\ -2Y_{11}+2.5Y_{21}-Y_{31}=0\end{aligned}\right\}$$

设 Y_{11}=1，解出

$$Y_{21}=2$$

$$Y_{31}=3$$

将 Y_{11}、Y_{21}、Y_{31} 三个元素汇总在一起，得第一振型为

$$\boldsymbol{Y}^{(1)}=\begin{bmatrix}1\\2\\3\end{bmatrix}$$

依照以上做法，可得第二和第三标准化振型为

$$\boldsymbol{Y}^{(2)}=\begin{bmatrix}1\\1\\-1.5\end{bmatrix},\quad \boldsymbol{Y}^{(3)}=\begin{bmatrix}1\\-0.75\\0.25\end{bmatrix}$$

三个振型的形状如图 12-72a～c 所示。

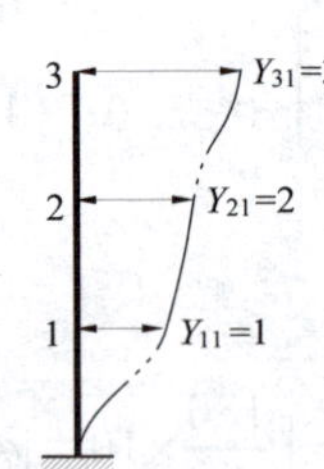

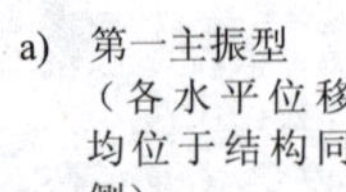

a)　第一主振型（各水平位移均位于结构同侧）

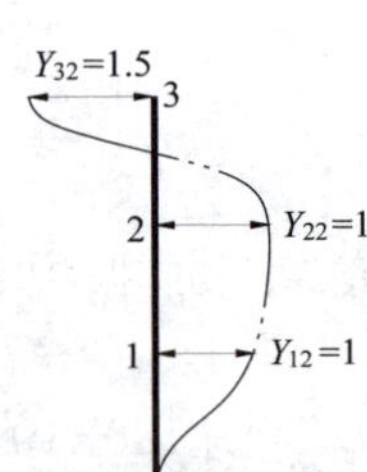

b)　第二主振型（位移图分两区，各区位于结构一侧）

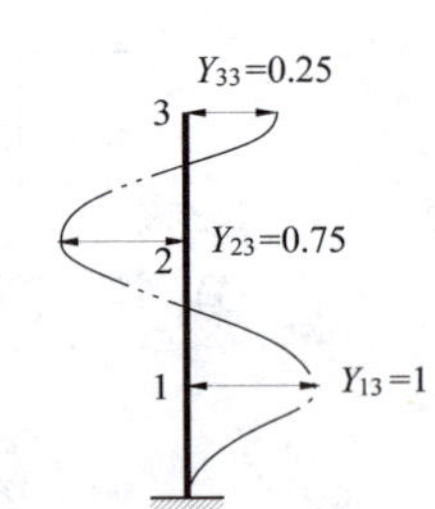

c)　第三主振型（位移图分三区，交替位于结构的不同侧）

图 12-72　例 12-26 主振型及其形状特点

2 柔度法

采用柔度法分析具有 n 个自由度体系的自由振动，通常有两种做法：一种做法是按位移协调条件直接建立运动方程；另一种做法是利用刚度法已推导出的运动方程间接地导出。下面采用后一种做法。

(1)　振型方程

首先，利用刚度法导出的特征向量方程(12-76)

$$(\boldsymbol{K}-\omega^2\boldsymbol{M})\boldsymbol{Y}=\boldsymbol{0}$$

然后，用δ左乘上式，由于

$$\boldsymbol{\delta K}=\mathbf{I}\qquad(\boldsymbol{\delta}\text{与}\boldsymbol{K}\text{互为逆矩阵})$$

故得

$$\left(\mathbf{I}-\omega^2\boldsymbol{\delta M}\right)\boldsymbol{Y}=\boldsymbol{0}$$

上式通除以ω^2，再令

$$\lambda=\frac{1}{\omega^2}$$

可得柔度法的**振型方程**

$$\boxed{\left(\boldsymbol{\delta M}-\lambda\mathbf{I}\right)\boldsymbol{Y}=\boldsymbol{0}}\tag{12-80}$$

(2)　频率方程

因体系作自由振动时，$\boldsymbol{Y}$的各元素不能全为零，故由上式可得

柔度法的**频率方程**为

$$\boxed{D=\left|\boldsymbol{\delta M}-\lambda\mathbf{I}\right|=0}\tag{12-81a}$$

其展开式为

$$\begin{vmatrix}(\delta_{11}m_1-\lambda) & \delta_{12}m_2 & \cdots & \delta_{1n}m_n\\ \delta_{21}m_1 & (\delta_{22}m_2-\lambda) & \cdots & \delta_{2n}m_n\\ \vdots & \vdots & & \vdots\\ \delta_{n1}m_1 & \delta_{n2}m_2 & \cdots & (\delta_{nn}m_n-\lambda)\end{vmatrix}=0\tag{12-81b}$$

由此得到关于λ的 n 次代数方程，可解出 n 个根λ_1，λ_2，…，λ_n，进而可求 n 个频率ω_1，ω_2，…，ω_n。将所有的频率从小到大排列，称为**频率谱**。

(3)　主振型

最后，求与频率ω_i相应的主振型$\boldsymbol{Y}^{(i)}$。为此，将$\lambda_i=1/\omega_i^2$和$\boldsymbol{Y}^{(i)}$代入式(12-80)中，得

$$\boxed{\left(\boldsymbol{\delta M}-\lambda_i\mathbf{I}\right)\boldsymbol{Y}^{(i)}=\boldsymbol{0}}\tag{12-82}$$

令 i=1, 2,⋯, n，可得 n 个振型方程，由此可求出 n 个主振型$\boldsymbol{Y}^{(1)}$，$\boldsymbol{Y}^{(2)}$，…，$\boldsymbol{Y}^{(n)}$。如同刚度法一样，在对各主振型进行标准化（规一化）后，即可作出相应的各振型曲线。

【例 12-27】试求图 12-73a 所示刚架的自振频率和主振型。已知各杆 EI=常数。

解：本刚架具有三个自由度，设各位移正向如图 12-73a 所示。

(1) 求柔度系数

作 $\overline{M}_1$ 图、$\overline{M}_2$ 图和 $\overline{M}_3$ 图，如图 12-73b、c、d 所示。由图乘法，可得

$$\delta_{11}=\int\frac{\overline{M}_1^2}{EI}\mathrm{d}x=\frac{1}{EI}\left[\left(\frac{1}{2}\times3\times3\right)\times\frac{2}{3}\times3+(3\times3)\times3+\left(\frac{1}{2}\times3\times6\right)\times\frac{2}{3}\times3\right]=\frac{54}{EI}$$

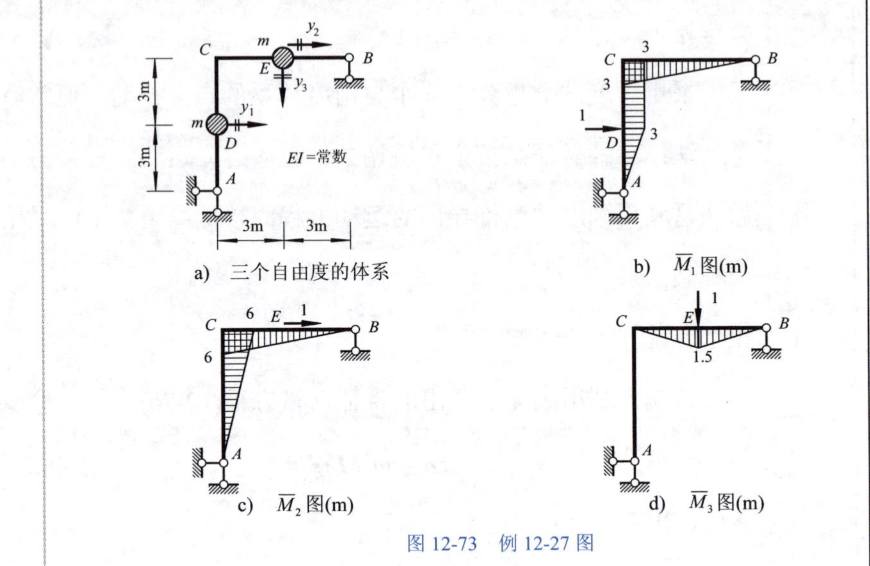

图 12-73 例 12-27 图

$$\delta_{22}=\int\frac{\overline{M}_2^2}{EI}\mathrm{d}x=\frac{2}{EI}\left[\left(\frac{1}{2}\times6\times6\right)\times\frac{2}{3}\times6\right]=\frac{144}{EI}$$

$$\delta_{33}=\int\frac{\overline{M}_3^2}{EI}\mathrm{d}x=\frac{2}{EI}\left[\left(\frac{1}{2}\times1.5\times3\right)\times\frac{2}{3}\times1.5\right]=\frac{4.5}{EI}$$

$$\delta_{12}=\delta_{21}=\int\frac{\overline{M}_1\overline{M}_2}{EI}\mathrm{d}x=\frac{1}{EI}\left[\left(\frac{1}{2}\times3\times3\right)\times\frac{2}{3}\times3+(3\times3)\times\frac{3}{4}\times6+\left(\frac{1}{2}\times3\times6\right)\times\frac{2}{3}\times6\right]=\frac{85.5}{EI}$$

$$\delta_{32}=\delta_{23}=\int\frac{\overline{M}_2\overline{M}_3}{EI}\mathrm{d}x=\frac{1}{EI}\left[\left(\frac{1}{2}\times1.5\times6\right)\times3\right]=\frac{13.5}{EI}$$

$$\delta_{31}=\delta_{13}=\int\frac{\overline{M}_1\overline{M}_3}{EI}\mathrm{d}x=\frac{1}{EI}\left[\left(\frac{1}{2}\times1.5\times6\right)\times1.5\right]=\frac{6.75}{EI}$$

(2) 求自振频率

体系的柔度矩阵和质量矩阵分别为

$$\boldsymbol{\delta}=\frac{1}{EI}\begin{bmatrix}54&85.5&6.75\\85.5&144&13.5\\6.75&13.5&4.5\end{bmatrix},\quad \boldsymbol{M}=\begin{bmatrix}m&0&0\\0&m&0\\0&0&m\end{bmatrix}$$

将以上的δ和$\boldsymbol{M}$中各元素之值代入频率方程展开式(12-81b)

$$\begin{vmatrix} \delta_{11}m_1-\lambda & \delta_{12}m_2 & \delta_{13}m_3 \\ \delta_{21}m_1 & \delta_{22}m_2-\lambda & \delta_{23}m_3 \\ \delta_{31}m_1 & \delta_{32}m_2 & \delta_{33}m_3-\lambda \end{vmatrix}=0$$

即得

$$\begin{vmatrix} 54m-\lambda & 85.5m & 6.75m \\ 85.5m & 144m-\lambda & 13.5m \\ 6.75m & 13.5m & 4.5m-\lambda \end{vmatrix}=0$$

由此，可建立关于λ的一元三次代数方程，并解得

$$\lambda_1=196.796\frac{m}{EI},\quad \lambda_2=4.136\frac{m}{EI},\quad \lambda_3=1.567\frac{m}{EI}$$

故自振频率为

$$\omega_1=\sqrt{\frac{1}{\lambda_1}}=0.0713\sqrt{\frac{EI}{m}}$$

$$\omega_2=\sqrt{\frac{1}{\lambda_2}}=0.492\sqrt{\frac{EI}{m}}$$

$$\omega_3=\sqrt{\frac{1}{\lambda_3}}=0.799\sqrt{\frac{EI}{m}}$$

(3)　求主振型并绘振型图

将λ_i (i=1,2,3)分别代入振型方程(12-82)

$$(\delta\boldsymbol{M}-\lambda_i\mathbf{I})\boldsymbol{Y}^{(i)}=\mathbf{0}$$

并令 Y_{3i}=1，即可求得各阶主振型为

No.12-130

1) 第一主振型

$$\begin{bmatrix} Y_{11} \\ Y_{21} \\ Y_{31} \end{bmatrix}=\begin{bmatrix} 6.600 \\ 10.944 \\ 1 \end{bmatrix}$$

2) 第二主振型

$$\begin{bmatrix} Y_{12} \\ Y_{22} \\ Y_{32} \end{bmatrix}=\begin{bmatrix} -0.625 \\ 0.286 \\ 1 \end{bmatrix}$$

3) 第三主振型

$$\begin{bmatrix} Y_{13} \\ Y_{23} \\ Y_{33} \end{bmatrix}=\begin{bmatrix} 1.221 \\ -0.828 \\ 1 \end{bmatrix}$$

作各主振型图，如图 12-74a、b、c 所示。

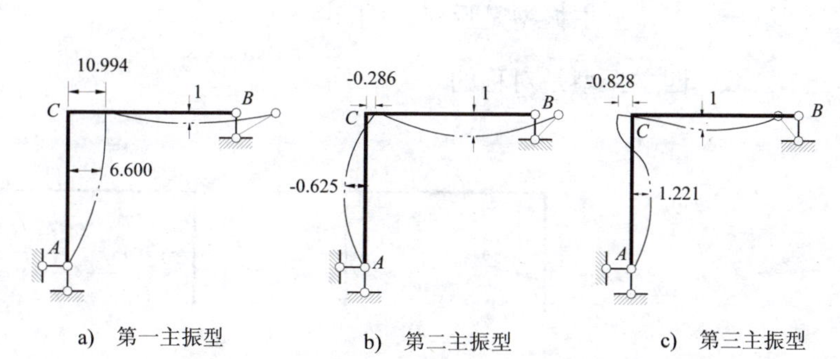

图 12-74　例 12-27 主振型

【例 12-28】求图 12-75a 所示刚架的自振频率和振型。已知 $m_1=m_4=100\text{kg}$，$m_2=m_3=150\text{kg}$，$EI_1=6\text{MN}\cdot\text{m}^2$，$EI_2=3EI_1$。

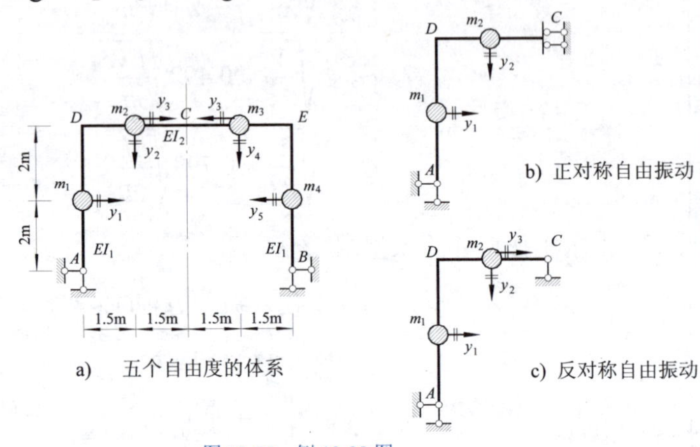

图 12-75　例 12-28 图

解：此刚架具有五个自由度。利用对称性，分解为有两个自由度的正对称自由振动(图 12-75b)和有三个自由度的反对称自由振动(图 12-75c)，分别进行计算，其结果列于下面线框内。

$$\omega_1'=182\ \text{s}^{-1}\xrightarrow[\text{重新排列}]{\text{从小到大}}②\ \omega_2\longrightarrow \boldsymbol{Y}^{(2)\text{T}}=[1.000\quad -0.789]$$
$$\omega_2'=338\ \text{s}^{-1}\longrightarrow ④\ \omega_4\longrightarrow \boldsymbol{Y}^{(4)\text{T}}=[1.000\quad 1.898]$$

(对应于图 12-75b)

$$\omega_1''=34.2\ \text{s}^{-1}\longrightarrow ①\ \omega_1\longrightarrow \boldsymbol{Y}^{(1)\text{T}}=[1.000\quad 0.041\quad 1.517]$$
$$\omega_2''=312\ \text{s}^{-1}\longrightarrow ③\ \omega_3\longrightarrow \boldsymbol{Y}^{(3)\text{T}}=[1.000\quad -0.327\quad -0.431]$$
$$\omega_3''=538\ \text{s}^{-1}\longrightarrow ⑤\ \omega_5\longrightarrow \boldsymbol{Y}^{(5)\text{T}}=[1.000\quad 2.727\quad -0.513]$$

(对应于图 12-75c)

No.12-132

根据以上求出结果并规一化的主振型，可绘出五个主振型的形状，如图 12-76a～e 所示。

第一、三、五主振型是反对称的。

第二、四主振型是对称的。

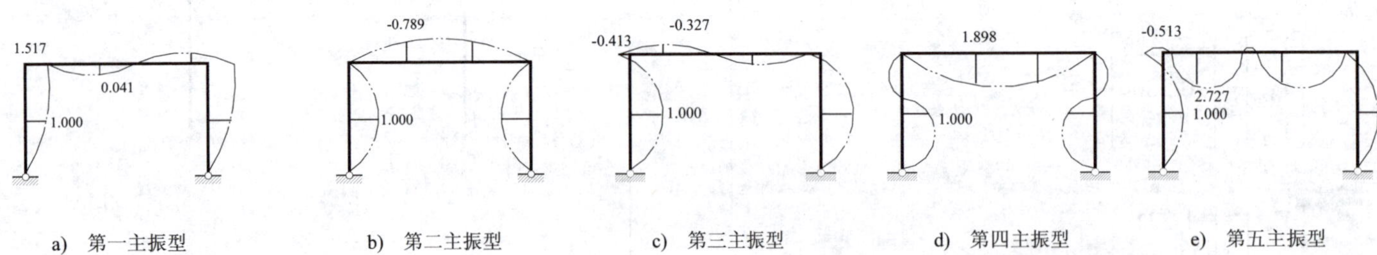

图 12-76　例 12-28 主振型

12.7　主振型的正交性

下面，说明同一多自由度体系的各主振型之间存在的一个特性——主振型的正交性。

●在同一体系中，不同的两个固有振型之间，无论对于 $\boldsymbol{M}$ 或是 $\boldsymbol{K}$，都具有正交的性质（分别称为第一正交性和第二正交性）。

●利用这一特性，一是可以将多自由度体系的强迫振动简化为单自由度问题（主要应用在任意干扰力作用下的强迫振动），二是可以检查主振型的计算是否正确，并判断主振型的形状特点。

12.7.1　主振型的第一正交性

关于主振型的正交性，可以利用虚功互等定理导出，也可以从 n 个自由度体系的振型方程（12-76）

$$(\boldsymbol{K}-\omega^2\boldsymbol{M})\boldsymbol{Y}=\boldsymbol{0}$$

出发加以推证。

设 ω_i 为第 i 个自振频率，其相应的振型为 $\boldsymbol{Y}^{(i)}$； ω_j 为第 j 个自振频率，其相应的振型为 $\boldsymbol{Y}^{(j)}$。将它们分别代入式（12-76），可得

$$\boldsymbol{KY}^{(i)}=\omega_i^2\boldsymbol{MY}^{(i)} \tag{a}$$

$$\boldsymbol{KY}^{(j)}=\omega_j^2\boldsymbol{MY}^{(j)} \tag{b}$$

对式(a)两边左乘以 $\boldsymbol{Y}^{(j)}$ 的转置矩阵 $\boldsymbol{Y}^{(j)\mathrm{T}}$，对式(b)两边左乘以 $\boldsymbol{Y}^{(i)\mathrm{T}}$，则有

$$\boldsymbol{Y}^{(j)\mathrm{T}}\boldsymbol{KY}^{(i)}=\omega_i^2\boldsymbol{Y}^{(j)\mathrm{T}}\boldsymbol{MY}^{(i)} \tag{c}$$

$$\boldsymbol{Y}^{(i)\mathrm{T}}\boldsymbol{KY}^{(j)}=\omega_j^2\boldsymbol{Y}^{(i)\mathrm{T}}\boldsymbol{MY}^{(j)} \tag{d}$$

由于 $\boldsymbol{K}$ 和 $\boldsymbol{M}$ 均为对称矩阵，故 $\boldsymbol{K}^{\mathrm{T}}=\boldsymbol{K}$， $\boldsymbol{M}^{\mathrm{T}}=\boldsymbol{M}$。将式(d)两边转置，则有

$$\boldsymbol{Y}^{(j)\mathrm{T}}\boldsymbol{KY}^{(i)}=\omega_j^2\boldsymbol{Y}^{(j)\mathrm{T}}\boldsymbol{MY}^{(i)} \tag{e}$$

再将式(c)减去式(e)，得

$$\left(\omega_i^2-\omega_j^2\right)\boldsymbol{Y}^{(j)\mathrm{T}}\boldsymbol{MY}^{(i)}=0$$

当 $\omega_i\neq\omega_j$ 时，得

$$\boxed{\boldsymbol{Y}^{(j)\mathrm{T}}\boldsymbol{MY}^{(i)}=0} \tag{12-83a}$$

即

$$\boxed{\sum_{s=1}^{n}m_sY_{si}Y_{sj}=0} \tag{12-83b}$$

式中，s 为自由度序号，表示第 s 个动力自由度方向；i、j 为主振型号。式（12-83）称为主振型的第一正交性，它表明：对于质量矩阵 $\boldsymbol{M}$，不同频率的两个主振型是彼此正交的。

12.7.2 主振型的第二正交性

将式(12-83a)代入式(c)，可得

$$\boxed{\boldsymbol{Y}^{(j)\mathrm{T}}\boldsymbol{K}\boldsymbol{Y}^{(i)}=0} \tag{12-84}$$

式（12-84）称为主振型的第二正交性，它表明，对于刚度矩阵 $\boldsymbol{K}$，不同频率的两个主振型也是彼此正交的。

12.7.3 主振型正交性的物理意义

1 第一正交性的物理意义

将式（12-83b）$\sum\limits_{s=1}^{n}m_sY_{si}Y_{sj}=0$ 分别乘以 ω_i^2 和 ω_j^2，可以得出以下两式

$$\sum_{s=1}^{n}\underbrace{\left(m_s\omega_i^2Y_{si}\right)}_{\text{第}i\text{主振型惯性力幅值}}\overbrace{Y_{sj}}^{\text{第}j\text{主振型幅值}}=0 \tag{a}$$

$$\sum_{s=1}^{n}\underbrace{\left(m_s\omega_j^2Y_{sj}\right)}_{\text{第}j\text{主振型惯性力幅值}}\overbrace{Y_{si}}^{\text{第}i\text{主振型幅值}}=0 \tag{b}$$

式(a)说明第 i 主振型惯性力在第 j 主振型上所做的虚功为零；式(b)说明第 j 主振型惯性力在第 i 主振型上所做的虚功为零。因此，第一正交性的物理意义是：相应于某一主振型的惯性力不会在其他主振型上做功。

2 第二正交性的物理意义

由式（12-84），可推导出

$$\underbrace{\sum_{s=1}^{n}\sum_{r=1}^{n}k_{sr}Y_{ri}}_{\text{第 }i\text{ 主振型弹性力}}\overbrace{Y_{sj}}^{\text{第}j\text{主振型幅值}}=0 \tag{c}$$

式中，s 和 r 均为自由度序号；i、j 为主振型号。

由式(c)可知，第二正交性的物理意义是：相应于某一主振型的弹性力不会在其他主振型上做功。

3 小结

主振型的正交性可理解为：相应于某一主振型做简谐振动的能量不会转移到其他振型上去，也就不会引起其他振型的振动。因此，各主振型可单独存在而不互相干扰。

【例 12-29】试验算例 12-26 所求得的主振型是否满足正交关系。

解：由例 12-26 知质量矩阵和刚度矩阵分别为

$$\boldsymbol{M}=m_3\begin{bmatrix}1.5&0&0\\0&1.5&0\\0&0&1\end{bmatrix},\quad \boldsymbol{K}=k_3\begin{bmatrix}4.5&-2&0\\-2&3&-1\\0&-1&1\end{bmatrix}$$

又三个主振型分别为

$$\boldsymbol{Y}^{(1)}=\begin{bmatrix}1\\2\\3\end{bmatrix},\quad \boldsymbol{Y}^{(2)}=\begin{bmatrix}1\\1\\-1.5\end{bmatrix},\quad \boldsymbol{Y}^{(3)}=\begin{bmatrix}1\\-0.75\\0.25\end{bmatrix}$$

(1)　验算第一正交性

$$\boldsymbol{Y}^{(1)\mathrm{T}}\boldsymbol{M}\boldsymbol{Y}^{(2)}=\begin{bmatrix}1 & 2 & 3\end{bmatrix}m_3\begin{bmatrix}1.5 & 0 & 0\\0 & 1.5 & 0\\0 & 0 & 1\end{bmatrix}\begin{bmatrix}1\\1\\-1.5\end{bmatrix}$$

$$=(1\times1.5\times1+2\times1.5\times1-3\times1\times1.5)m_3=0$$

同时，有

$$\boldsymbol{Y}^{(1)\mathrm{T}}\boldsymbol{M}\boldsymbol{Y}^{(3)}=0$$

$$\boldsymbol{Y}^{(2)\mathrm{T}}\boldsymbol{M}\boldsymbol{Y}^{(3)}=0$$

(2)　验算第二正交性

$$\boldsymbol{Y}^{(1)\mathrm{T}}\boldsymbol{K}\boldsymbol{Y}^{(2)}=\begin{bmatrix}1 & 2 & 3\end{bmatrix}k_3\begin{bmatrix}4.5 & -2 & 0\\-2 & 3 & -1\\0 & -1 & 1\end{bmatrix}\begin{bmatrix}1\\1\\-1.5\end{bmatrix}$$

$$=(0.5+1-1.5)k_3=0$$

同时，有

$$\boldsymbol{Y}^{(1)\mathrm{T}}\boldsymbol{K}\boldsymbol{Y}^{(3)}=0$$

$$\boldsymbol{Y}^{(2)\mathrm{T}}\boldsymbol{K}\boldsymbol{Y}^{(3)}=0$$

经以上检验表明，例 12-26 所求得的主振型（图 12-72）是满足第一、第二正交关系的，其计算是正确无误的。

12.8　多自由度体系在简谐荷载作用下的强迫振动(无阻尼)

●简谐荷载作用：一般采用**直接法**——直接从运动微分方程求解，也可用主振型叠加法。

●任意干扰力作用：一般采用**主振型叠加法**（详见 12.9 节）。

12.8.1 刚度法

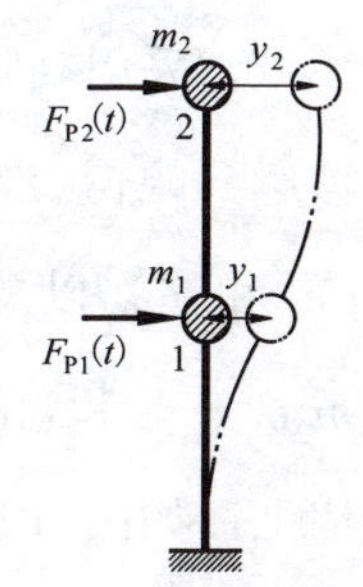

图 12-77　两个自由度体系在简谐荷载作用下的示意图（刚度法）

仍以图 12-77 所示的两个自由度体系为例。

1　运动方程的建立

以质点为隔离体，其运动方程为

$$\boxed{\begin{aligned}m_1\ddot{y}_1+k_{11}y_1+k_{12}y_2=F_{P1}(t)\\m_2\ddot{y}_2+k_{21}y_1+k_{22}y_2=F_{P2}(t)\end{aligned}}\tag{12-85}$$

与自由振动的方程(12-56)相比，这里只多了荷载项 $F_{Pi}(t)$。

2　运动方程的求解

(1)　设特解形式

如果荷载是简谐荷载，即

$$\begin{aligned} F_{P1}(t) &= F_{P1}\sin\theta t \\ F_{P2}(t) &= F_{P2}\sin\theta t \end{aligned} \tag{12-86}$$

则在平稳振动阶段，各质点也做简谐振动，故设特解为

$$\begin{aligned} y_1 &= Y_1\sin\theta t \\ y_2 &= Y_2\sin\theta t \end{aligned} \tag{12-87}$$

(2)　求位移幅值

将式(12-86)和式(12-87)代入式(12-85)，消去公因子 $\sin\theta t$ 后，得

$$\begin{aligned} (k_{11}-\theta^2 m_1)Y_1 + k_{12}Y_2 &= F_{P1} \\ k_{21}Y_1 + (k_{22}-\theta^2 m_2)Y_2 &= F_{P2} \end{aligned} \tag{12-88}$$

这是以质点位移幅值 Y_1、Y_2 为未知量的代数方程组。由此可解得质点位移的幅值。位移幅值 Y_i 为正号，表示与 $F_{Pi}(t)$同方向达到最大值，负号表示与 $F_{Pi}(t)$反方向达到最大值。

(3)　方程的解答

将式（12-88）中求得的 Y_1、Y_2 代入所设特解式（12-87），即可得到任意时刻的位移

$$\left.\begin{aligned} y_1 &= Y_1\sin\theta t \\ y_2 &= Y_2\sin\theta t \end{aligned}\right\}$$

3　惯性力幅值的确定

求出 Y_1、Y_2 后，利用式（12-87）不难求出任一质点的惯性力，即

$$\begin{aligned} F_{I1} &= -m_1\ddot{y}_1 = m_1Y_1\theta^2\sin\theta t = I_1\sin\theta t \\ F_{I2} &= -m_2\ddot{y}_2 = m_2Y_2\theta^2\sin\theta t = I_2\sin\theta t \end{aligned} \tag{12-89}$$

式中

$$\begin{aligned} I_1 &= m_1\theta^2 Y_1 \\ I_2 &= m_2\theta^2 Y_2 \end{aligned} \tag{12-90}$$

I_1、I_2 分别为质点 m_1、m_2 的**惯性力幅值**。

4　**求最大动位移(位移幅值)**

$$(y_1)_{d,\max} = Y_1,\quad (y_2)_{d,\max} = Y_2$$

5　**求最大动内力(内力幅值)**

常采用**列写幅值方程法**。即将位移达到幅值 Y_1、Y_2 时的干扰力幅值 F_{P1} 和 F_{P2} 以及惯性力幅值 $m_1\theta^2Y_1$、$m_2\theta^2Y_2$ 一起，沿 y 坐标方向施加于结构上，如图 12-78 所示(注意：所含 Y_i 要自带本身正负号)，然后按静力计算 $M_{动}$（即 $M_{d,\max}$）即可。

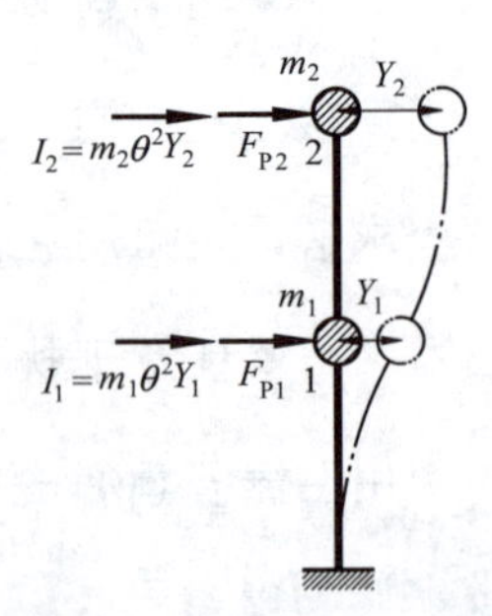

图 12-78　列写幅值方程法

【例 12-30】试求图 12-79a 所示结构质量处最大水平动位移，并绘制最大动力弯矩图。已知 $\theta=3\sqrt{EI/ml^3}$。

解：此体系有两个自由度，质量 m_1、m_2 分别沿 y_1、y_2 水平方向振动（图 12-79a）。

(1) 求刚度系数

首先，在质量 m_1 和 m_2 的运动方向于 E、G 处各增设一根附加链杆。然后，令其分别移动单位位移，绘出相应的弯矩图 $\overline{M}_1$ 图和 $\overline{M}_2$ 图，如图 12-79b、c 所示。最后，根据截取横梁隔离体的静力平衡条件，不难求得

$$k_{11}=\frac{12EI}{l^3}\times 3=\frac{36EI}{l^3},\quad k_{22}=\frac{12EI}{l^3}+\frac{6EI}{l^3}=\frac{18EI}{l^3}$$

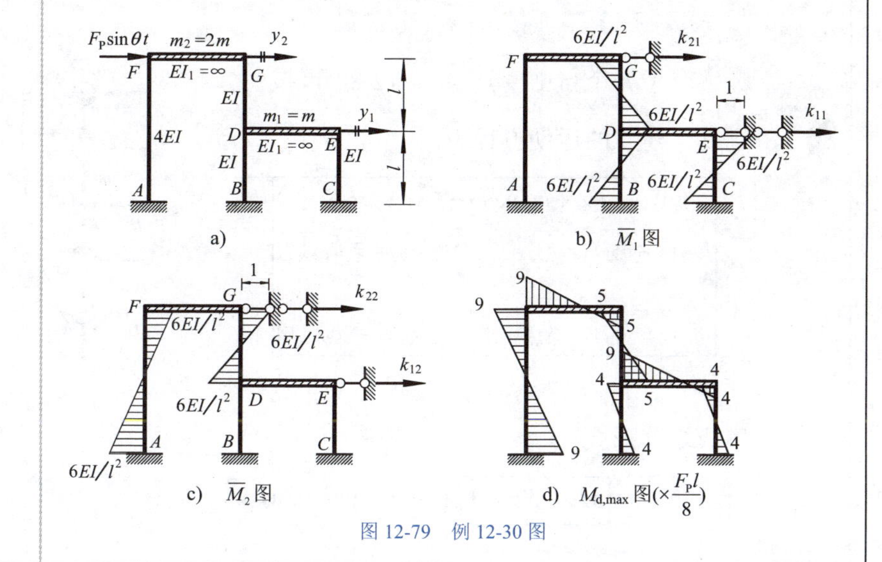

图 12-79　例 12-30 图

$$k_{12}=k_{21}=-\frac{12EI}{l^3}$$

(2) 计算位移幅值

已知荷载的幅值为 $F_{P1}=0,\quad F_{P2}=F_P$。将 $m_1=m$、$m_2=2m$ 和各刚度系数、荷载幅值以及 $\theta=3\sqrt{EI/ml^3}$ 代入式(12-88)，得

$$\left.\begin{aligned}\left(\frac{36EI}{l^3}-\frac{9EI}{l^3}\right)Y_1-\frac{12EI}{l^3}Y_2=0\\ -\frac{12EI}{l^3}Y_1+\left(\frac{18EI}{l^3}-\frac{18EI}{l^3}\right)Y_2=F_P\end{aligned}\right\}$$

解联立方程组，求得位移幅值（质量处最大水平动位移）为

$$(y_1)_{d,max}=Y_1=-\frac{F_Pl^3}{12EI},\quad (y_2)_{d,max}=Y_2=-\frac{3F_Pl^3}{16EI}$$

其中，位移幅值为负，表示当干扰力向右达到幅值时，则位移向左达到幅值。

(3) 绘制最大动力弯矩图

【方法一】列写幅值方程法。利用式（12-90）计算出惯性力幅值 I_1、I_2，然后将它们与干扰力幅值 F_P 一起，沿 y 坐标方向同时加在结构相应的位置上，按静力计算 $M_{d,max}$，并绘出 $M_{d,max}$ 图。

【方法二】也可利用叠加原理计算，即 $M_{d,max}=\overline{M}_1Y_1+\overline{M}_2Y_2$。本题采用方法二绘出最大动力弯矩图，如图 12-79d 所示（横梁的杆端弯矩由结点平衡条件求得）。

【推广】下面推广到 n 个自由度体系

对于 n 个自由度体系(图 12-80)，按刚度法建立的运动方程为

$$\begin{aligned} m_1\ddot{y}_1+k_{11}y_1+k_{12}y_2+\cdots+k_{1n}y_n&=F_{P1}(t)\\ m_2\ddot{y}_2+k_{21}y_1+k_{22}y_2+\cdots+k_{2n}y_n&=F_{P2}(t)\\ &\vdots\\ m_n\ddot{y}_n+k_{n1}y_1+k_{n2}y_2+\cdots+k_{nn}y_n&=F_{Pn}(t) \end{aligned} \tag{12-91}$$

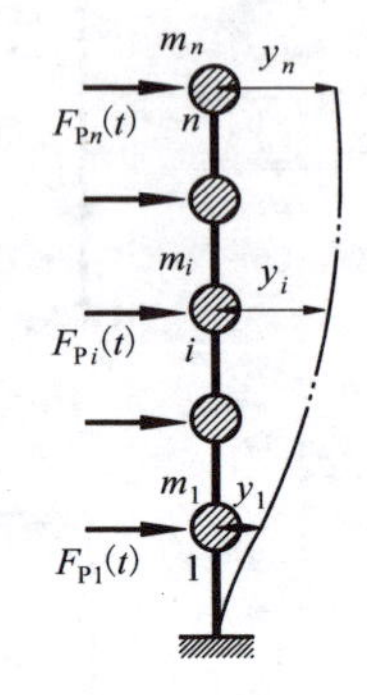

图 12-80　n 个自由度体系在简谐荷载作用下的示意图（刚度法）

写成矩阵形式

$$\boldsymbol{M}\ddot{\boldsymbol{y}}+\boldsymbol{K}\boldsymbol{y}=\boldsymbol{F}_{\mathrm{P}}(t) \tag{12-92a}$$

如果荷载是简谐荷载，即

$$\boldsymbol{F}_{\mathrm{P}}(t)=\begin{bmatrix}F_{P1}\\F_{P2}\\\vdots\\F_{Pn}\end{bmatrix}\sin\theta t=\boldsymbol{F}_{\mathrm{P}}\sin\theta t$$

则在平稳振动阶段，各质点也作简谐振动，有

$$\boldsymbol{Y}=\begin{bmatrix}Y_1\\Y_2\\\vdots\\Y_n\end{bmatrix}\sin\theta t=\boldsymbol{Y}\sin\theta t \tag{12-93}$$

代入式(12-92a)，消去公因子 $\sin\theta t$ 后，得

$$\underbrace{(\boldsymbol{K}-\theta^2\boldsymbol{M})}_{\text{动力刚度矩阵}}\boldsymbol{Y}=\boldsymbol{F}_{\mathrm{P}} \tag{12-94}$$

上式中系数矩阵称为**动力刚度矩阵**，其行列式可用 D_0 表示，即

$$D_0=\left|\boldsymbol{K}-\theta^2\boldsymbol{M}\right| \tag{12-95}$$

如果 $D_0\neq0$，即动力刚度矩阵的逆矩阵存在，可由式(12-94)，解出质点位移幅值

$$\boldsymbol{Y}=\left(\boldsymbol{K}-\theta^2\boldsymbol{M}\right)^{-1}\boldsymbol{F}_{\mathrm{P}} \tag{12-96a}$$

再代入式(12-93)，即可求得任意时刻各质点的位移 $\boldsymbol{y}$。相应的惯性力幅值为

$$I_i=m_i\theta^2Y_i\quad(i=1, 2, \cdots, n) \tag{12-97}$$

【注意 1】当动力荷载 $\boldsymbol{F}_{\mathrm{P}}(t)$不全作用在质点上时（图 12-81a），则可以将其转化为作用在各质点上的等效动力荷载 $\boldsymbol{F}_{\mathrm{E}}(t)$。其具体做法是：在未加荷载前，首先，想象地在各质点处安置附加支座，使各质点不能移动，然后，再加上荷载，并求出各附加支座的支反力 $\boldsymbol{F}_{\mathrm{R}}(t)$（图 12-81b），最后将它们反向地作用在原体系上，即令 $\boldsymbol{F}_{\mathrm{E}}(t)=-\boldsymbol{F}_{\mathrm{R}}(t)$（图 12-81c）。则图 12-81c 所示外力 $\boldsymbol{F}_{\mathrm{E}}(t)$所引起的各质点的位移，显然应与原荷载 $\boldsymbol{F}_{\mathrm{P}}(t)$（图 12-81a）所引起的位移相同。顺便指出，在求图 12-81b 中各附加支座的反力时，因为所有质点都被固定（惯性力均等于零），因此，可以按照静力学的方法（把所有荷载都作为静荷载）进行计算。这时变量 t 被作为

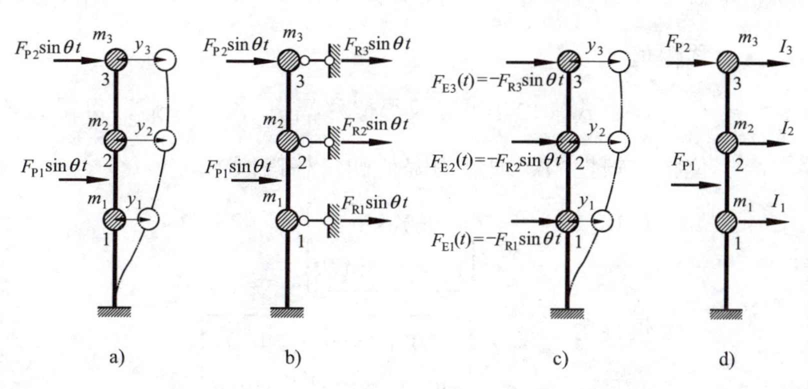

图 12-81　当动力荷载 $F_P(t)$不全作用在质点上时（刚度法）

一个参数看待，所以求出的各附加支座的支反力是时间 t 的函数。

图 12-81d 所示为列写幅值方程法求最大动内力的荷载图。

如上所述，对于动力荷载 $\boldsymbol{F}_P(t)$不全作用在质点上的情况，只要事先将其转化为等效动力荷载 $\boldsymbol{F}_E(t)$，则可建立形式上与运动方程（12-92a）以及求解位移幅值的式（12-96a）完全一致的方程，即

$$\boldsymbol{M}\ddot{\boldsymbol{y}}+\boldsymbol{K}\boldsymbol{y}=\boldsymbol{F}_E(t) \tag{12-92b}$$

以及

$$\boldsymbol{Y}=\left(\boldsymbol{K}-\theta^2\boldsymbol{M}\right)^{-1}\boldsymbol{F}_E \tag{12-96b}$$

【注意 2】观察式（12-95），并比较自由振动的频率方程式（12-77）可知，如果$\theta=\omega$，则 D_0=0。这时，式（12-94）的解 $\boldsymbol{Y}$ 趋于无穷大。由此看出，当干扰力频率θ与任一自振频率ω相等时，就可能出现共振现象。对于具有 n 个自由度的体系来说，在 n 种情况下($\theta=\omega_i$，$i=1,2,\cdots,n$)都可能出现共振现象。

12.8.2 柔度法

图 12-82a 所示的两个自由度体系，受简谐荷载作用。在任一瞬时 t，质点 1、2 的位移 y_1、y_2 可以看作是由于该体系在惯性力 $-m_1\ddot{y}_1$、$-m_2\ddot{y}_2$ 及动力荷载共同作用下产生的位移，通过叠加，可写出运动方程为

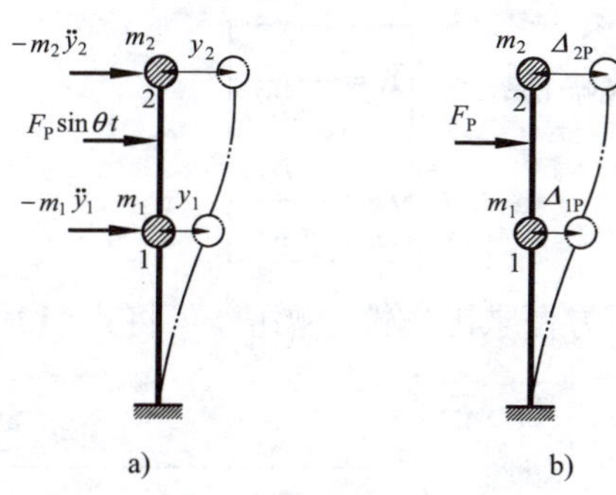

图 12-82　两个自由度体系在简谐荷载作用下的示意图（柔度法）

$$\left.\begin{aligned} y_1&=(-m_1\ddot{y}_1)\delta_{11}+(-m_2\ddot{y}_2)\delta_{12}+\Delta_{1P}\sin\theta t\\ y_2&=(-m_1\ddot{y}_1)\delta_{21}+(-m_2\ddot{y}_2)\delta_{22}+\Delta_{2P}\sin\theta t\end{aligned}\right\}$$

式中，Δ_{1P}、Δ_{2P} 表示由荷载幅值 F_P 作用使质点 1、2 产生的“静”位移。

上式也可以写成

$$\begin{cases}\delta_{11}m_1\ddot{y}_1+\delta_{12}m_2\ddot{y}_2+y_1=\varDelta_{1P}\sin\theta t\\ \delta_{21}m_1\ddot{y}_1+\delta_{22}m_2\ddot{y}_2+y_2=\varDelta_{2P}\sin\theta t\end{cases} \tag{12-98}$$

设平稳阶段的解为

$$\begin{cases}y_1=Y_1\sin\theta t\\ y_2=Y_2\sin\theta t\end{cases} \tag{12-99}$$

将式(12-99)代入式(12-98)，消去公因子 $\sin\theta t$ 后，得

$$\begin{cases}(\delta_{11}m_1\theta^2-1)Y_1+\delta_{12}m_2\theta^2Y_2+\varDelta_{1P}=0\\ \delta_{21}m_1\theta^2Y_1+(\delta_{22}m_2\theta^2-1)Y_2+\varDelta_{2P}=0\end{cases} \tag{12-100}$$

这是以质点幅值 Y_1、Y_2 为未知量的代数方程组。由此，可解得位移幅值。

在由式（12-100）求得位移幅值 Y_1、Y_2 后，可得到各质点的位移、惯性力、惯性力幅值和位移幅值。

位移：

$$\begin{cases}y_1=Y_1\sin\theta t\\ y_2=Y_2\sin\theta t\end{cases}$$

惯性力：

$$\begin{cases}-m_1\ddot{y}_1=m_1\theta^2Y_1\sin\theta t\\ -m_2\ddot{y}_2=m_2\theta^2Y_2\sin\theta t\end{cases} \tag{12-101a}$$

惯性力幅值：

$$\begin{cases}I_1=m_1\theta^2Y_1\\ I_2=m_2\theta^2Y_2\end{cases} \tag{12-101b}$$

No.12-148

位移幅值：

$$\begin{cases}Y_1=\dfrac{I_1}{m_1\theta^2}\\ Y_2=\dfrac{I_2}{m_2\theta^2}\end{cases} \tag{12-101c}$$

为更方便求出惯性力幅值，可将式（12-101c）代入式（12-100），得**惯性力幅值方程**为

$$\begin{cases}\left(\delta_{11}-\dfrac{1}{m_1\theta^2}\right)I_1+\delta_{12}I_2+\varDelta_{1P}=0\\ \delta_{21}I_1+\left(\delta_{22}-\dfrac{1}{m_2\theta^2}\right)I_2+\varDelta_{2P}=0\end{cases} \tag{12-102}$$

解此方程，即可直接求得各惯性力幅值。

按柔度法计算最大动内力的方法可采用：

【方法一】列写幅值方程法。如同刚度法一样，将位移达到幅值 Y_1、Y_2 时的干扰力幅值 F_{P1}、F_{P2} 以及各质点的惯性力幅值 $I_1(=m_1\theta^2Y_1)$、$I_2(=m_2\theta^2Y_2)$一起，沿 y 坐标方向施加于结构相应的位置上（注意：所含 Y_i 项带本身正负号），然后按静力计算，即可求得动内力（内力幅值）。

【方法二】也可利用叠加原理计算，即

$$M_{d,\max}=\overline{M}_1I_1+\overline{M}_2I_2+M_P \tag{12-103}$$

式中，M_P 为动力荷载幅值单独作用下的“静”弯矩。

【例 12-31】图 12-83a 所示梁的 $E=210\text{GPa}$，$I=1.6\times10^{-4}\text{m}^4$，重量 $mg=20\text{kN}$，设动力荷载的幅值 $F_P=4.8\text{kN}$，$\theta=30\text{s}^{-1}$。试求两质量处的最大竖向位移，并绘动力弯矩幅值图。

解：(1) 计算柔度系数 δ_{ij}

分别绘出单位力作用在质量的振动方向及荷载幅值作用下的 $\overline{M}_1$ 图、$\overline{M}_2$ 图、M_P 图，如图 12-83b、c、d 所示。用图乘法计算，得

$$\delta_{11}=\delta_{22}=\frac{6}{EI},\quad \delta_{12}=\delta_{21}=\frac{14}{3EI}$$

$$\varDelta_{1P}=\frac{153}{5EI},\quad \varDelta_{2P}=\frac{35}{EI}$$

(2) 计算位移幅值 Y_1 和 Y_2

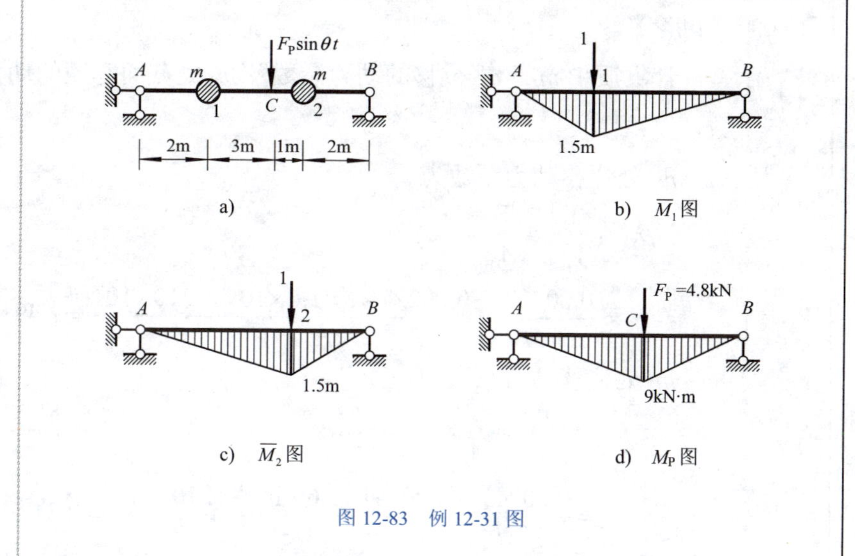

图 12-83　例 12-31 图

将 $m_1=m_2=m$、$\theta=30\text{s}^{-1}$ 及各柔度系数数值代入式（12-100），得

$$\left.\begin{aligned}\left(\frac{6}{EI}m\times30^2-1\right)Y_1+\left(\frac{14}{3EI}m\times30^2\right)Y_2+\frac{153}{5EI}=0\\ \left(\frac{14}{3EI}m\times30^2\right)Y_1+\left(\frac{6}{EI}m\times30^2-1\right)Y_2+\frac{35}{EI}=0\end{aligned}\right\}$$

将 $m=(20/9.8)\text{t}=2.04\ \text{t}$ 及 EI 的值代入方程组，解出位移幅值为

$$Y_1=0.00227\text{m}=2.27\text{mm}$$

$$Y_2=0.00241\text{m}=2.41\text{mm}$$

(3) 计算惯性力幅值 I_1 和 I_2

$$I_1=m_1\theta^2Y_1=(2.04\times30^2\times0.00227)\text{kN}=4.17\text{kN}$$

$$I_2=m_2\theta^2Y_2=(2.04\times30^2\times0.00241)\text{kN}=4.42\text{kN}$$

(4) 绘最大动力弯矩图

将 I_1 和 I_2 及荷载幅值 F_P=4.8kN 加在梁上相应位置(图 12-83e)，绘出最大动力弯矩 $M_{d,max}$ 图，如图 12-83f 所示。

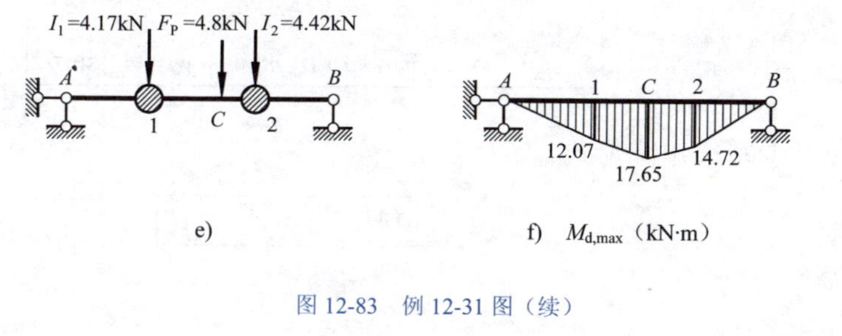

图 12-83　例 12-31 图（续）

(5) 【讨论】

计算质量 m_1、m_2 位移的动力系数及 m_1 处截面弯矩的动力系数，以兹比较。

m_1 处位移动力系数为

$$\beta_{Y1}=\frac{Y_1}{y_{1st}}=\frac{Y_1}{\Delta_{1P}}$$

$$=\frac{0.00227}{153/5EI}=\frac{0.00227\times5\times1.6\times10^{-4}\times210\times10^{6}}{153}=2.49$$

m_2 处位移动力系数为

$$\beta_{Y2}=\frac{Y_2}{y_{2st}}=\frac{Y_2}{\Delta_{2P}}$$

$$=\frac{0.00241}{35/EI}=\frac{0.00241\times1.6\times10^{-4}\times210\times10^{6}}{35}=2.31$$

质量 m_1 处截面由动力荷载幅值产生的“静”弯矩（图 12-83d）

$$M_{1st}=\left(9\times\frac{2}{5}\right)\text{kN}\cdot\text{m}=3.6\,\text{kN}\cdot\text{m}$$

质量 m_1 处截面弯矩的动力系数为

$$\beta_{M1}=\frac{(M_1)_{d,\max}}{M_{1st}}=\frac{12.07}{3.6}=3.353$$

从上面计算结果可知，$\beta_{Y1}\neq\beta_{Y2}\neq\beta_{M1}$。对于多自由度体系，无论简谐荷载是否作用在质点上，各质点的位移动力系数是不相同的，而且同一截面的位移动力系数与弯矩动力系数也不相同，即整个体系没有一个统一的动力系数，这是与单自由度体系不相同的。

【推广】下面推广到 n 个自由度体系

对于 n 个自由度体系（图 12-84a），在简谐荷载作用下（不考虑阻尼影响），按柔度法建立的运动方程为

$$\begin{cases}\delta_{11}m_1\ddot{y}_1+\delta_{12}m_2\ddot{y}_2+\cdots+\delta_{1n}m_n\ddot{y}_n+y_1=\Delta_{1P}\sin\theta t\\ \delta_{21}m_1\ddot{y}_1+\delta_{22}m_2\ddot{y}_2+\cdots+\delta_{2n}m_n\ddot{y}_n+y_2=\Delta_{2P}\sin\theta t\\ \vdots\\ \delta_{n1}m_1\ddot{y}_1+\delta_{n2}m_2\ddot{y}_2+\cdots+\delta_{nn}m_n\ddot{y}_n+y_n=\Delta_{nP}\sin\theta t\end{cases}\tag{12-104a}$$

写成矩阵形式

$$\boldsymbol{\delta M\ddot{y}}+\boldsymbol{y}=\boldsymbol{\Delta}_P\sin\theta t\tag{12-104b}$$

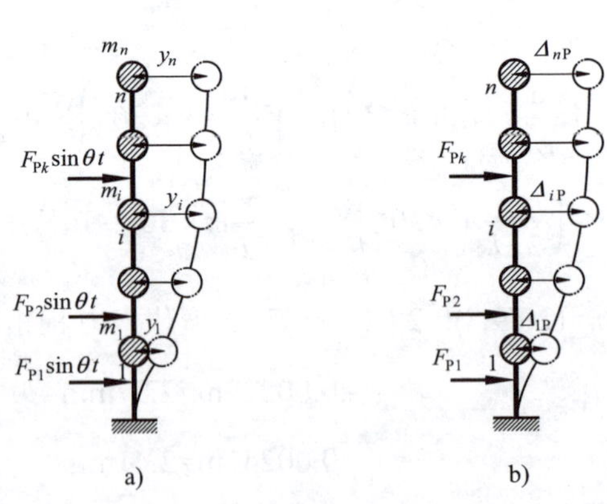

图 12-84　n 个自由度体系在简谐荷载作用下的示意图（柔度法）

式中，$\boldsymbol{\Delta}_{\mathrm{P}}=\begin{bmatrix}\Delta_{1\mathrm{P}} & \Delta_{2\mathrm{P}} & \cdots & \Delta_{n\mathrm{P}}\end{bmatrix}^{\mathrm{T}}$ 为简谐荷载幅值使各质点产生的“静”位移列阵（图 12-84b）。

设平稳阶段的解为

$$\boxed{\boldsymbol{y}=\boldsymbol{Y}\sin\theta t} \tag{12-105}$$

式中，$\boldsymbol{Y}=\begin{bmatrix}Y_1 & Y_2 & \cdots & Y_n\end{bmatrix}^{\mathrm{T}}$ 为体系中各质点位移幅值列阵。

将式（12-105）代入式（12-104），消去公因子 $\sin\theta t$ 后，得

$$\boxed{\left(\theta^2\boldsymbol{\delta M}-\mathbf{I}\right)\boldsymbol{Y}+\boldsymbol{\Delta}_{\mathrm{P}}=\mathbf{0}} \tag{12-106}$$

解此方程组，即可求得各质点在纯强迫振动中的位移幅值 $\boldsymbol{Y}$。

因为任一质点 m_i 的惯性力幅值为

$$\boxed{I_i=m_i\theta^2Y_i}\quad(i=1,2,\cdots,n)\qquad[\text{即式(12-97)}]$$

故

$$\boxed{Y_i=\frac{I_i}{m_i\theta^2}}\quad(i=1,2,\cdots,n) \tag{12-107}$$

将式（12-107）代入式（12-106），得惯性力幅值方程为

$$\boxed{\left(\boldsymbol{\delta}-\frac{1}{\theta^2}\boldsymbol{M}^{-1}\right)\boldsymbol{I}+\boldsymbol{\Delta}_{\mathrm{P}}=\mathbf{0}} \tag{12-108}$$

解此方程组，即可直接求出各惯性力幅值 $\boldsymbol{I}$。

为计算多自由度体系在简谐荷载作用下的最大动内力，可采用列写幅值方程法，也可利用内力叠加公式

$$\boxed{M_{\mathrm{d,max}}=\bar{M}_1I_1+\bar{M}_2I_2+\cdots+M_{\mathrm{P}}} \tag{12-109}$$

12.9　多自由度体系在任意动力荷载作用下的强迫振动

●本节采用振型叠加法分析。振型叠加法又称为正则坐标法、主振型分解法。

●已知条件：干扰力 $F_{\mathrm{P1}}(t)$、$F_{\mathrm{P2}}(t)$，体系的自振频率 ω_1、ω_2，主振型 $\boldsymbol{Y}^{(1)}=\begin{bmatrix}Y_{11}\\Y_{21}\end{bmatrix}$、$\boldsymbol{Y}^{(2)}=\begin{bmatrix}Y_{12}\\Y_{22}\end{bmatrix}$，无阻尼。

●计算目标：求任一时刻的动位移 y_1、y_2，并求最大动力反应。

12.9.1　运动方程

对于图 12-85a 所示体系，若采用直接法，则可从以下微分方程

$$\boldsymbol{M}\ddot{\boldsymbol{y}}+\boldsymbol{K}\boldsymbol{y}=\boldsymbol{F}_{\mathrm{P}}(t) \tag{a}$$

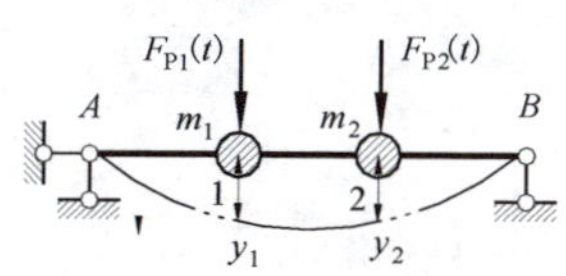

a)　两个自由度的体系

$y=Y\eta$ 几何意义

体系的实际位移 y 可以看作是由固有振型 $Y^{(1)}$、$Y^{(2)}$ 各乘以对应的正则坐标(组合系数) η_1、η_2 后叠加而成。

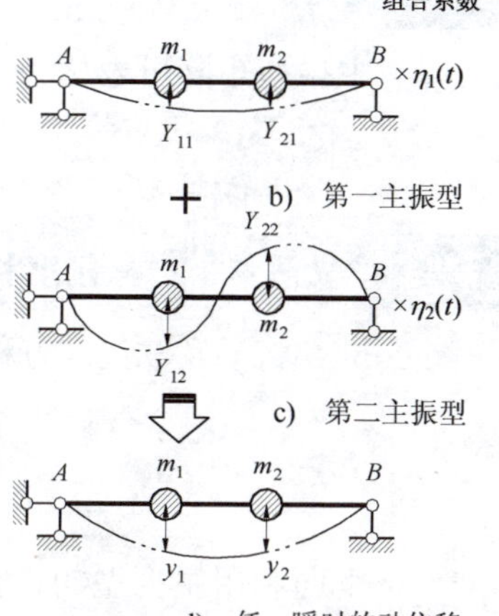

图 12-85　几何坐标 y 与正则坐标 η 的关系示意图

亦即

$$\begin{bmatrix} m_1 & 0 \\ 0 & m_2 \end{bmatrix}\begin{bmatrix} \ddot{y}_1 \\ \ddot{y}_2 \end{bmatrix}+\begin{bmatrix} k_{11} & k_{12} \\ k_{21} & k_{22} \end{bmatrix}\begin{bmatrix} y_1 \\ y_2 \end{bmatrix}=\begin{bmatrix} F_{P1}(t) \\ F_{P2}(t) \end{bmatrix}$$

求解。这里采用的是几何坐标，以质点的位移作为计算对象，未知量为 $y_1(t)$、$y_2(t)$。其缺点是两个方程耦联(在通常情况下，$\boldsymbol{M}$ 和 $\boldsymbol{K}$ 并不都是对角阵)，必须联立求解。为简化计算，应设法使耦合联立方程变为独立无关的不耦合方程，称为解耦。

12.9.2 解耦

不直接求解 $y_1(t)$、$y_2(t)$，而引入两个新变量 $\eta_1(t)$、$\eta_2(t)$——正则坐标，将 $y_1(t)$、$y_2(t)$按主振型进行分解（亦即进行正则坐标变换），这是振型叠加法的核心步骤。

设 η_1、η_2 为两个新的坐标，并使新、旧坐标之间有如下关系：

$$\begin{bmatrix} y_1 \\ y_2 \end{bmatrix}=\begin{bmatrix} Y_{11} & Y_{12} \\ Y_{21} & Y_{22} \end{bmatrix}\begin{bmatrix} \eta_1 \\ \eta_2 \end{bmatrix} \tag{12-110}$$

其几何意义如图 12-85b、c、d 所示。将变换形式写成矩阵形式为

$$\boldsymbol{y}=\boldsymbol{Y}\boldsymbol{\eta} \tag{12-111}$$

式中，$\boldsymbol{y}$ 是几何坐标，实际位移；$\boldsymbol{\eta}$是正则坐标，把 $\boldsymbol{y}$ 按 $\boldsymbol{Y}$ 分解时的组合系数；$\boldsymbol{Y}$ 是主振型矩阵，新旧坐标之间的转换矩阵。$\boldsymbol{Y}$ 是非奇异矩阵，因而能保证新旧坐标间存在确定的单值关系。

式(12-111)也可以写成展开式

$$\boldsymbol{y}=\boldsymbol{Y}^{(1)}\eta_1+\boldsymbol{Y}^{(2)}\eta_2 \tag{12-112}$$

这是将各振型分量沿动位移 1、2 方向加以叠加，从而得出质点的总位移。因此，η_i 就是把实际位移[y]按主振型分解时的组合系数。

12.9.3 主振型矩阵分块

主振型矩阵可表达为

$$\boldsymbol{Y}=\left[\begin{array}{c|c} Y_{11} & Y_{12} \\ Y_{21} & Y_{22} \end{array}\right]=\begin{bmatrix} \boldsymbol{Y}^{(1)} & \boldsymbol{Y}^{(2)} \end{bmatrix}$$

12.9.4 广义质量、广义刚度和广义荷载

将 $\boldsymbol{y}$ 及 $\ddot{\boldsymbol{y}}$ 代入方程(a)，进行正则坐标变换：

$$\boldsymbol{y}=\boldsymbol{Y}\boldsymbol{\eta},\quad \ddot{\boldsymbol{y}}=\boldsymbol{Y}\ddot{\boldsymbol{\eta}}$$

$$\boldsymbol{M}\boldsymbol{Y}\ddot{\boldsymbol{\eta}}+\boldsymbol{K}\boldsymbol{Y}\boldsymbol{\eta}=\boldsymbol{F}_P(t) \tag{b}$$

下面利用主振型的正交性，简化式(b)的计算：

首先，将式(b)前乘以 $\boldsymbol{Y}^{(1)\mathrm{T}}=\begin{bmatrix} Y_{11} & Y_{21} \end{bmatrix}$，则

$$\boldsymbol{Y}^{(1)\mathrm{T}}\boldsymbol{M}\boldsymbol{Y}\ddot{\boldsymbol{\eta}}+\boldsymbol{Y}^{(1)\mathrm{T}}\boldsymbol{K}\boldsymbol{Y}\boldsymbol{\eta}=\boldsymbol{Y}^{(1)\mathrm{T}}\boldsymbol{F}_P(t)$$

其中，第一项

$$\boldsymbol{Y}^{(1)\mathrm{T}}\boldsymbol{M}\begin{bmatrix} \boldsymbol{Y}^{(1)} & \boldsymbol{Y}^{(2)} \end{bmatrix}\begin{bmatrix} \ddot{\eta}_1 \\ \ddot{\eta}_2 \end{bmatrix}=\boldsymbol{Y}^{(1)\mathrm{T}}\boldsymbol{M}(\boldsymbol{Y}^{(1)}\ddot{\eta}_1+\boldsymbol{Y}^{(2)}\ddot{\eta}_2)$$

$$=\boldsymbol{Y}^{(1)\mathrm{T}}\boldsymbol{M}\boldsymbol{Y}^{(1)}\ddot{\eta}_1+\underbrace{\boldsymbol{Y}^{(1)\mathrm{T}}\boldsymbol{M}\boldsymbol{Y}^{(2)}}_{\text{第一正交条件为0}}\ddot{\eta}_2$$

同理，第二项

$$\boldsymbol{Y}^{(1)\mathrm{T}}\boldsymbol{K}\begin{bmatrix} \boldsymbol{Y}^{(1)} & \boldsymbol{Y}^{(2)} \end{bmatrix}\begin{bmatrix} \eta_1 \\ \eta_2 \end{bmatrix}$$

$$=\boldsymbol{Y}^{(1)\mathrm{T}}\boldsymbol{K}\boldsymbol{Y}^{(1)}\eta_1+\underbrace{\boldsymbol{Y}^{(1)\mathrm{T}}\boldsymbol{K}\boldsymbol{Y}^{(2)}}_{\text{第二正交条件为0}}\eta_2$$

于是有

$$\overbrace{\boldsymbol{Y}^{(1)\mathrm{T}}\boldsymbol{M}\boldsymbol{Y}^{(1)}}^{M_1}\ddot{\eta}_1+\overbrace{\boldsymbol{Y}^{(1)\mathrm{T}}\boldsymbol{K}\boldsymbol{Y}^{(1)}}^{K_1}\eta_1=\overbrace{\boldsymbol{Y}^{(1)\mathrm{T}}\boldsymbol{F}_P(t)}^{F_1(t)}$$

此方程只含一个变量η_1及其对时间的二阶导数$\ddot{\eta}_1$。引入符号

$$M_1 = \boldsymbol{Y}^{(1)\mathrm{T}}\boldsymbol{M}\boldsymbol{Y}^{(1)} \quad \leftarrow \text{广义质量}$$

$$K_1 = \boldsymbol{Y}^{(1)\mathrm{T}}\boldsymbol{K}\boldsymbol{Y}^{(1)} \quad \leftarrow \text{广义刚度}$$

$$F_1(t) = \boldsymbol{Y}^{(1)\mathrm{T}}\boldsymbol{F}_{\mathrm{P}}(t) \leftarrow \text{广义荷载}$$

则

$$M_1\ddot{\eta}_1 + K_1\eta_1 = F_1(t)$$

对应于第一主振型。这里，把联立方程变成了独立方程。

同样，将式(b)前乘以$\boldsymbol{Y}^{(2)\mathrm{T}} = [Y_{12} \quad Y_{22}]$，则得到

$$M_2\ddot{\eta}_2 + K_2\eta_2 = F_2(t)$$

对应于第二主振型。

12.9.5 解耦后运动方程的一般形式

$$\boxed{M_i\ddot{\eta}_i(t) + K_i\eta_i(t) = F_i(t)} \quad (i = 1,2,\cdots,n) \qquad (12\text{-}113)$$

上式两边同时除以 M_i，再考虑自振频率的平方 $\omega_i^2 = K_i / M_i$，则得

$$\boxed{\ddot{\eta}_i(t) + \omega_i^2\eta_i(t) = \frac{F_i(t)}{M_i}} \quad (i = 1,2,\cdots,n) \qquad (12\text{-}114)$$

此即关于正则坐标$\eta_i(t)$的运动方程，对于 n 个自由度体系，这是彼此独立的 n 个一元方程。由此式求得正则坐标η_i后，即可代入式（12-111）求出位移$\boldsymbol{y}$，将解法由解耦合方程变成解不耦合方程，就是振型叠加法的优点。

【注意】由 M_i 组成的**广义质量矩阵** $\boldsymbol{M}^*$ 以及由 K_i 组成的**广义刚度矩阵** $\boldsymbol{K}^*$ 都是对角矩阵，即

$$\boldsymbol{M}^* = \begin{bmatrix} M_1 & & & \\ & M_2 & & \\ & & \ddots & \\ & & & M_n \end{bmatrix} \qquad \boldsymbol{K}^* = \begin{bmatrix} K_1 & & & \\ & K_2 & & \\ & & \ddots & \\ & & & K_n \end{bmatrix}$$

12.9.6 运动方程(12-114)的解

对于方程(12-114)，可参照杜哈梅积分

$$y(t) = \frac{1}{m\omega}\int_0^t F_{\mathrm{P}}(\tau)\sin\omega(t-\tau)\mathrm{d}\tau$$

写为

$$\boxed{\eta_i(t) = \frac{1}{M_i\omega_i}\int_0^t F_i(\tau)\sin\omega_i(t-\tau)\mathrm{d}\tau} \qquad (12\text{-}115\mathrm{a})$$

12.9.7 特例：对于简谐干扰力

$$\eta_i(t) = \frac{1}{1-\theta^2/\omega_i^2} \times \frac{F_i(t)}{M_i\omega_i^2}\left(= \beta_i\frac{F_i\sin\theta t}{M_i\omega_i^2} = \beta_i y_{\mathrm{st}}\sin\theta t \right)$$

即

$$\eta_i(t) = \frac{F_i(t)}{M_i(\omega_i^2 - \theta^2)} \qquad (12\text{-}115\mathrm{b})$$

若考虑不为零的初始条件(例如 $y(0)$=0.1cm 等)，则

$$\boxed{\eta_i(t) = \eta_i(0)\cos\omega_i t + \frac{\dot{\eta}_i(0)}{\omega_i}\sin\omega_i t + \text{杜哈梅积分}} \qquad (12\text{-}116)$$

式中

$$\boxed{\begin{aligned} \eta_i(0) &= \frac{\boldsymbol{Y}^{(i)\mathrm{T}}\boldsymbol{M}\,\boldsymbol{y}(0)}{M_i} \\ \dot{\eta}_i(0) &= \frac{\boldsymbol{Y}^{(i)\mathrm{T}}\boldsymbol{M}\,\dot{\boldsymbol{y}}(0)}{M_i} \end{aligned}} \qquad (12\text{-}117)$$

【补证】关于$\eta_i(0)$及$\dot{\eta}_i(0)$的计算式(12-117)

对式(12-111) $\boldsymbol{y}=\boldsymbol{Y}\boldsymbol{\eta}$ 两边前乘以$\boldsymbol{Y}^{(1)\mathrm{T}}\boldsymbol{M}$，则可得

$$\begin{aligned}\boldsymbol{Y}^{(1)\mathrm{T}}\boldsymbol{M}\boldsymbol{y}&=\boldsymbol{Y}^{(1)\mathrm{T}}\boldsymbol{M}\boldsymbol{Y}\boldsymbol{\eta}\\&=\boldsymbol{Y}^{(1)\mathrm{T}}\boldsymbol{M}\begin{bmatrix}\boldsymbol{Y}^{(1)} & \boldsymbol{Y}^{(2)}\end{bmatrix}\begin{bmatrix}\eta_1\\\eta_2\end{bmatrix}\\&=\boldsymbol{Y}^{(1)\mathrm{T}}\boldsymbol{M}\left(\boldsymbol{Y}^{(1)}\eta_1+\boldsymbol{Y}^{(2)}\eta_2\right)\\&=\boldsymbol{Y}^{(1)\mathrm{T}}\boldsymbol{M}\boldsymbol{Y}^{(1)}\eta_1+\underbrace{\boldsymbol{Y}^{(1)\mathrm{T}}\boldsymbol{M}\boldsymbol{Y}^{(2)}}_{\text{第一正交条件为0}}\eta_2\\&=M_1\eta_1\end{aligned}$$

故

$$\eta_1(t)=\frac{\boldsymbol{Y}^{(1)\mathrm{T}}\boldsymbol{M}\boldsymbol{y}(t)}{M_1}$$

$$\dot{\eta}_1(t)=\frac{\boldsymbol{Y}^{(1)\mathrm{T}}\boldsymbol{M}\dot{\boldsymbol{y}}(t)}{M_1}$$

故对于第 i 个振型，若 t=0 时有初位移 $y(0)$和初速度 $\dot{y}(0)$，则有

$$\eta_i(0)=\frac{\boldsymbol{Y}^{(i)\mathrm{T}}\boldsymbol{M}\boldsymbol{y}(0)}{M_i}$$

$$\dot{\eta}_i(0)=\frac{\boldsymbol{Y}^{(i)\mathrm{T}}\boldsymbol{M}\dot{\boldsymbol{y}}(0)}{M_i}$$

证毕。

12.9.8 原运动方程的解

求得$\eta_i(t)$后，代入式(12-111)，即可解出 $\boldsymbol{y}$。必须指出：此法基于叠加原理，不能用于分析非线性振动体系。

12.9.9 计算步骤

1) 求自振频率和主振型

2) 计算广义质量：$M_i=\boldsymbol{Y}^{(i)\mathrm{T}}\boldsymbol{M}\boldsymbol{Y}^{(i)}$

3) 计算广义荷载：$F_i(t)=\boldsymbol{Y}^{(i)\mathrm{T}}\boldsymbol{F}_{\mathrm{P}}(t)$

4) 求正则坐标：

① 对于一般动力荷载：用杜哈梅积分式(12-115a)

$$\eta_i(t)=\frac{1}{M_i\omega_i}\int_0^t F_i(\tau)\sin\omega_i(t-\tau)\,\mathrm{d}\tau$$

若初始条件不为零，则用式(12-116)。

② 对于简谐荷载：用正则坐标式(12-115b)

$$\eta_i(t)=\frac{F_i(t)}{M_i\left(\omega_i^2-\theta^2\right)}$$

5) 求质点位移：$\boldsymbol{y}=\boldsymbol{Y}\boldsymbol{\eta}$

6) 求动力弯矩(参见图 12-86a、b)：

用 $Q_i(t)$表示质点 i 在任意瞬时 t 所受到的荷载和惯性力之和。惯性力 $m_i\theta^2 y_i$ 中的 y_i 系由前述第 5)步 $\boldsymbol{y}=\boldsymbol{Y}\boldsymbol{\eta}$ 求出，要带自身的正负号，即

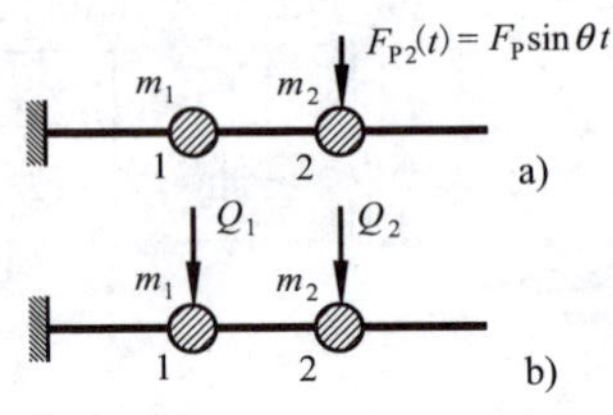

图 12-86　求动力弯矩的荷载图

$$Q_i(t)=F_{\mathrm{P}i}(t)+m_i\theta^2 y_i$$

【例 12-32】分别用直接法、振型叠加法计算图 12-87a 所示刚架各楼层的振幅值。

已知：第二层上作用有水平简谐荷载 $F_{\mathrm{P}}(t)=20\sin\theta t$ kN，每分钟振动 200 次。

解：【解法一】采用直接法求解

(1) 形成刚度矩阵（图 12-87b、c、d）和质量矩阵

$$\boldsymbol{K}=\begin{bmatrix}4.5 & -2 & 0\\-2 & 3 & -1\\0 & -1 & 1\end{bmatrix}\times 98\ \mathrm{MN/m},\quad \boldsymbol{M}=\begin{bmatrix}1.5 & 0 & 0\\0 & 1.5 & 0\\0 & 0 & 1\end{bmatrix}\times 180\,\mathrm{t}$$

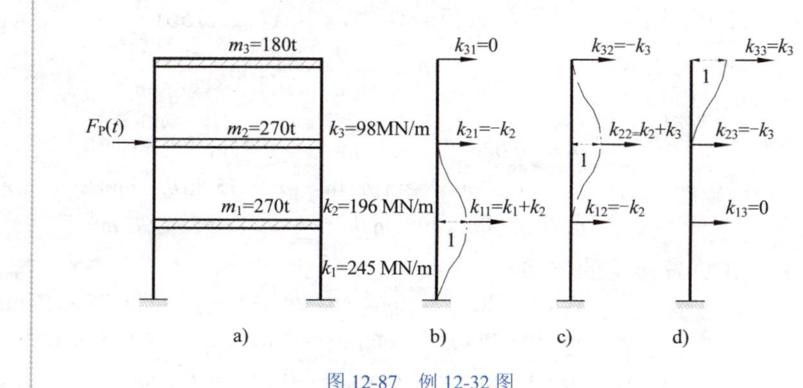

图 12-87　例 12-32 图

(2)　计算各楼层的幅值：

1) 荷载的频率为 $\theta=\dfrac{2\pi}{60}\times 200\text{s}^{-1}$，故 $\theta^2=438.4\text{s}^{-2}$。

2) 求动力刚度矩阵的逆矩阵：

$$\boldsymbol{K}-\theta^2\boldsymbol{M}=98\times\begin{bmatrix}4.5 & -2 & 0\\ -2 & 3 & -1\\ 0 & -1 & 1\end{bmatrix}-438.4\times\begin{bmatrix}1.5 & 0 & 0\\ 0 & 1.5 & 0\\ 0 & 0 & 1\end{bmatrix}\times 180\times 10^{-3}$$

$$=98\times\begin{bmatrix}3.292 & -2 & 0\\ -2 & 1.792 & -1\\ 0 & -1 & 0.195\end{bmatrix}\text{MN/m}$$

因为 $D_0=\left|\boldsymbol{K}-\theta^2\boldsymbol{M}\right|=98\times(-2.14-0.78)\neq 0$，故动力刚度矩阵的逆矩阵存在。于是可求出逆矩阵

$$\left(\boldsymbol{K}-\theta^2\boldsymbol{M}\right)^{-1}=\frac{1}{98}\begin{bmatrix}0.233 & -0.134 & -0.686\\ -0.134 & -0.220 & -1.126\\ -0.686 & -1.126 & -0.649\end{bmatrix}\text{m/MN}$$

3) 荷载幅值向量为

$$\boldsymbol{F}_\text{P}=\begin{bmatrix}0\\ 20\\ 0\end{bmatrix}\text{kN}$$

4) 求各楼层的振幅值：由式(12-96a)，有

$$\boldsymbol{Y}=\left(\boldsymbol{K}-\theta^2\boldsymbol{M}\right)^{-1}\boldsymbol{F}_\text{P}=\frac{1}{98}\begin{bmatrix}0.233 & -0.134 & -0.686\\ -0.134 & -0.220 & -1.126\\ -0.686 & -1.126 & -0.649\end{bmatrix}\begin{bmatrix}0\\ 20\\ 0\end{bmatrix}\times 10^{-3}\ \text{m}$$

于是，各楼层的振幅值为

$$\boldsymbol{Y}=\begin{bmatrix}-0.028\\ -0.045\\ -0.230\end{bmatrix}\text{mm}$$

式中，负号表示当荷载向右达到幅值时，位移向左达到幅值。

【解法二】采用振型叠加法求解

(1)　求自振频率和振型：由例 12-26，已求出

$$\omega_1=13.47\ \text{s}^{-1},\quad \omega_2=30.12\ \text{s}^{-1},\quad \omega_3=46.67\ \text{s}^{-1}$$

$$\boldsymbol{Y}=\left[\begin{array}{c:c:c}0.333 & -0.664 & 4.032\\ 0.667 & -0.663 & -3.022\\ 1 & 1 & 1\end{array}\right]$$

(2)　计算广义质量：由 $M_i=\boldsymbol{Y}^{(i)\text{T}}\boldsymbol{M}\boldsymbol{Y}^{(i)}$，可得

$$M_1=\begin{bmatrix}0.333\\ 0.667\\ 1\end{bmatrix}^\text{T}\begin{bmatrix}270 & 0 & 0\\ 0 & 270 & 0\\ 0 & 0 & 180\end{bmatrix}\begin{bmatrix}0.333\\ 0.667\\ 1\end{bmatrix}\text{t}=330.06\ \text{t}$$

$$M_2=\begin{bmatrix}-0.664\\ -0.663\\ 1\end{bmatrix}^\text{T}\begin{bmatrix}270 & 0 & 0\\ 0 & 270 & 0\\ 0 & 0 & 180\end{bmatrix}\begin{bmatrix}-0.664\\ -0.663\\ 1\end{bmatrix}\text{t}=417.72\ \text{t}$$

$$M_3=\begin{bmatrix}4.032\\-3.022\\1\end{bmatrix}^{\mathrm{T}}\begin{bmatrix}270&0&0\\0&270&0\\0&0&180\end{bmatrix}\begin{bmatrix}4.032\\-3.022\\1\end{bmatrix}\mathrm{t}=7035.17\ \mathrm{t}$$

(3) 计算广义荷载：由 $F_i(t)=\boldsymbol{Y}^{(i)\mathrm{T}}\boldsymbol{F}_{\mathrm{P}}(t)$，可得

$$F_1(t)=\begin{bmatrix}0.333\\0.667\\1\end{bmatrix}^{\mathrm{T}}\begin{bmatrix}0\\20\sin\theta t\\0\end{bmatrix}=13.34\sin\theta t\ \mathrm{kN}$$

$$F_2(t)=\begin{bmatrix}-0.664\\-0.663\\1\end{bmatrix}^{\mathrm{T}}\begin{bmatrix}0\\20\sin\theta t\\0\end{bmatrix}=-13.26\sin\theta t\ \mathrm{kN}$$

$$F_3(t)=\begin{bmatrix}4.032\\-3.022\\1\end{bmatrix}^{\mathrm{T}}\begin{bmatrix}0\\20\sin\theta t\\0\end{bmatrix}=-60.44\sin\theta t\ \mathrm{kN}$$

(4) 求正则坐标：对于简谐荷载作用，由式(12-115b)

$$\eta_i=\frac{F_i(t)}{M_i\left(\omega_i^2-\theta^2\right)}$$

可求得

$$\eta_1=-0.000157\sin\theta t\ \mathrm{m}=-0.157\sin\theta t\ \mathrm{mm}$$
$$\eta_2=-0.0000675\sin\theta t\ \mathrm{m}=-0.0675\sin\theta t\ \mathrm{mm}$$
$$\eta_3=-0.00000495\sin\theta t\ \mathrm{m}=-0.00495\sin\theta t\ \mathrm{mm}$$

(5) 计算各楼层的位移：

$$y_1=0.333\times\eta_1-0.664\times\eta_2+4.032\times\eta_3=-0.0275\sin\theta t\ \mathrm{mm}$$
$$y_2=0.667\times\eta_1-0.663\times\eta_2-3.022\times\eta_3=-0.0452\sin\theta t\ \mathrm{mm}$$
$$y_3=1\times\eta_1+1\times\eta_2+1\times\eta_3=-0.229\sin\theta t\ \mathrm{mm}$$

各层振幅值为

$$\boldsymbol{Y}=\begin{bmatrix}-0.028\\-0.045\\-0.23\end{bmatrix}\mathrm{mm}$$

*12.9.10 多自由度体系在风荷载作用下的随机振动概述

当气流绕过建（构）筑物时，会对其施加空气动力，通常称为**风荷载**。由于气流在不同时刻的大小、方向随机变化，而且因大多数建（构）筑物为不规则的钝物体，其流动分离、旋涡形成以及尾迹等的存在，使得作用在这些建（构）筑物上的风荷载变得非常复杂。建（构）筑物在风荷载作用下会产生**随机振动**，而建（构）筑物的振动会引起周围流场的变化，这一变化又会反过来影响建（构）筑物的振动，这一现象称为**气动力反馈**。气动力反馈作用使建（构）筑物的**风致振动**变得更加复杂。目前，还无法得到一个可用于工程实际的理论表达式，一般需要采用风洞实验或现场实测的方法来获取有关数据和资料。

1 高层建筑与高耸结构的风致振动

高层建筑与高耸结构的风致振动可以分为**顺风向**（与来流方向平行）、**横风向**（与来流方向垂直）和**扭转振动**。

(1) **顺风向振动**

高层建筑与高耸结构的顺风向振动主要由气流脉动引起。气流脉动力的大小为

$$F_{\mathrm{P}}(t)=\rho C_{\mathrm{D}}\iint_A \bar{v}(z)v_M(y,z,t)\,\mathrm{d}y\,\mathrm{d}z \tag{12-118}$$

式中，ρ 为空气密度（kg/cm^3）；C_D 为阻力系数；$\bar{v}(z)$为平均风速；$v_M(y,z,t)$为脉动风速。

(2)　**横风向振动**

高层建筑与高耸结构的横风向振动主要由交替的旋涡脱落和尾流激励引起，其计算公式比较复杂。

(3)　**扭转振动**

由于气流的不均匀性和随机性，即使对于对称结构，在风荷载作用下也会产生扭转振动，对于不对称结构，扭转振动更加明显。

图 12-88a、b 分别表示某高层建筑的顺风向与横风向振动的**加速度响应功率谱曲线**。从这两个图中可以看出，对于该建筑物

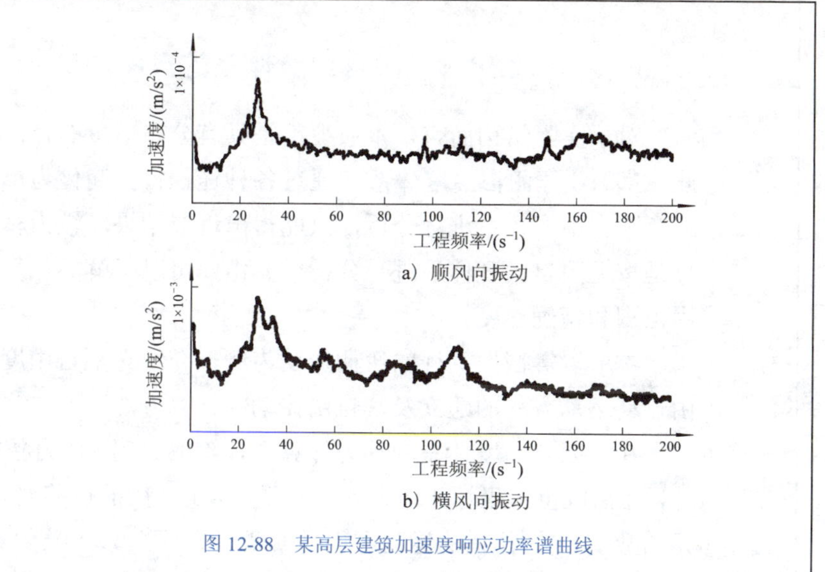

图 12-88　某高层建筑加速度响应功率谱曲线

来说，其横风向的振动大于顺风向的振动。

2　大跨度桥梁的风致振动

大跨度桥梁的风致振动主要包括**颤振**、**抖振**、**涡激振**和**驰振**。颤振是桥梁可能出现的风致振动中危害最大的一种。1940 年秋，美国华盛顿州建成才四个月的塔可马悬索桥就是由于颤振而破坏的。

桥梁的风致振动特性主要依靠风洞试验来获取。图 12-89 所示为世界同类第一跨度（主跨 420m）的无推力式钢箱型梁系杆拱桥——重庆菜园坝长江大桥风洞试验全桥模型（详见参考文献[21]）。通过风洞试验，可直接得到桥梁风致振动数据，包括振动位移、加速度等。

图 12-89　重庆菜园坝长江大桥风洞试验全桥模型

*12.10　无限自由度体系的自由振动

对于实际结构而言，本质上都是具有分布质量的弹性体，因此，都属于无限自由度体系。通过各种途径将其简化为单自由度或有限自由度体系进行分析，只能得出近似结果。较为精确的计算是按无限自由度体系进行分析，并由此可以了解简化算法的应用范围和精确程度。

本节以等截面直杆的弯曲振动为例，介绍无限自由度体系自由振动运动方程的建立及其自由振动的计算方法。

在无限自由度体系的动力计算中，除取时间 t 作为独立变量外，还需取位置坐标 x 作为独立变量。因此，梁的位移要表示为二元函数 $y(x,t)$，体系的运动方程是偏微分方程。

12.10.1　运动方程的建立

由材料力学知，图 12-90 所示梁的挠曲线方程（略去剪切变形影响）为

$$EI\frac{\partial^2 y}{\partial x^2}=-M$$

所以有

$$EI\frac{\partial^4 y}{\partial x^4}=-\frac{\partial^2 M}{\partial x^2}=q \qquad \text{(a)}$$

在自由振动的情况下，唯一的荷载就是惯性力，即

$$q=-\overline{m}\frac{\partial^2 y}{\partial t^2} \qquad \text{(b)}$$

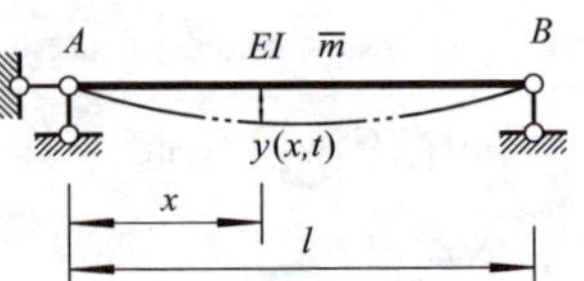

图 12-90　具有均布质量弹性梁的自由振动

式中，$\overline{m}$ 为单位长度梁的质量。将式(a)代入式(b)，即得等截面梁弯曲时的自由振动的微分方程为

$$\boxed{EI\frac{\partial^4 y}{\partial x^4}+\overline{m}\frac{\partial^2 y}{\partial t^2}=0} \qquad (12\text{-}119)$$

12.10.2　运动方程的解

四阶线性偏微分方程(12-119)可用分离变量法求解。设位移 $y(x,t)$ 为位置坐标函数 $Y(x)$ 和时间函数 $T(t)$ 的乘积，即

$$y(x,t)=Y(x)T(t) \qquad \text{(c)}$$

这里，所设的振动是一种单自由度的振动。在不同的时刻 t，弹性曲线的形状不变，只是幅度在变。$Y(x)$ 表示曲线形状，$T(t)$ 表示位移幅度随时间变化的规律。将式(c)代入式(12-119)，可得

$$EI\frac{\mathrm{d}^4 Y(x)}{\mathrm{d}x^4}T(t)+\overline{m}Y(x)\frac{\mathrm{d}^2 T(t)}{\mathrm{d}t^2}=0$$

经整理后，得

$$\frac{EI}{\overline{m}}\frac{\left(\dfrac{\mathrm{d}^4 Y(x)}{\mathrm{d}x^4}\right)}{Y(x)}=-\frac{\left(\dfrac{\mathrm{d}^2 T(t)}{\mathrm{d}t^2}\right)}{T(t)}$$

由于上式等号左边项只与 x 有关，右边项只与 t 有关，而 x 与 t 彼此独立无关，为了维持上式恒等，左右两边须等于同一常数。设此常数为 ω^2，则上式分解为两个独立的常微分方程，即

$$\frac{\mathrm{d}^2 T(t)}{\mathrm{d}t^2}+\omega^2 T(t)=0 \qquad \text{(d)}$$

$$\frac{d^4Y(x)}{dx^4}-\frac{\omega^2\overline{m}}{EI}Y(x)=0 \qquad \text{(e)}$$

式(d)与前述单自由度体系无阻尼自由振动微分方程相同，其解为

$$T(t)=a\sin(\omega t+\alpha)$$

代入式(c)，得

$$y(x,t)=aY(x)\sin(\omega t+\alpha)$$

将 a 与 $Y(x)$ 中的待定常数合并，上式可写成

$$\boxed{y(x,t)=Y(x)\sin(\omega t+\alpha)} \qquad \text{(12-120)}$$

由式（12-120）可知，在特定条件下，梁上各点将按同一频率 ω 作简谐振动，$Y(x)$ 为各点的振幅。在不同时刻 t，梁的变形曲线都与函数 $Y(x)$ 成比例而形状不变。因此，$Y(x)$ 即代表梁的主振型，称为振型函数。

为了确定频率 ω 及其相应的主振型，则应求解方程式(e)。为此，令

$$\boxed{\lambda^4=\frac{\omega^2\overline{m}}{EI}} \qquad \text{(12-121)}$$

则式(e)可改写为

$$\frac{d^4Y(x)}{dx^4}-\lambda^4Y(x)=0$$

其通解为

$$\boxed{Y(x)=C_1\cosh\lambda x+C_2\sinh\lambda x+C_3\cos\lambda x+C_4\sin\lambda x} \qquad \text{(12-122)}$$

式中，C_1、C_2、C_3、C_4 为待定系数。

有了 $Y(x)$，即可进一步求出相应的转角、弯矩和剪力的表达式。

根据梁支承处挠度、转角、弯矩和剪力的边界条件，可写出包含待定系数 C_1、C_2、C_3、C_4 的四个齐次方程。

为了求得非零解，要求方程的系数行列式为零，这就得到用以确定 λ 的特征方程（频率方程）。λ 确定后，由式(12-121)即可求得自振频率 ω。对于无限自由度体系，特征方程为超越方程，有无限多个根，因而，有无限多个频率 $\omega_i(i=1,2,\cdots)$。

对于每一个频率，可写出 C_1、C_2、C_3、C_4 一组比值，于是，由式(12-122)便可得到相应的主振型 $Y_i(x)$。

对应于每一个频率和振型，微分方程都有一个特解

$$y_i(x,t)=Y_i(x)\sin(\omega_i t+\alpha_i) \qquad (i=1,2,\cdots)$$

方程的通解应是这些特解的线性组合，即

$$y(x,t)=\sum_{i=1}^{\infty}a_iY_i(x)\sin(\omega_i t+\alpha_i) \qquad \text{(12-123)}$$

式中的待定常数 a_i 和 α_i，需由初始条件确定。在一般初始条件下，$y(x,t)$ 中含有若干不同频率的特解，它不再是简谐振动。

【例 12-33】试求图 12-91a 所示具有连续质量的等截面梁的前两阶自振频率和振型。

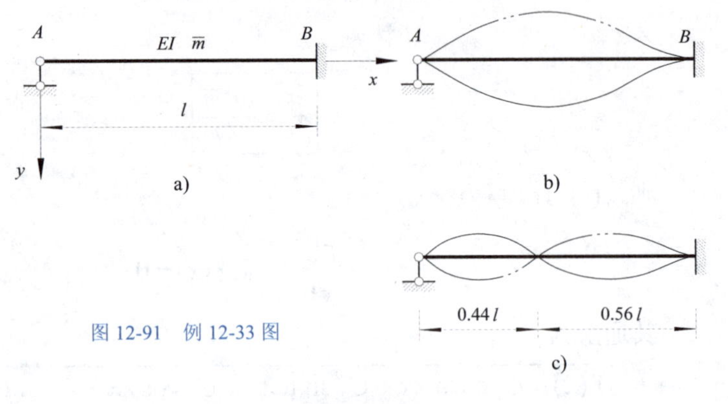

图 12-91　例 12-33 图

解：(1) 求自振频率

对于振型的通解式(12-122)

$$Y(x)=C_1\cosh\lambda x+C_2\sinh\lambda x+C_3\cos\lambda x+C_4\sin\lambda x$$

由梁左端的边界条件：

$$\left.\begin{aligned}&Y(0)=0,\quad C_1+C_3=0\\&Y''(0)=0,\ C_1-C_3=0\end{aligned}\right\}$$

可解得 $C_1=C_3=0$，振幅曲线简化为

$$Y(x)=C_2\sinh\lambda x+C_4\sin\lambda x \tag{a}$$

梁右端的边界条件为：

$$\left.\begin{aligned}&Y(l)=0,\quad C_2\sinh\lambda l+C_4\sin\lambda l=0\\&Y'(l)=0,\quad C_2\cosh\lambda l+C_4\cos\lambda l=0\end{aligned}\right\} \tag{b}$$

令此齐次方程组的系数行列式为零，即

$$\begin{vmatrix}\sinh\lambda l & \sin\lambda l\\ \cosh\lambda l & \cos\lambda l\end{vmatrix}=0$$

展开，得

$$\sinh\lambda l\cos\lambda l-\cosh\lambda l\sin\lambda l=0 \tag{c}$$

解得

$$\lambda_i l=\left(i+\frac{1}{4}\right)\pi\qquad(i=1,2,3,\cdots)$$

$$\lambda_1 l=3.927,\ \lambda_2 l=7.069$$

由式(12-121)，可得自振频率为

$$\omega_i^2=\frac{\lambda_i^4 EI}{\bar{m}}$$

$$\omega_i=\lambda_i^2\sqrt{\frac{EI}{\bar{m}}}=\frac{(4i+1)^2\pi^2}{16l^2}\sqrt{\frac{EI}{\bar{m}}}\qquad(i=1,2,3,\cdots) \tag{d}$$

所以

$$\omega_1=\frac{15.42}{l^2}\sqrt{\frac{EI}{\bar{m}}},\ \omega_2=\frac{49.97}{l^2}\sqrt{\frac{EI}{\bar{m}}}$$

(2) 求振型曲线

为求主振型，将 $\lambda_i l$ 的值代入式(b)中的第一式，引入系数 η_i，则

$$\eta_i=-\frac{C_2}{C_4}=\frac{\sin\lambda_i l}{\sinh\lambda_i l}\qquad(i=1,2,3,\cdots)$$

将 η_i 代入式(a)并整理，得到第 i 阶振型

$$Y_i(x)=C_4(\sin\lambda_i x-\eta_i\sinh\lambda_i x)\qquad(i=1,2,3,\cdots) \tag{e}$$

式中，C_4 为任意常数。

绘出第一、二振型曲线，如图 12-91b、c 所示。

12.11　近似法计算自振频率

近似法用于求多自由度体系和无限自由度体系自振频率的近似值。近似法通常有三种途径：

(1) 能量法：对体系的振动形式给以简化假设，但不改变结构的刚度和质量分布，然后根据能量守恒原理求得自振频率。

(2) 集中质量法：将体系的质量分布加以简化，以集中质量代替分布质量，用有限自由度体系代替无限自由度体系求频率。

(3) 迭代法：采用近似算法求解，算出自振频率。

下面对前两种方法分别予以介绍。

12.11.1 能量法求第一自振频率——瑞利(Rayleigh)法

瑞利法适用于求第一自振频率；瑞利-里兹(Rayleigh-Ritz)法是其推广形式，可用于求最初几个频率。

1 出发点(依据)

瑞利法的出发点是能量守恒原理，即一个无阻尼的弹性体系自由振动时，它在任一时刻的总能量(应变能 U 与动能 T 之和)应当保持不变，即

$$机械能=应变能(U)+动能(T)=常数$$

2 位移表达式

以图 12-92 所示具有分布质量 $\overline{m}(x)$ 和若干质量 m_i 的简支梁的自由振动为例。

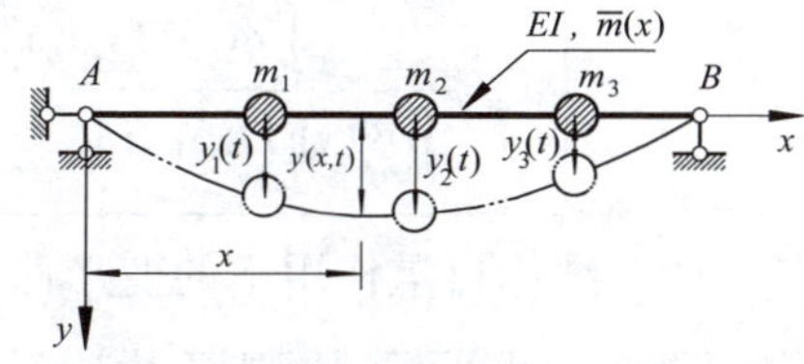

图 12-92　具有分布质量 $\overline{m}(x)$ 和若干质量 m_i 的简支梁的自由振动

该梁位移可表示为

$$y(x,t)=Y(x)\sin(\omega t+\alpha)$$

式中，$Y(x)$ 是振型函数，表示梁上任意一点 x 处的振幅；ω 是自振频率。对 t 微分，可得出速度表达式

$$\dot{y}(x,t)=\omega Y(x)\cos(\omega t+\alpha)$$

3 梁的动能

$$T=\frac{1}{2}\int_0^l \overline{m}(x)\left[\dot{y}(x,t)\right]^2\mathrm{d}x+\frac{1}{2}\sum_i m_i\left[\dot{y}_i(t)\right]^2$$

$$=\frac{1}{2}\omega^2\cos^2(\omega t+\alpha)\int_0^l \overline{m}(x)[Y(x)]^2\mathrm{d}x+\frac{1}{2}\omega^2\cos^2(\omega t+\alpha)\sum_i m_i Y_i^2$$

其最大值为

$$T_{\max}=\frac{1}{2}\omega^2\int_0^l \overline{m}(x)[Y(x)]^2\mathrm{d}x+\frac{1}{2}\omega^2\sum_i m_i Y_i^2$$

式中，Y_i 是振型函数 $Y(x)$ 在质量 m_i 处的值。

4 梁的弯曲应变能

$$U=\frac{1}{2}\int_0^l \frac{M^2(x,t)}{EI}\mathrm{d}x=\frac{1}{2}\int_0^l EI\left[y''(x,t)\right]^2\mathrm{d}x$$

$$=\frac{1}{2}\int_0^l EI[Y''(x)\sin(\omega t+\alpha)]^2\mathrm{d}x$$

$$=\frac{1}{2}\sin^2(\omega t+\alpha)\int_0^l EI[Y''(x)]^2\mathrm{d}x$$

其最大值为

$$U_{\max}=\frac{1}{2}\int_0^l EI[Y''(x)]^2\,\mathrm{d}x$$

5 应用能量守恒原理

当质点通过平衡位置时，$\sin(\omega t+\alpha)=0$，位移和应变能为零，速度和动能为最大值，而体系的总能量即为 $T_{\max}$。

当质点距离平衡位置最远时，$\cos(\omega t+\alpha)=0$，速度和动能为零，位移和应变能为最大值，而体系的总能量即为 $U_{\max}$。

根据能量守恒原理，可知

$$T_{\max}=U_{\max}$$

由此，求得计算频率的公式为

$$\omega^2=\frac{\int_0^l EI[Y''(x)]^2\,\mathrm{d}x}{\int_0^l \overline{m}(x)[Y(x)]^2\,\mathrm{d}x+\sum_i m_iY_i^2} \tag{12-124}$$

上式就是瑞利法求自振频率的公式。

6 能量法的关键

能量法的关键是假设振型函数 $Y(x)$：

1) 若假设的位移形状函数 $Y(x)$ 正好与第 i 个主振型相符，则可求得该 ω_i 的精确值。因为一般结构的第一个主振型比较容易假设，所以此法一般用于计算第一自振频率 ω_1。

2) 振型函数 $Y(x)$ 的假定原则：应满足边界条件——

- 位移边界条件(必须满足)
- 力边界条件
  - M(尽量使之满足)
  - F_Q(对位移影响较小，可以放松要求)

3) 通常对 $Y(x)$ 做如下选择：

其一，选取某个静力荷载 $q(x)$(例如结构自重)作用下的弹性曲线作为 $Y(x)$ 的近似表示式，由式（12-124）即可求得第一频率的近似值。此时，应变能可用相应荷载 $q(x)$ 所做的功来代替，即

$$U=\frac{1}{2}\int_0^l q(x)Y(x)\,\mathrm{d}x$$

因而式(12-124)可改写为

$$\omega^2=\frac{\int_0^l q(x)Y(x)\,\mathrm{d}x}{\int_0^l \overline{m}(x)[Y(x)]^2\,\mathrm{d}x+\sum_i m_iY_i^2} \tag{12-125}$$

其二，选取结构自重作用下的变形曲线作为 $Y(x)$ 的近似表达式(注意，如果考虑水平振动，则重力应沿水平方向作用)，则应变能可用重力所做的功来代替，即

$$U=\frac{1}{2}\int_0^l \overline{m}gY(x)\,\mathrm{d}x+\frac{1}{2}\sum_i m_igY_i$$

于是式(12-124)可改写为

$$\omega^2=\frac{\int_0^l \overline{m}(x)gY(x)\,\mathrm{d}x+\sum_i m_igY_i}{\int_0^l \overline{m}(x)[Y(x)]^2\,\mathrm{d}x+\sum_i m_iY_i^2} \tag{12-126}$$

【例 12-34】试用瑞利法计算图 12-93 所示等截面两端固定梁的第一自振频率。设 EI=常数，梁单位长度的质量为 $\bar{m}$ 。

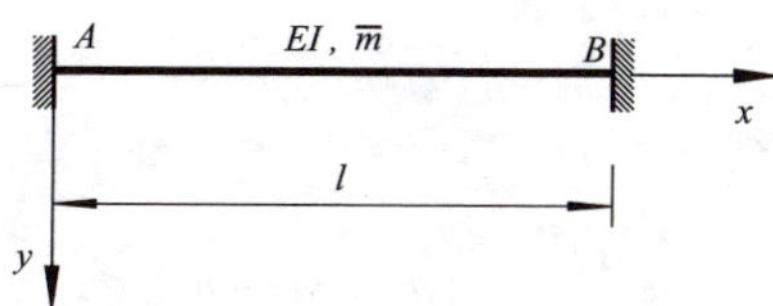

图 12-93 用瑞利法求两端固定梁的第一自振频率

解：(1) 假设振幅曲线 $Y(x)$ 为

$$Y(x)=a\left(1-\cos\frac{2\pi x}{l}\right) \tag{a}$$

式(a)满足几何边界条件和力的边界条件中梁端弯矩非零的要求，但梁端剪力为零则与实际情况不符。

将式(a)代入式（12-124），得

$$\omega_1^2=\frac{\int_0^l EI[Y''(x)]^2\,\mathrm{d}x}{\int_0^l \bar{m}(x)[Y(x)]^2\,\mathrm{d}x}=\frac{a^2EI\int_0^l\left(\frac{4\pi^2}{l^2}\cos\frac{2\pi x}{l}\right)^2\mathrm{d}x}{\bar{m}a^2\int_0^l\left(1-\cos\frac{2\pi x}{l}\right)^2\mathrm{d}x}$$

$$=\frac{\frac{8\pi^4EIa^2}{l^3}}{\frac{3}{2}\bar{m}la^2}=\frac{16\pi^4}{3l^4}\times\frac{EI}{\bar{m}}$$

故第一自振频率

$$\omega_1=\frac{22.8}{l^2}\sqrt{\frac{EI}{\bar{m}}}$$

与精确值 $\omega_1=\frac{22.37}{l^2}\sqrt{\frac{EI}{\bar{m}}}$ 相比，其误差为+1.9%。

(2) 改取均布荷载 q 作用下的挠度曲线

$$Y(x)=\frac{ql^4}{24EI}\left(\frac{x^4}{l^4}-2\frac{x^3}{l^3}+\frac{x^2}{l^2}\right) \tag{b}$$

作为振型函数，这时，$Y(x)$满足全部边界条件。

将式(b)代入式（12-125），得

$$\omega_1^2=\frac{q\int_0^l Y(x)\,\mathrm{d}x}{\bar{m}\int_0^l[Y(x)]^2\,\mathrm{d}x}$$

$$=\frac{q\int_0^l\frac{ql^4}{24EI}\left(\frac{x^4}{l^4}-2\frac{x^3}{l^3}+\frac{x^2}{l^2}\right)\mathrm{d}x}{\bar{m}\int_0^l\left(\frac{ql^4}{24EI}\right)^2\left(\frac{x^4}{l^4}-2\frac{x^3}{l^3}+\frac{x^2}{l^2}\right)^2\mathrm{d}x}$$

$$=\frac{\frac{q^2l^5}{720EI}}{\frac{q^2\bar{m}l^9}{576\times630(EI)^2}}=\frac{504}{l^4}\times\frac{EI}{\bar{m}}$$

故第一自振频率

$$\omega_1=\frac{22.45}{l^2}\sqrt{\frac{EI}{\bar{m}}}$$

与精确值相比，其误差为+0.4%。

【讨论】由以上结果可以看出：所选的两种振型函数，或是大部或是全部符合边界处位移和力的实际情况，因此所得结果误差都很小。由于第二种振型函数更接近第一振型，所得结果精度更高。

【例 12-35】试用瑞利法计算图 12-94a 所示三层刚架的第一自振频率。

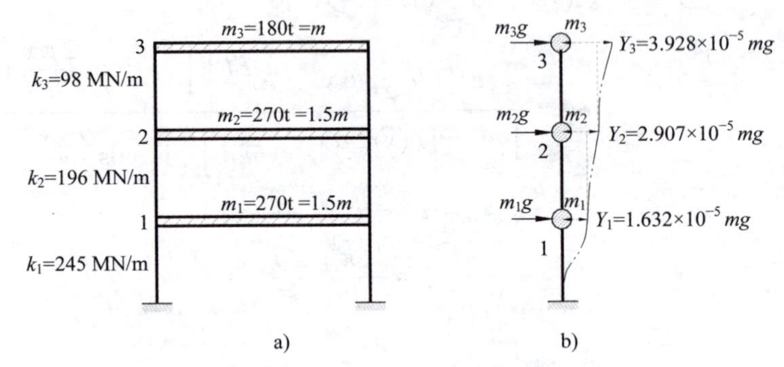

图 12-94 用瑞利法求刚架的第一自振频率

解：(1) 选择自重作用下的弹性曲线作为振型曲线（注意：应在各楼层水平方向分别施加自重 m_1g、m_2g、m_3g)，如图 12-94b 所示。

(2) 求 Y_i $(i=1,2,3)$：

$$Y_i = Y_{i-1} + \frac{\sum_{r=i}^{3} m_r g}{k_i}$$

于是，可得

$$Y_1 = \frac{\sum_{r=1}^{3} m_r g}{k_1} = \frac{(m_1+m_2+m_3)g}{k_1} = 1.632\times10^{-5} mg$$

$$Y_2 = Y_1 + \frac{\sum_{r=2}^{3} m_r g}{k_2} = Y_1 + \frac{(m_2+m_3)g}{k_2} = 2.907\times10^{-5} mg$$

$$Y_3 = Y_2 + \frac{m_3 g}{k_3} = 3.928\times10^{-5} mg$$

(3) 求 $U_{\max}$(用外力所做的功来代替)：

$$U_{\max} = \frac{1}{2}\sum_{i=1}^{3}(m_i g)Y_i$$

$$= \frac{1}{2}\times 10.737\times10^{-5} m^2 g^2$$

(4) 求 $T_{\max}$：

$$T_{\max} = \frac{1}{2}\omega^2\sum_{i=1}^{3} m_i Y_i^2$$

$$= \frac{1}{2}\omega^2 \times 32.1\times10^{-10} m^3 g^2$$

(5) 由 $T_{\max}$=$U_{\max}$ 求第一频率：由式(12-126)，可得

$$\omega_1^2 = \frac{\sum_i m_i g Y_i}{\sum_i m_i Y_i^2} = 1.867\times10^2\ \text{s}^{-2}$$

故第一自振频率

$$\omega_1 = 13.66\ \text{s}^{-1}$$

精确解为 13.47s^{-1}，其误差为+1.41%。

【注意】采用瑞利法计算ω_1，其计算结果一般均高于精确值。这是因为假设某一与实际振型有出入的特定曲线作为振型曲线，即相当于给体系加上某种约束，增大了体系的刚度，使其变形能增加，从而使计算的自振频率偏大。因此，用这种方法所求的基本频率为真实频率的高限。在对用此法求得的近似结果加以选择时，应取频率最低者。

12.11.2 集中质量法求自振频率

如果把体系中的分布质量换成集中质量，则体系即由无限自由度换成单自由度或多自由度。关于质量的集中方法很多，诸如：

1) 静力等效的集中质量法；

2) 动能等效的集中质量法；

3) 转移质量法等。

下面，着重介绍静力等效的集中质量法。

根据静力等效原则，把无限自由度换成单自由度或多自由度，使集中后的重力与原来的重力互为静力等效(它们的合力彼此相等)。例如，每段分布质量可按杠杆原理换成位于两端的集中质量。

【例 12-36】用集中质量法求图 12-95a 所示简支梁自振频率。

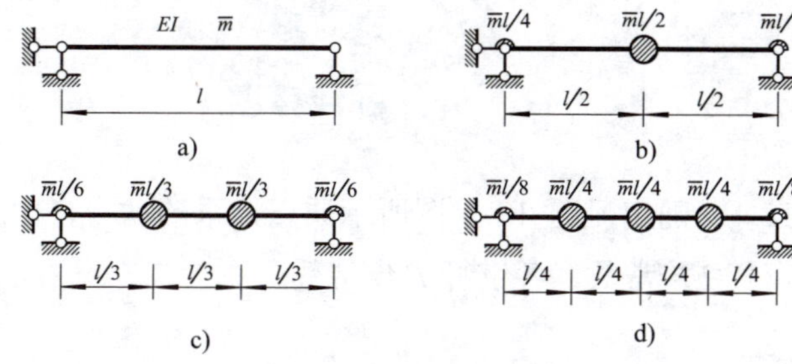

图 12-95　用集中质量法求简支梁的自振频率

解：(1) 求最小自振频率：

将原简支梁简化为单自由度体系，如图 12-95b 所示，得

$$\omega_1=\sqrt{\frac{1}{m\delta_{11}}}=1\bigg/\sqrt{\frac{\overline{m}l}{2}\times\frac{l^3}{48EI}}=\frac{9.8}{l^2}\sqrt{\frac{EI}{\overline{m}}}$$

其精确解为 $\omega_1=\dfrac{9.87}{l^2}\sqrt{\dfrac{EI}{\overline{m}}}$，故误差为-0.7%。

(2) 计算前两个自振频率：

将体系简化为两个自由度体系，如图 12-95c 所示，此时的频率方程为

$$\begin{vmatrix}\delta_{11}m_1-\dfrac{1}{\omega^2} & \delta_{12}m_2\\ \delta_{21}m_1 & \delta_{22}m_2-\dfrac{1}{\omega^2}\end{vmatrix}=0$$

式中，$m_1=m_2=\dfrac{1}{3}\overline{m}l$，柔度系数为

$$\delta_{11}=\delta_{22}=\frac{4l^3}{243EI},\quad \delta_{12}=\delta_{21}=\frac{7l^3}{4867EI}$$

代入频率方程，可解得

$$\omega_1=\frac{9.86}{l^2}\sqrt{\frac{EI}{\overline{m}}},\quad \omega_2=\frac{38.2}{l^2}\sqrt{\frac{EI}{\overline{m}}}$$

其精确解 $\omega_2=\dfrac{39.48}{l^2}\sqrt{\dfrac{EI}{\overline{m}}}$，故此时 ω_1 和 ω_2 的误差分别为-0.1%和-3.24%。

(3) 计算前三个频率：

将体系简化为三个自由度体系，如图 12-95d 所示，可解得

$$\omega_1=\frac{9.865}{l^2}\sqrt{\frac{EI}{\overline{m}}},\quad \omega_2=\frac{39.2}{l^2}\sqrt{\frac{EI}{\overline{m}}},\quad \omega_3=\frac{84.6}{l^2}\sqrt{\frac{EI}{\overline{m}}}$$

其精确解 $\omega_3=\dfrac{88.83}{l^2}\sqrt{\dfrac{EI}{\overline{m}}}$，故此时 ω_1、ω_2、ω_3 的误差分别为-0.05%、-0.7%、-4.8%。

习　题

分析计算题

12-1　确定习题 12-1 图所示质点体系的动力自由度。除注明外各受弯杆 EI=常数，各链杆 EA=常数。

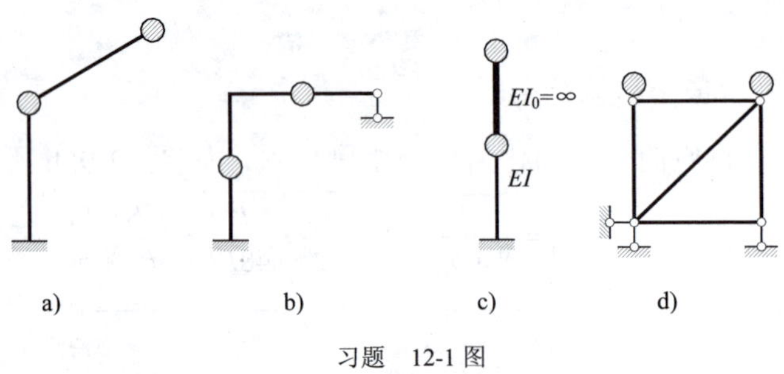

习题　12-1 图

12-2　不考虑阻尼，列出习题 12-2 图所示体系的运动方程。

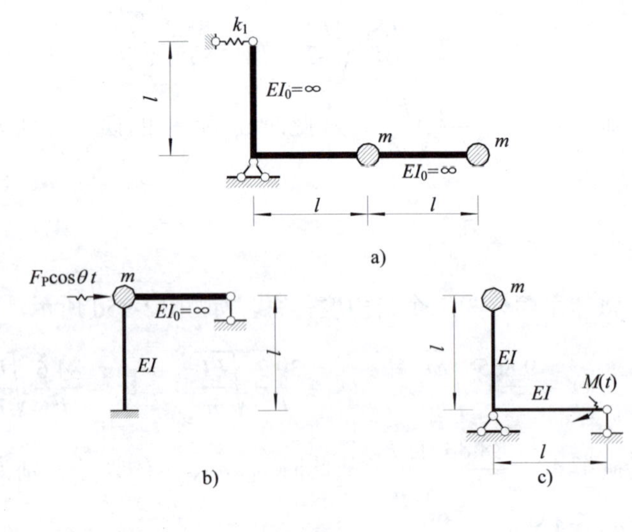

习题　12-2 图

12-3　求习题 12-3 图所示单自由度体系的自振频率。除注明外 EI=常数。k_1 为弹性支座的刚度系数。

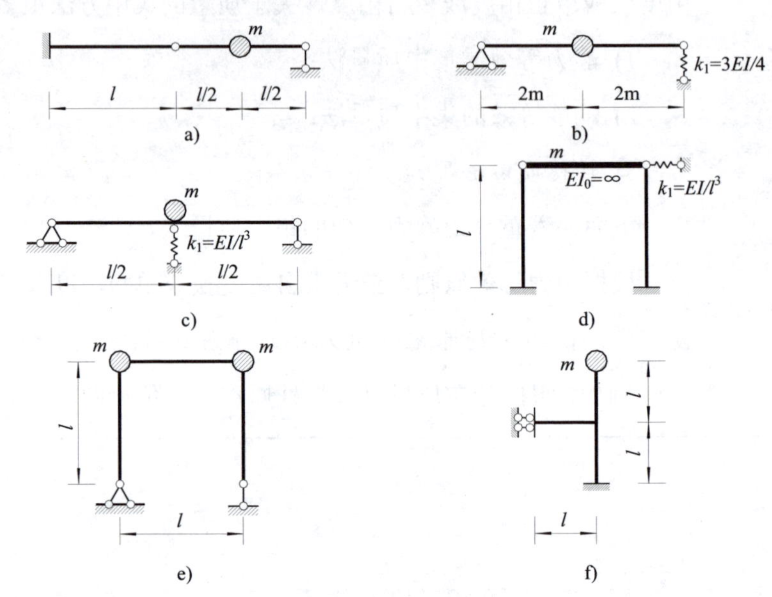

习题　12-3 图

12-4　求习题 12-4 图所示体系的自振频率。除杆件 AB 外，其余杆件为刚性杆。

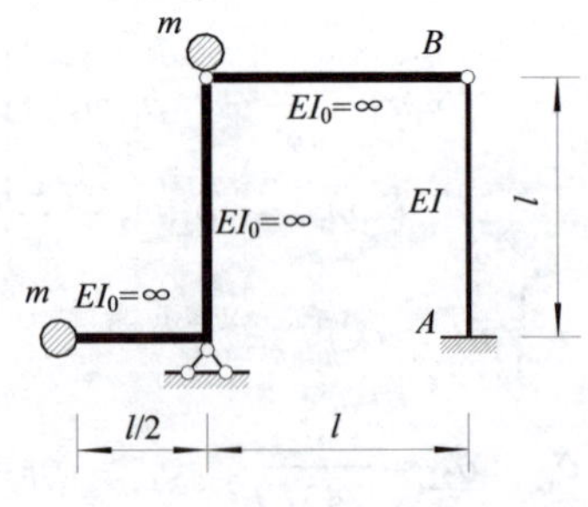

习题　12-4 图

12-5　求习题 12-5 图所示体系的自振周期。

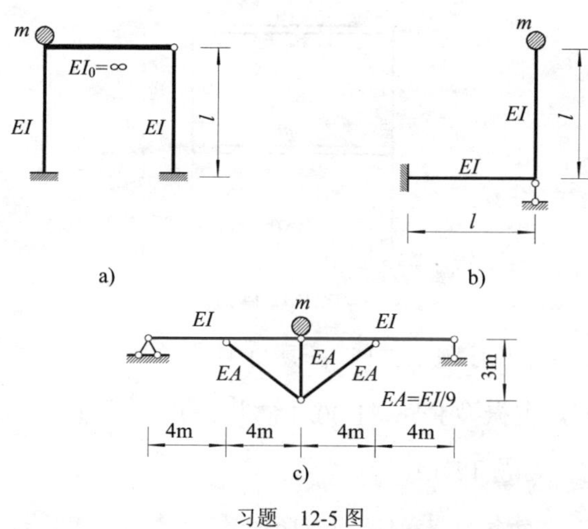

习题　12-5 图

12-6　某单质点单自由度体系由初位移 y_0=2cm 产生自由振动，经过 8 个周期后测得振幅为 0.2cm，试求阻尼比及在质点上作用简谐荷载发生共振时的动力系数。

12-7　求习题 12-7 图所示梁纯强迫振动时的最大动力弯矩图和质点的振幅。已知：质点的重量 W=24.5kN，F_P=10kN，θ=52.3 s^{-1}，EI=3.2×10^7N·m^2。不计梁的重量和阻尼。

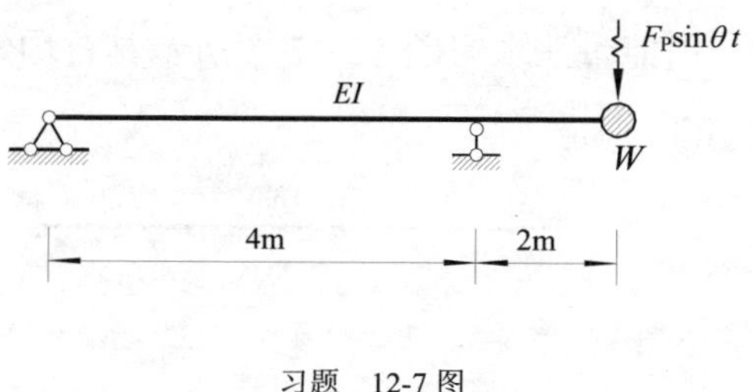

习题　12-7 图

12-8　求习题 12-8 图所示刚架稳态振动时的最大动力弯矩图和质点的振幅。已知：F_P=2.5kN，$\theta=\sqrt{\frac{4}{3}}\omega$，$EI$=2.8×$10^4$kN·$m^2$。不考虑阻尼。

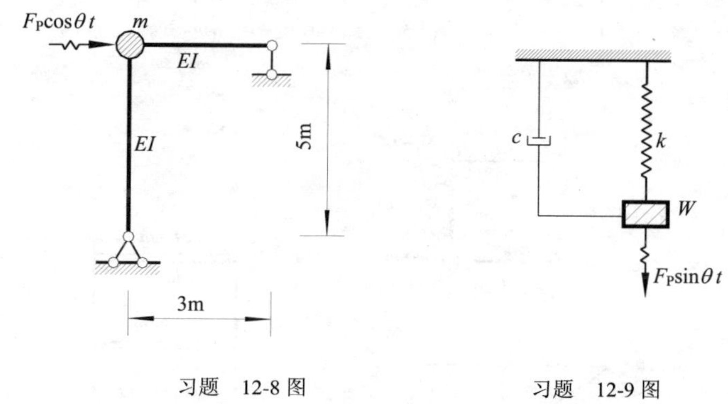

习题　12-8 图　　　　习题　12-9 图

12-9　习题 12-9 图中，一个重量 W=500N 的重物悬挂在刚度 k=4×10^3N/m 的弹簧上，假定它在简谐力 $F_P\sin\theta t(F_P=50\,\text{N})$ 作用下做竖向振动，已知阻尼系数 c =50N·s/m。试求：1) 发生共振时的频率 θ；2) 共振时的振幅；3) 共振时的相位差。

12-10　在习题 12-7 图所示梁的质点上受到竖直向下的突加荷载 $F_P(t)$=20kN 作用，求质点的最大动位移值。

12-11　求习题 12-11 图所示单自由度体系作无阻尼强迫振动时质点的振幅。已知 $\theta=\sqrt{24EI/ml^3}$ 。

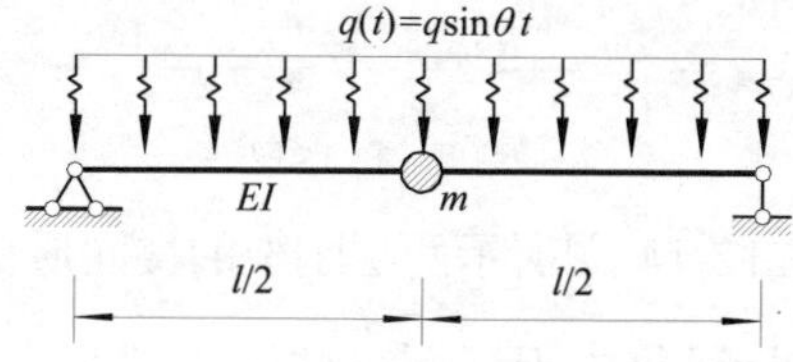

习题　12-11 图

12-12　求习题 12-12 图所示体系的自振频率和主振型，绘出主振型图。

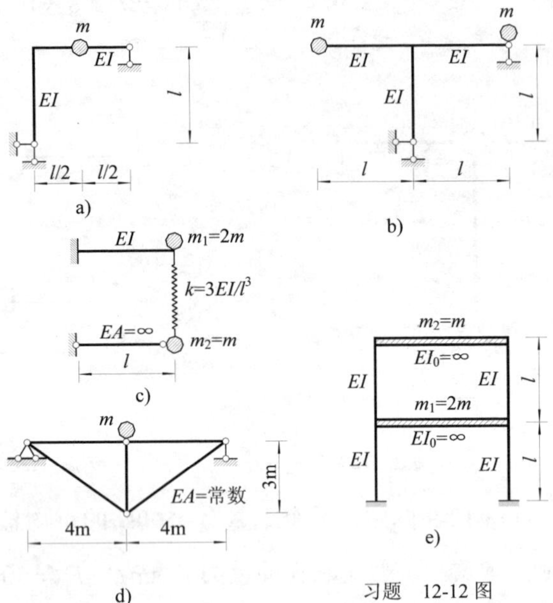

习题　12-12 图

12-13　习题 12-13 图所示悬臂梁刚度 $EI=5.04\times10^4\text{kN}\cdot\text{m}^2$，质点重 $W_1=W_2=30\text{kN}$，电动机产生的简谐荷载幅值 $F_P=5\text{kN}$，试求当电动机转速分别为 300r/min、500r/min 时梁的动力弯矩图。梁的自重略去不计，且不考虑阻尼影响。

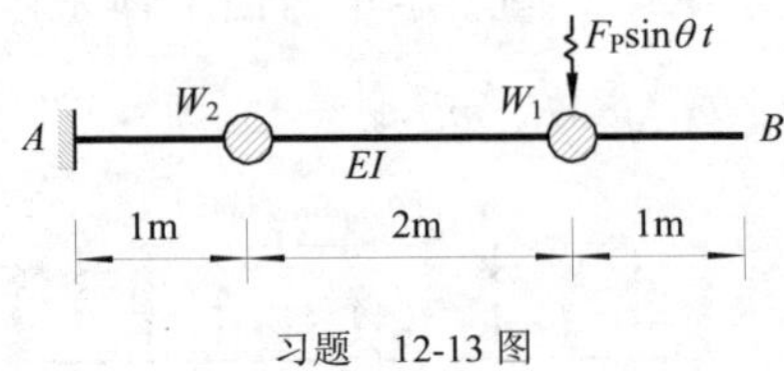

习题　12-13 图

12-14　习题 12-14 图所示两层刚架的楼面质量分别为 $m_1=120\text{t}$、$m_2=100\text{t}$，柱的质量已集中于楼面；柱的线刚度分别为 $i_1=20\text{MN}\cdot\text{m}$、$i_2=14\text{MN}\cdot\text{m}$，横梁的刚度为无限大。在二层楼面处沿水平方向作用简谐干扰力 $F_P\sin\theta t$，已知 $F_P=5\text{kN}$，$\theta=15.71\ \text{s}^{-1}$。试求第一、第二层楼面处的振幅值和柱端弯矩的幅值。

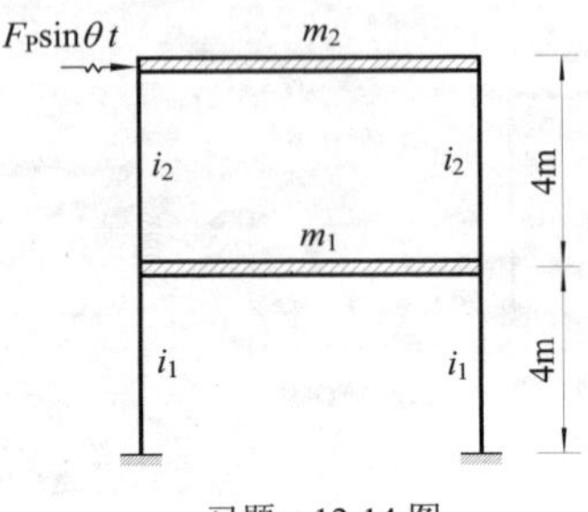

习题　12-14 图

12-15　已知习题 12-14 图所示刚架的自振频率 $\omega_1=9.9\ \text{s}^{-1}$、$\omega_2=23.2\ \text{s}^{-1}$，主振型 $\boldsymbol{Y}^{(1)}=[1.00,\ 1.87]^{\text{T}}$、$\boldsymbol{Y}^{(2)}=[1.00,\ -0.64]^{\text{T}}$。用振型分解法重做习题 12-14。

12-16　用能量法求习题 12-16 图所示简支梁的第一频率。已知 $m=2\overline{m}l$，$\overline{m}$ 为梁单位长度的质量。

1) 设 $Y(x)=a\sin\dfrac{\pi x}{l}$（无集中质量时简支梁的第一振型曲线）；

2) 设 $Y(x)=\dfrac{F_P}{48EI}(3l^2x-4x^3)\quad\left(0\leqslant x\leqslant\dfrac{l}{2}\right)$（跨中作用集中力 F_P 时的弹性曲线）。

习题　12-16 图

12-17　用能量法求习题 12-17 图所示具有均匀分布质量 $\overline{m}$ 的两跨连续梁的第一频率。

习题　12-17 图

判断题

12-18　引起单自由度体系自由振动的初速度值越大，则体系的自振频率越大。（　　）

12-19　如果单自由度体系的阻尼增大，将会使体系的自振周期变短。（　　）

12-20　在土木工程结构中，阻尼对自振周期的影响很小。（　　）

12-21　由于各个质点之间存在几何约束，质点体系的动力自由度数总是小于其质点个数。（　　）

12-22　多自由度体系的自振频率与引起自由振动的初始条件无关。（　　）

12-23　n 个自由度体系有 n 个自振周期，其中第一周期是最长的。（　　）

12-24　如果考虑阻尼，多自由度体系在简谐荷载作用下的质点振幅就不能用列幅值方程的方法求解。（　　）

12-25　习题 12-25 图所示体系有 3 个动力自由度。（　　）

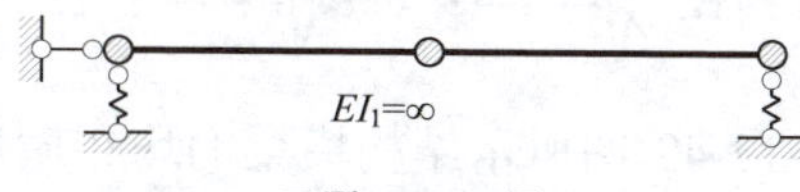

习题　12-25 图

12-26　由于体系的自由度与超静定次数无关，所以习题 12-26 图所示两体系动力自由度相同。（　　）

12-27　结构的自振频率与质量、刚度及荷载有关。（　　）

12-28　习题 12-28 图所示体系的最大动位移和动弯矩为：$y=\beta y_{st}$，$M=\beta M_{st}$（y_{st}、M_{st}是荷载幅值产生的静力反应）（　　）

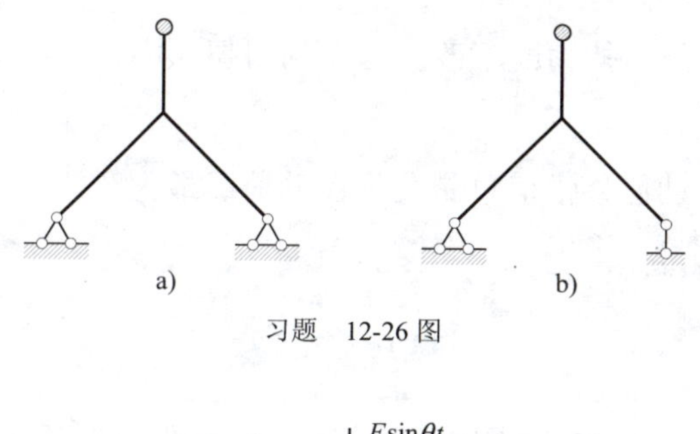

习题　12-26 图

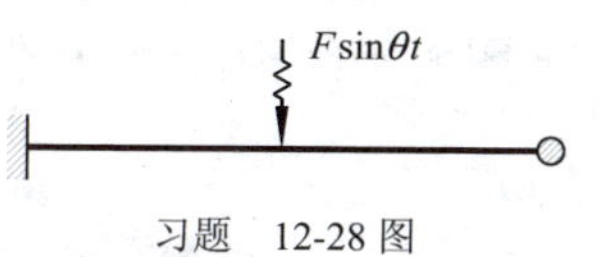

习题　12-28 图

12-29　无阻尼单自由度体系在简谐荷载作用下，当 $k_{11}>m\theta^2$ 时，荷载与位移同向。（　　）

12-30　动力系数β也称为动力放大系数，它总是大于 1 的。（　　）

12-31　在简谐荷载作用下，无论是否考虑阻尼的影响，位移总是与荷载同步。（　　）

12-32　将一重物突然放在梁上，重物将围绕着静力平衡位置做简谐振动，并且β=1.5。（　　）

12-33　单自由度体系自由振动中质点位移为 $y(t)=a\sin(\omega t+\alpha)$，所以质点的运动轨迹是正弦曲线。（　　）

12-34　在简谐振动情况下，质点的惯性力永远与质点位移同向。（　　）

12-35　在一般初始条件下，两个自由度体系按第一振型做自由振动。（　　）

12-36　外干扰力既不改变体系的自振频率，也不改变振幅。（　　）

12-37　动位移幅值总是发生在动荷载最大时。（　　）

单项选择题

12-38　习题 12-38 图所示结构，不计杆件分布质量，若 EI_2 增加，则结构自振频率（　　）。

习题　12-38 图

A. 不变；　　B. 增大；

C. 减小；　　D. 增大还是减小取决于 EI_2 与 EI_1 的比值。

12-39　忽略直杆的轴向变形，则习题 12-39 图所示结构的振动自由度数目为（　　）。

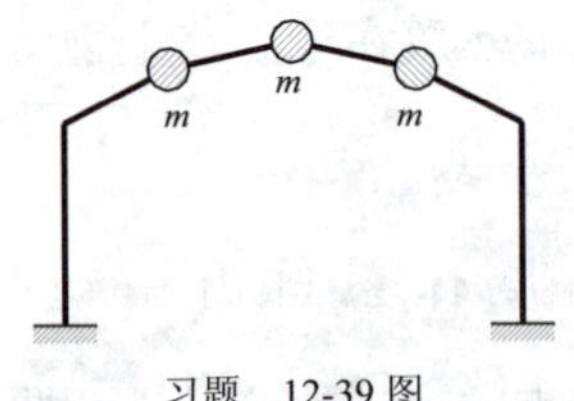

习题　12-39 图

A. 3；　　B. 4；　　C. 5；　　D. 6。

12-40　习题 12-40 图 a 所示梁，不计自重，其自振频率 $\omega=\sqrt{768EI/(7ml^3)}$，今在集中质量处添加弹性支座，如图 b 所示，则体系的自振频率为（　　）。

习题　12-40 图

A. $\omega=\sqrt{768EI/(7ml^3)}+\sqrt{k/m}$；

B. $\omega=\sqrt{768EI/(7ml^3)}-\sqrt{k/m}$；

C. $\omega=\sqrt{768EI/(7ml^3)-k/m}$；

D. $\omega=\sqrt{768EI/(7ml^3)+k/m}$。

12-41　习题 12-41 图所示结构中，弹簧刚度系数 $k=\dfrac{3EI}{l^3}$，柱的质量不计，EI 为常数，不计阻尼。该结构的自振频率 ω 为（　　）。

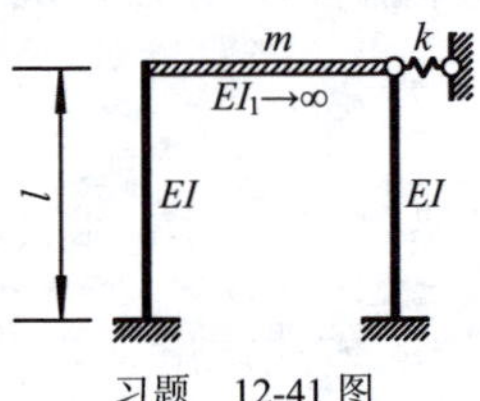

习题　12-41 图

A. $\sqrt{\dfrac{15EI}{ml^3}}$；B. $\sqrt{\dfrac{16EI}{ml^3}}$；C. $\sqrt{\dfrac{17EI}{ml^3}}$；D. $\sqrt{\dfrac{18EI}{ml^3}}$。

12-42　习题 12-42 图所示结构横梁的均布质量为 $\bar{m}$，柱的质量不计，EI 为常数，不计阻尼。简谐荷载的频率 $\theta=\dfrac{1}{l^2}\sqrt{\dfrac{4EI}{\bar{m}}}$，则动力系数为（　　）。

A. 1；　　B. 3；　　C. −1；　　D. −3。

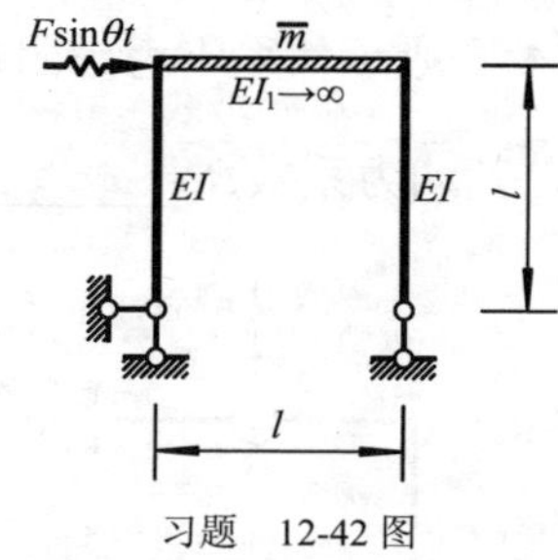

习题　12-42 图

12-43　习题 12-43 图所示无重简支梁中点有一集中质量 m，其重量 $W=mg$。在突加荷载（荷载值为 F）作用下，跨中截面的最大弯矩为（　　）。

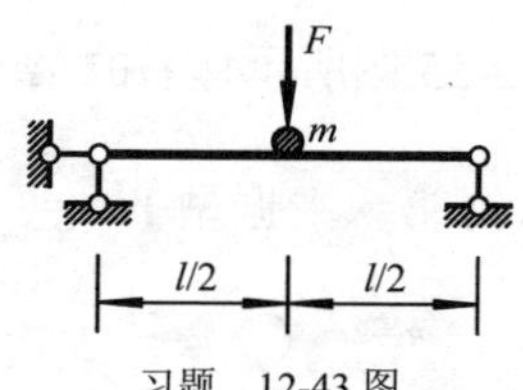

习题　12-43 图

A. $\dfrac{Fl}{2}$；B. $\dfrac{Fl}{2}+\dfrac{Wl}{4}$；C. $\dfrac{Fl}{4}$；D. $\dfrac{Fl}{4}+\dfrac{Wl}{2}$。

12-44　若柱质量不计，阻尼不计。则习题 12-44 图所示体系的自振频率为（　　）。

A. $\sqrt{\dfrac{3EI}{\overline{m}l^4}}$；B. $\sqrt{\dfrac{6EI}{\overline{m}l^4}}$；C. $\sqrt{\dfrac{3EI}{2\overline{m}l^4}}$；D. $\sqrt{\dfrac{9EI}{2\overline{m}l^4}}$。

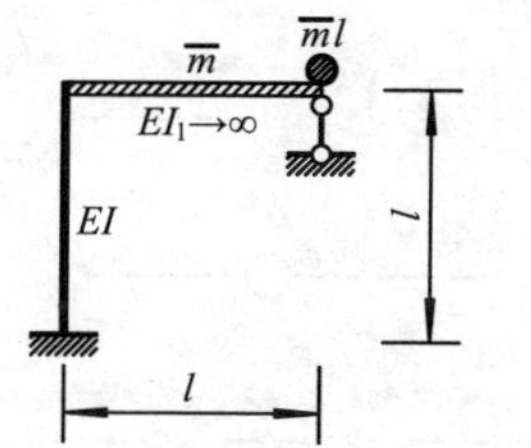

习题　12-44 图

习题　12-45 图

12-45　习题 12-45 图所示低阻尼体系受简谐荷载 $F\sin\theta t$ 的作用，柱的质量不计。当体系发生共振（即 $\dfrac{\theta}{\omega}=1$）时，以下说法中错误的是（　　）。

A. 质点的位移比简谐荷载滞后一个相位角 $\dfrac{\pi}{2}$；

B. 简谐荷载比质点的位移滞后一个相位角 $\dfrac{\pi}{2}$；

C. 质点的振幅不会达到无穷大；

D. 质点经过静平衡位置时，简谐荷载与阻尼力相互平衡。

12-46　关于主振型正交性的以下描述中，错误的是（　　）。

A. 相应于某一主振型的惯性力不会在其他主振型上做功；

B. 不同频率对应的主振型的乘积之和等于零；

C. 相应于某一主振型的弹性力不会在其他主振型上做功；

D. 相应于某一主振型做简谐振动的能量不会转移到其他主振型上去。

12-47　习题 12-47 图所示体系（各杆抗弯刚度 EI 相同）的第一主振型（设质点位移以向下为正）$\dfrac{Y_{11}}{Y_{21}}$ 为（　　）。

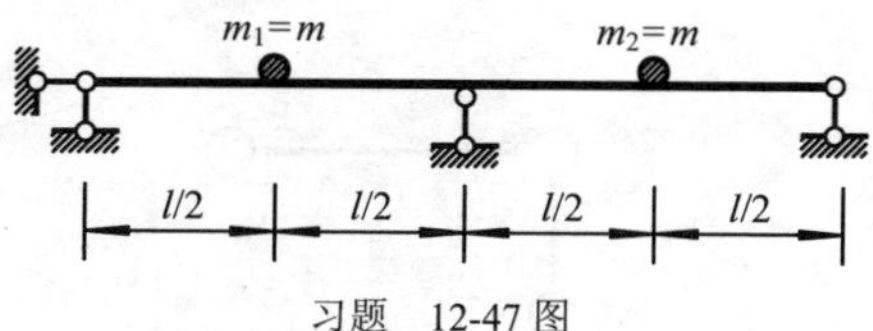

习题　12-47 图

A. $\dfrac{1}{2}$；B. $\dfrac{1}{-2}$；C. $\dfrac{1}{1}$；D. $\dfrac{1}{-1}$。

填空题

12-48　单自由度体系运动方程为 $\ddot{y}+2\xi\omega\dot{y}+\omega^2 y=F_{\rm P}(t)/m$，其中未考虑重力，这是因为________________。

12-49　单自由度体系自由振动的振幅取决于________。

12-50　若要改变单自由度体系的自振周期，应从改变体系的______或______着手。

12-51　若由式 $\beta=\dfrac{1}{1-(\theta/\omega)^2}$ 求得的动力系数 β 为负值，则表示________________。

12-52　习题 12-52 图所示体系发生共振时，干扰力与________平衡。

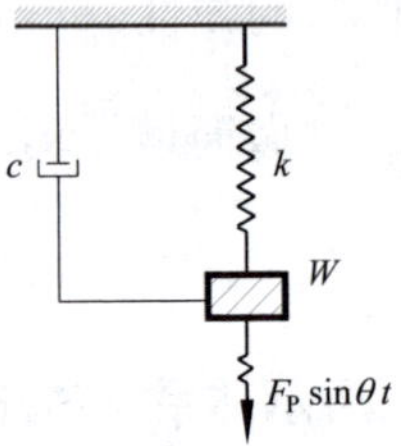

习题　12-52 图

12-53　习题 12-53 图所示质点系的自振频率时（EI=常数），其质量矩阵 $\boldsymbol{M}$ = ________。

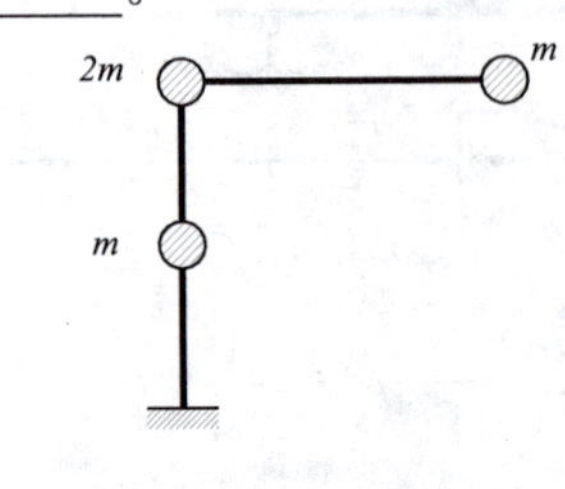

习题　12-53 图

12-54　习题 12-54 图所示体系不考虑阻尼，EI=常数。已知 $\theta=0.6\omega$（ω为自振频率），其动力系数 β=________。

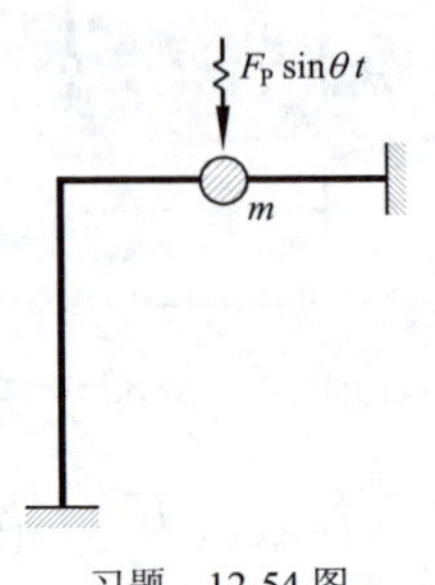

习题　12-54 图

12-55　已知习题 12-55 图所示体系的第一主振型为 $\boldsymbol{Y}^{(1)}=\begin{bmatrix}1\\2\end{bmatrix}$，利用主振型的正交性可求得第二主振型 $\boldsymbol{Y}^{(2)}$= ________。

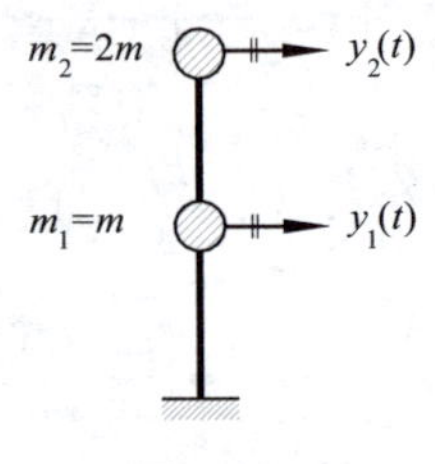

习题　12-55 图

12-56　习题 12-56 图所示对称体系（质点位移向下为正）的第一主振型 $\boldsymbol{Y}^{(1)}$= ______，第二主振型 $\boldsymbol{Y}^{(2)}$= ______。

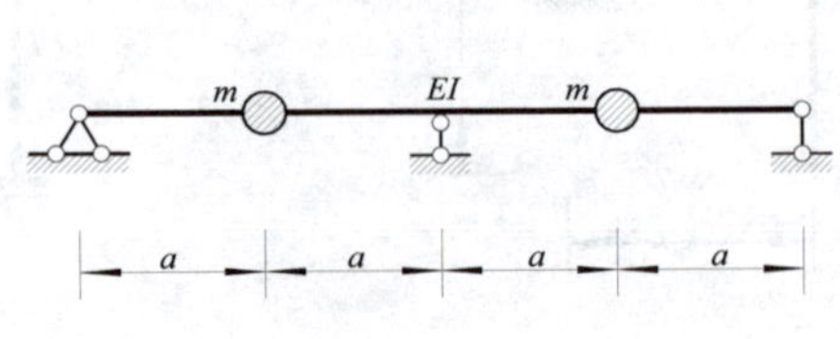

习题　12-56 图

12-57　习题 12-57 图所示体系中，$m_1=m_2=m$，EI 为常数，不计阻尼。质点 m_1 上承受简谐荷载，设荷载频率 θ 由零开始逐渐增大，当其刚好达到________时，质点 m_2 的振幅便达到无穷大。

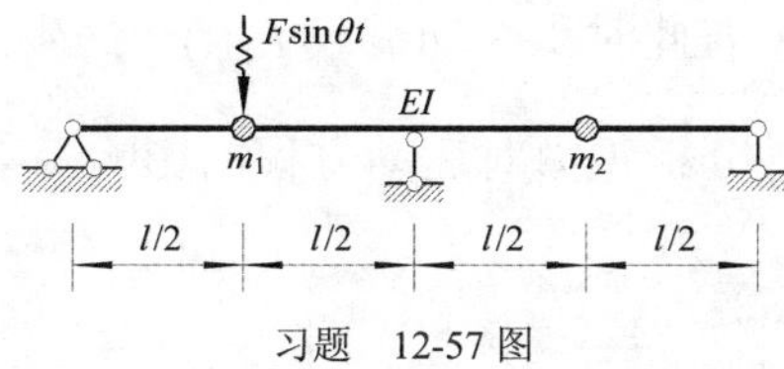

习题　12-57 图

12-58　习题 12-58 图所示四结构，柱子的刚度、高度相同，横梁刚度为无穷大，质量集中在横梁上。它们的自振频率自左至右分别为 ω_1、ω_2、ω_3、ω_4，那么它们的大小关系是______________。

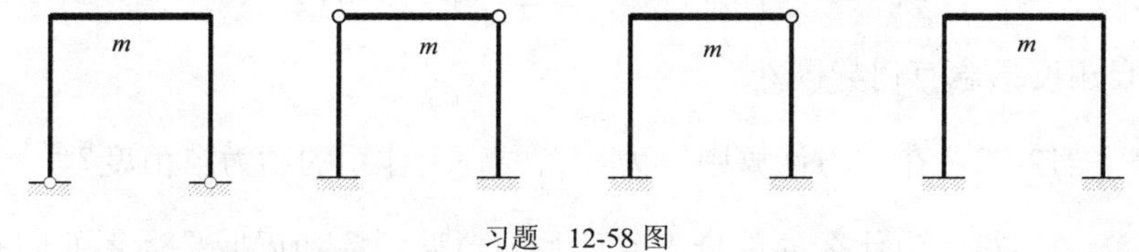

习题　12-58 图

12-59　若不计阻尼，不计自重，不考虑杆件的轴向变形，则习题 12-59 图所示体系的自振频率为________。

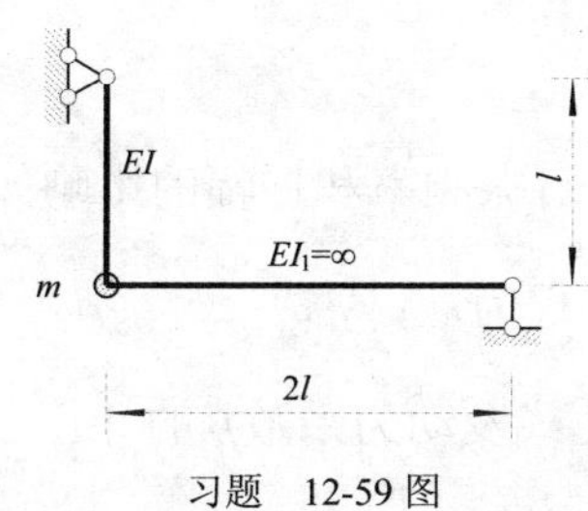

习题　12-59 图

12-60　当简谐荷载作用于有阻尼的单自由度体系质点上时，若荷载频率远远大于体系的自振频率时，则此时与动荷载相平衡的主要是________。

12-61　习题 12-61 图 a、b 所示两体系中，EI、m 相同，则两者自振频率的大小关系是________。

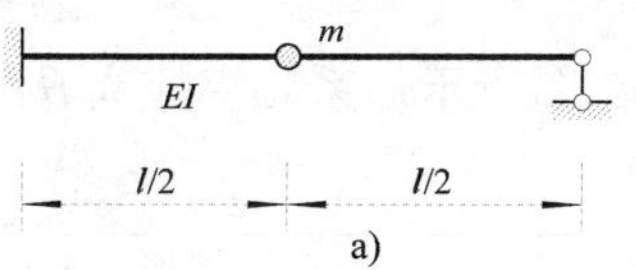

a)

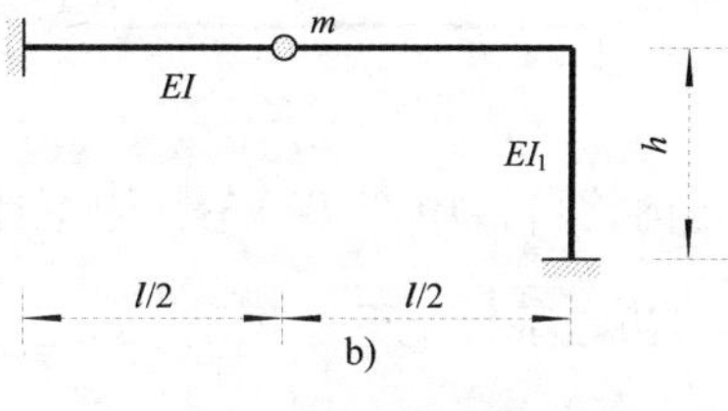

b)

习题　12-61 图

12-62　习题 12-62 图所示 3 个单跨梁的自振频率分别为 ω_a、ω_b、ω_c。它们之间的大小关系是______________。

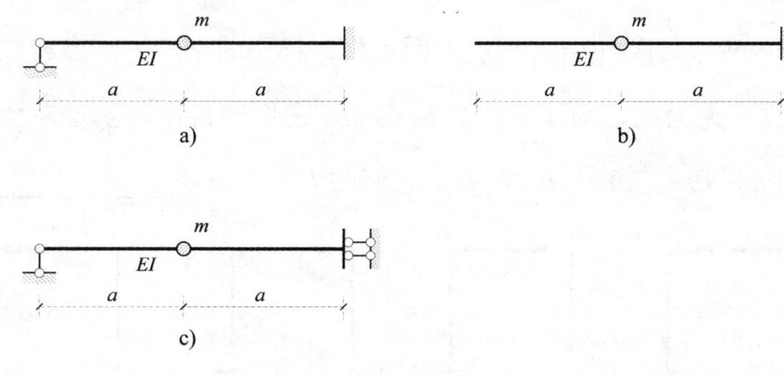

习题　12-62 图

12-63　一单自由度振动体系，由初始位移为 0.685cm、初始速度为零开始产生自由振动，振动一个周期后最大位移为 0.5cm，体系的阻尼比为________。

12-64　一单自由度振动体系，其阻尼比为ξ=0.10，共振时的动力系数为β=________。

12-65　习题 12-65 图所示体系频率比为θ/ω，动位移 $y(t)$与荷载 $F(t)$的方向关系是________________________________。

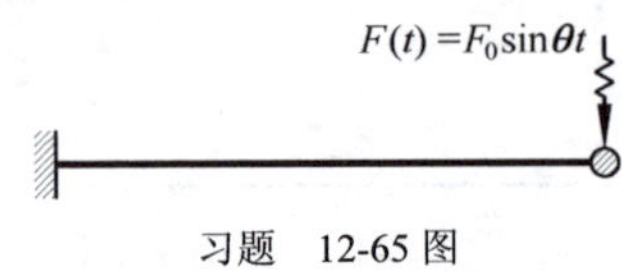

习题　12-65 图

12-66　已知结构的自振周期 T=0.3s，阻尼比ξ=0.1，质量为 m，在 y_0=3mm、v_0=0 的初始条件下开始振动，经过____个周期后振幅可以衰减到 0.1mm 以下。

12-67　在低阻尼体系中不能忽略阻尼对______的影响。

12-68　在单自由度体系受迫振动的动位移幅值计算公式 $y_{max}=\beta y_{st}$ 中，y_{st} 是________________________________。

12-69　习题 12-69 图所示四结构，柱子的刚度、高度相同，横梁刚度为无穷大，质量集中在横梁上。它们的自振频率自左至右分别为 ω_1、ω_2、ω_3、ω_4，那么它们的大小关系是______________。

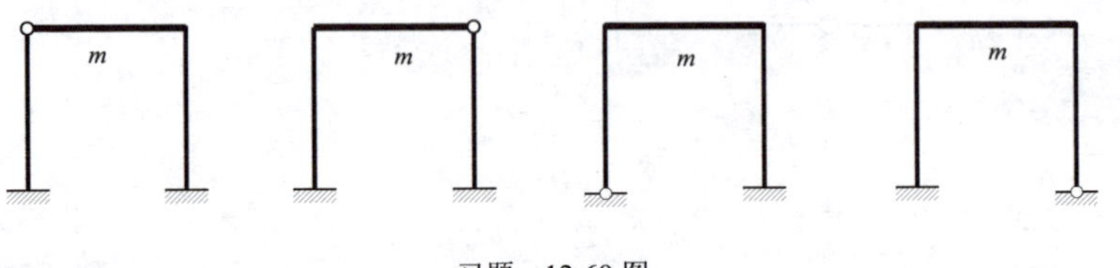

习题　12-69 图

思考题

12-70　习题 12-70 图所示体系，设质点在重力 $W=mg$ 作用下产生的静位移为$\varDelta_{st}$。若此时承受动荷载 $F_P(t)$，产生的动位移为 y 。试建立运动方程，并分析重力对运动方程的影响。不计阻尼的影响。

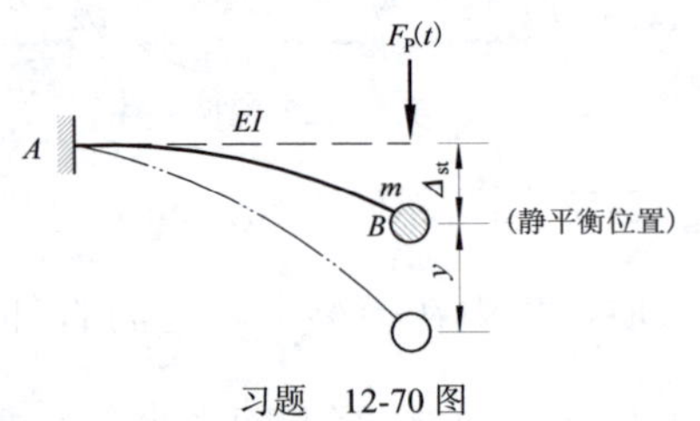

习题　12-70 图

12-71　结构动力计算中的自由度概念与结构几何组成分析中的自由度概念有何异同?

12-72　在动力计算中，为什么要确定体系的动力自由度?

12-73　为什么说单自由度体系的自振频率和周期是体系的固有性质？它们与体系的哪些固有量有关?

12-74　公式 $T=2\pi\sqrt{\varDelta_{st}/g}$ 中的$\varDelta_{st}$ 与公式 $y=\beta y_{st}\sin\theta t$ 中的 y_{st} 有什么区别?

12-75　小阻尼对自振频率和振幅的影响如何?

12-76　若运动方程为 $\ddot{y}+\omega^2 y=\dfrac{F}{m}\cos\theta t$，试推导此时纯强迫振动质点位移 $y(t)$的表达式及动力系数β的计算公式。

12-77　利用式 $\beta=\dfrac{1}{1-(\theta/\omega)^2}$ 求得的动力系数计算结构最大动

力反应，需满足什么条件？

12-78　为了减小习题 12-78 图所示简支梁的最大动位移，可以采取哪些措施（θ 值不能改变）？

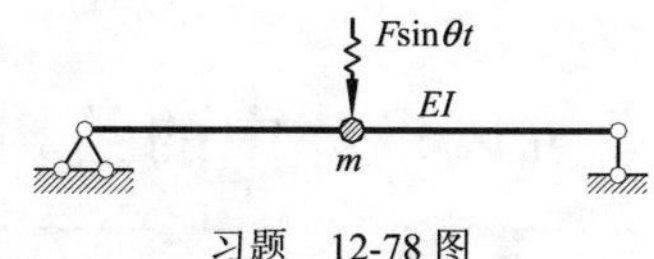

习题　12-78 图

12-79　杜哈梅积分中的时间变量 τ 与 t 有何区别？

12-80　初始处于静止状态的单自由度体系，在质点上受习题 12-80 图所示突加短期荷载作用，荷载的表达式为 $F_P(t)=\begin{cases}F_P & (0\leqslant t\leqslant t_1)\\ 0 & (t>t_1)\end{cases}$。若不考虑阻尼，可以用哪几种方法求质点的动位移 $y(t)$ $(t>t_1)$？

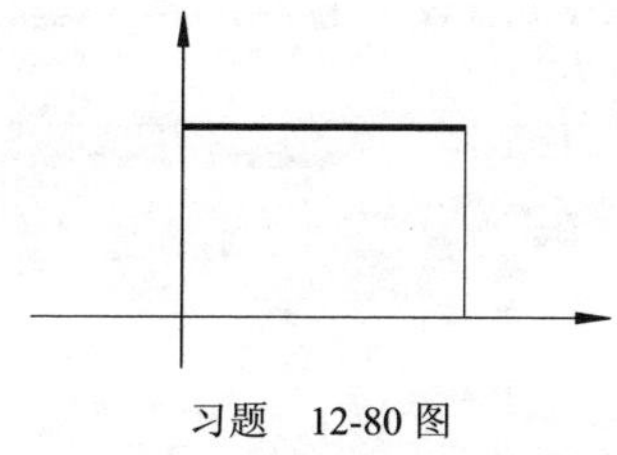

习题　12-80 图

12-81　为了求多自由度体系的自振频率，在什么情况下用柔度法较好？在什么情况下用刚度法较好？

12-82　多自由度体系的自振频率和主振型由哪些因素决定？

12-83　什么叫主振型？在何种条件下多自由度体系才按某一主振型做自由振动？

12-84　与其他动力荷载相比，简谐荷载作用下的无阻尼多自由度体系的动力反应有什么特点？

第12章 结构的动力计算 数字资源目录

74 【本章回顾】
基本内容归纳与解题方法提示

75 【思辨试题一】
思考题解析和答案（15题）

76 【思辨试题二】
判断题解析和答案（20题）

77 【思辨试题三】
单选题解析和答案（10题）

78 【思辨试题四】
填空题解析和答案（22题）

79 【专家论坛】
结构动力学在结构抗震中的应用

【专家论坛】
结构和桥梁抗风设计中的结构动力学

【动画演示】1. 重庆某消防训练塔—多层框架结构
2. 重庆某超高层—巨型框筒结构

【趣味力学】1.芦山县人民医院主楼—隔震打“太极”
2.台北101大厦的“大铁球”—减振用“钟摆”

港珠澳跨海大桥

第13章 结构的稳定计算

● 本章教学的基本要求：了解结构的三种平衡状态及两类稳定问题，了解稳定计算的核心内容是计算临界荷载。掌握用静力法和能量法确定压杆临界荷载的基本原理，并能应用于计算理想压杆第一类稳定问题的临界力。

● 本章教学内容的重点：准确地理解稳定问题的基本概念，应用静力法和能量法确定压杆的临界力。

● 本章教学内容的难点：稳定问题的实质；临界状态的静力特征和能量特征；可划分为弹性支座问题中弹簧刚度的计算；稳定方程的建立和求解。

● 本章内容简介：

13.1　概　述

13.1.1 稳定计算的意义

为了保证结构的安全和正常使用，除了进行强度计算和刚度验算外，还需计算其稳定性。也就是说，杆件除了应有足够大的横截面面积，使所产生的最大应力不超过强度要求外；杆件还不能过分细长，以致变形过大，不满足使用上对刚度的要求；特别是在受压杆件中，变形会引起压力作用位置的偏移，形成附加弯矩，进而引起附加弯曲变形，两者互相促进的结果，也可能导致某截面强度不足而破坏。

对于细长压杆（柱）以及某些情况下的梁、桁架、拱和板壳来说，即使具有足够的强度，但在稳定性方面仍可能是不够安全的。

历史上，就曾因为人们对稳定问题认识不足，而发生过一些因结构失稳而造成的重大工程事故，至今对人们仍有警示作用。

例如，在 1907 年，加拿大魁北克一座长 548 m 的钢桥，在施工中因其桁架的压杆失稳而突然坠毁；1922 年，美国华盛顿一座剧院，在一场特大暴风雪中，因其屋顶结构中一根梁丧失稳定，而导致该建筑物倒塌等。

尤其是现代科学技术的飞速发展，新型材料（高强度钢、复合材料等）和新型结构（大跨度结构、高层结构、薄壁结构等）在工程中的广泛应用，使结构的稳定性问题更加突出，逐渐上升为控制设计的主要因素。

13.1.2 三种平衡状态

设轴心受压杆件受到轻微干扰而稍微偏离了它原来的直线平衡位置，当干扰消除后，有可能出现以下三种情况：

1）该杆件能够回到原来的平衡位置，则原来的平衡状态称为稳定平衡状态。

2）该杆件继续偏离，不能回到原来的平衡位置，则原来的平衡状态称为不稳定平衡状态。

3）该杆件在新位置上就地静止并平衡，则原来的平衡状态称为随遇平衡状态或中性平衡状态，亦称临界状态。这是一种由稳定平衡向不稳定平衡过渡的中介状态。

使杆件处于临界状态的外力称为临界荷载，以 F_{Pcr} 表示。它既是使杆件保持稳定平衡的最大荷载，也是使杆件产生不稳定平衡的最小荷载。

在以后的计算中，可以令杆件处于临界状态，反算相应的临界荷载和失稳形态，并把这种方法称为随遇平衡法，即后面将要介绍的静力法。

13.1.3 稳定计算的核心内容

对结构稳定问题，若结构上仅有单个荷载作用，要确定临界荷载 F_{Pcr}；而若有一组荷载或均布荷载作用，则要确定荷载的**临界参数** β_{cr}。β_{cr} 表示当结构上所有荷载按比例增大到这个倍数时，结构将丧失稳定。工程实践中，进行稳定验算时，核心内容是确定 $F_{Pcr(min)}$ 和 $\beta_{cr(min)}$。

小挠度理论和大挠度理论：结构稳定问题只有根据大挠度理论才能得出精确的结论；但从实用的观点看，小挠度理论也有其优点，它可以用比较简单的办法得到能满足工程需要的基本正确的结论。这两个理论均以变形后的位形为计算依据，所不同的是，小挠度理论的曲率采用近似表达式，而大挠度理论的曲率采用精确表达式。

13.1.4 两类稳定问题

失稳——随着荷载的逐渐增大，结构原始平衡状态丧失其稳定性。

1　**第一类失稳——分支点失稳（质变失稳）**

图 13-1 所示为简支压杆的**理想体系**（“**理想柱**”），其杆轴线是绝对的挺直（无初曲率），荷载是理想的对中（无初偏心）。其 $F_P-\Delta$ 曲线（亦称**平衡路径**）如图 13-1b 所示。

(1)　当 $F_P<F_{Pcr}=\pi^2EI/l^2$ 时：压杆单纯受压，不发生弯曲变形（挠度 $\Delta=0$）。仅有唯一平衡形式——直线形式的**原始平衡状态**，是稳定的，对应**原始平衡路径Ⅰ**（OAB 表示）。

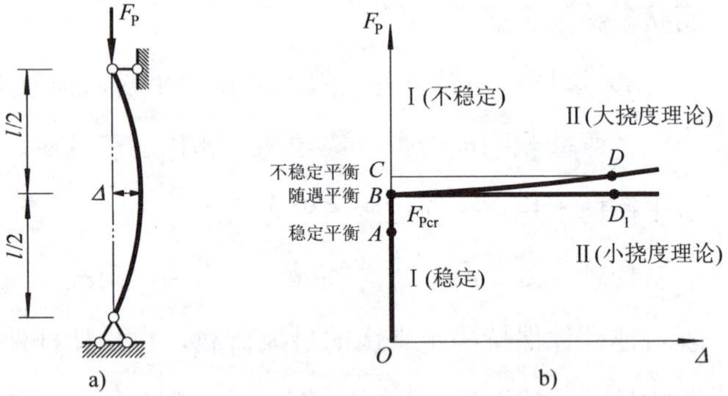

图 13-1　“理想柱”分支点失稳（质变失稳）

(2)　当 $F_P>F_{Pcr}$ 时：具有两种平衡形式——一是直线形式的原始平衡状态，是不稳定的，对应原始平衡路径Ⅰ（用 BC 表示）；二是弯曲形式的新的平衡状态，对应平衡路径Ⅱ（对于大挠度理论，用曲线 BD 表示；对于小挠度理论，曲线 BD 退化为直线 BD_1）。

有必要指出，解析分析的精确结果表明，按照大挠度理论计算对提高结构承载能力的贡献是很小的。因此，在实际土建工程中，一般都不考虑大挠度的影响，而按小挠度理论计算。

(3)　当 $F_P=F_{Pcr}$ 时：B 点是路径Ⅰ与Ⅱ的**分支点**（也可理解为**共解点**）。该分支点处，两条平衡路径同时并存，出现**平衡形式的二重性（其平衡既可以是原始直线形式，也可以是新的微弯形式）**。原始平衡路径Ⅰ在该分支点处，由稳定平衡转变为不稳定平衡。因此，这种形式的失稳称为**分支点失稳**，对应的荷载称为第一类失稳的**临界荷载**，对应的状态称为**临界状态**。

图 13-2 所示为分支点失稳的几个实例。在分支点 $F_P = F_{Pcr}$ 及 $q = q_{cr}$ 处，结构的原始平衡形式由稳定转为不稳定，并出现新的平衡形式。

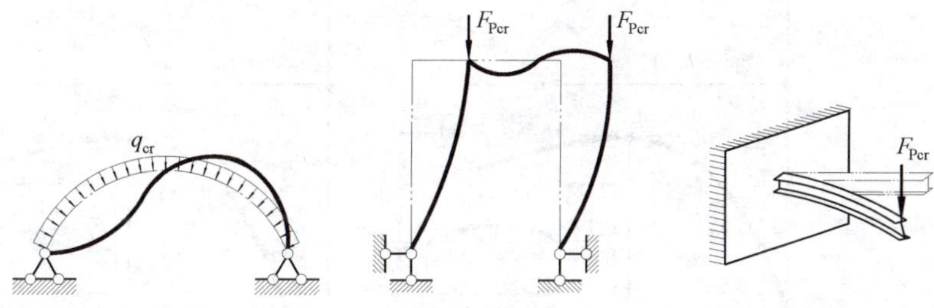

a)　受静水压力的圆弧拱单纯受压→转为压弯组合变形　b)　框架各柱单纯受压→转为压弯组合变形　c)　梁平面弯曲→转为斜弯曲和扭转组合变形

图 13-2　分支点失稳的几个实例

【小结 1】理想体系的失稳形式是分支点失稳。其特征是：丧失稳定时，结构的内力状态和平衡形式均发生质的变化。因此，亦称**质变失稳**（属屈曲问题）。

2 第二类失稳——极值点失稳（量变失稳）

图 13-3a、b 所示分别为具有初弯曲和初偏心的**实际压杆**（“工程柱”），它们称为压杆的**非理想体系**。

按照小挠度理论，对于如图 13-3b 所示具有初偏心的假设无限弹性压杆（弹性工程柱）来说，其 F_P - Δ 曲线（或平衡路径）用图 13-3c 中曲线 OBA 表示。从一开始加载，压杆就处于压弯复合受力状态，无直线阶段。在初始阶段，其挠度增加较慢，以后逐渐加快，当 F_P 接近中心压杆欧拉极限值 Euler-F_{Pcr} 时，挠度趋于无

穷大。

按照小挠度理论，对于如图 13-3b 所示具有初偏心的弹塑性实际压杆（弹塑性工程柱）来说，其 F_P - Δ 曲线由图 13-3 c 中上升曲线 OBC 和下降段曲线 CD 组成。其中，初始的 OB 段，表示压杆仍处于弹性阶段工作；B 点，标志着某截面最外纤维处的应力开始达到屈服点 σ_s；此后的 BCD 段，则表示压杆已进入弹塑性阶段工作。C 点为**极值点**，荷载 F_P 达到极限值 F_{Pcr}。在 F_P 达到 C 点之前，每个 F_P 值都对应着一定的变形挠度；当 F_P 达到 C 点后，即使荷载减小，挠度仍继续迅速增大，即失去平衡的稳定性。这种形式的失稳，称为**极值点失稳**。与极值点对应的荷载称为第二类失稳的**临界荷载**。

【小结 2】非理想体系的失稳形式是极值点失稳。其特征是：丧失稳定时，结构没有内力状态和平衡形式质的变化，而只有两者量的渐变。因此，亦称为**量变失稳**（属压溃问题）。

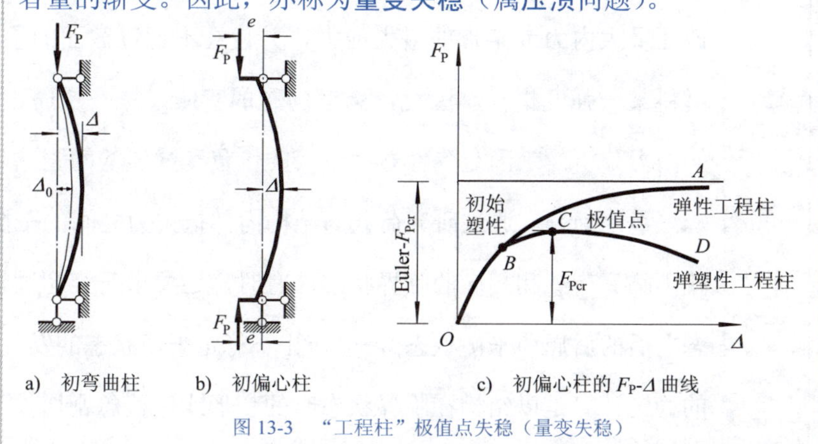

a)　初弯曲柱　b)　初偏心柱　c)　初偏心柱的 F_P-Δ 曲线

图 13-3　“工程柱”极值点失稳（量变失稳）

综上所述，当两类稳定问题均按小挠度理论进行分析时，工程中实际分析受压杆件稳定性所采用的 F_P - Δ 曲线，如图 13-4 所示。

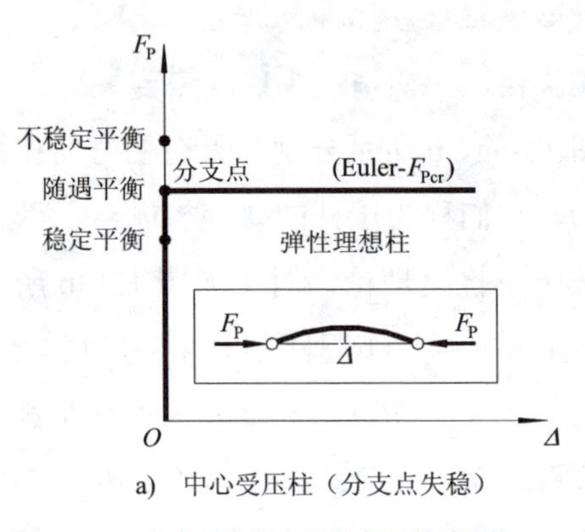

a)　中心受压柱（分支点失稳）

图 13-4　工程中两类稳定分析实际所采用的 F_P-Δ 曲线

【注意】图 13-4c 中，F_P - Δ 曲线的起点不在坐标原点 O 而位于Δ轴上的Δ_0处，该起点对应着初弯曲柱的初始弯曲值Δ_0。

b)　初偏心柱（极值点失稳）　　c)　初弯曲柱（极值点失稳）

图 13-4　工程中两类稳定分析实际所采用的 F_P-Δ 曲线（续）

13.1.5 稳定问题的实质

强度问题，在弹性分析中是要找出结构在稳定平衡状态下的截面最大内力或某点的最大应力，并使之不超过截面的承载力或材料某一强度指标。因此，强度问题的实质，是一个通过对结构的内力分析，来确定构件最大应力的位置和数值的问题。

稳定问题，通过研究荷载与结构内部抵抗力之间的平衡关系，找出临界荷载和相应的临界状态（有时，还要求研究超过临界状态之后的后屈曲平衡状态），以防止不稳定平衡状态的发生。结构的稳定计算是以结构在临界状态时的变形或位移急剧增长，不能再维持稳定平衡状态，而丧失承载能力为依据的。因此，稳定问题的实质，是一个通过对结构的变形分析，计入附加荷载效应之后，来判断结构的原有位形是否能保持稳定平衡的问题。

对于强度问题，大多数结构以未变形结构作为计算简图，不考虑变形后荷载的附加值，变形与荷载之间的关系是线性的，称为一阶分析；然而，对于刚度较小的轻型结构或应力虽处于弹性范围但变形较大的悬索结构等，必须考虑变形后附加荷载的作用，变形与荷载是非线性关系，称为二阶分析（亦称几何非线性分析）；若既考虑几何非线性，又考虑材料非线性，则称二阶弹塑性分析。

对于稳定问题，当讨论弹性“理想柱”分支点失稳时，必须根据结构变形后的几何形状和位置进行，其方法必然属于几何非线性范畴，叠加原理不再适用，故其计算应属于二阶分析；当讨论弹塑性“工程柱”极值点失稳时，除必须如上考虑几何非线性外，还必须同时考虑材料非线性，故其计算就应属于二阶弹塑性分析。

13.1.6 本章讨论的范围

如上所述，第一类稳定问题只是一种理想情况，实际结构或构件总是存在着一些初始缺陷。因而，第一类稳定问题在实际工程中并不存在。尽管如此，由于解决具有极值点失稳的第二类稳定问题，通常要涉及几何上和物理上的非线性关系，虽然近些年来，在运用有限元法和计算机工具进行数值解方面已取得了很大进展，但在解析解方面，至今也只解决了一些比较简单的问题；而解决具有分支点失稳的第一类稳定问题，使用解析解则比较方便，理论也比较成熟，因而很多问题目前在工程计算中仍然按照第一类稳定求解临界荷载，对于初始缺陷的影响，则采用安全系数加以考虑。例如，轴心受压杆（柱）的稳定、梁的整体稳定、刚架的稳定以及薄板的稳定等。

本章作为讨论结构稳定问题的开始，先只讨论弹性压杆的第一类稳定问题，并根据小挠度理论，求临界荷载；对于刚架等结构的第一类稳定问题以及第二类稳定问题，将在今后的研究生学习阶段进一步讨论。读者还可参阅有关的专著和最新的研究成果。

13.1.7 稳定分析的自由度

体系稳定分析的自由度——确定结构失稳时所有的变形状态所需的独立几何参数（位移参数）的数目，用 W 表示。例如：

图 13-5a 所示体系，其位移参数为 θ，$W=1$。

图 13-5b 所示体系，其位移参数为 y_1 和 y_2，$W=2$。

图 13-5c 所示体系，其位移参数为 $y(x)$，$W=\infty$。

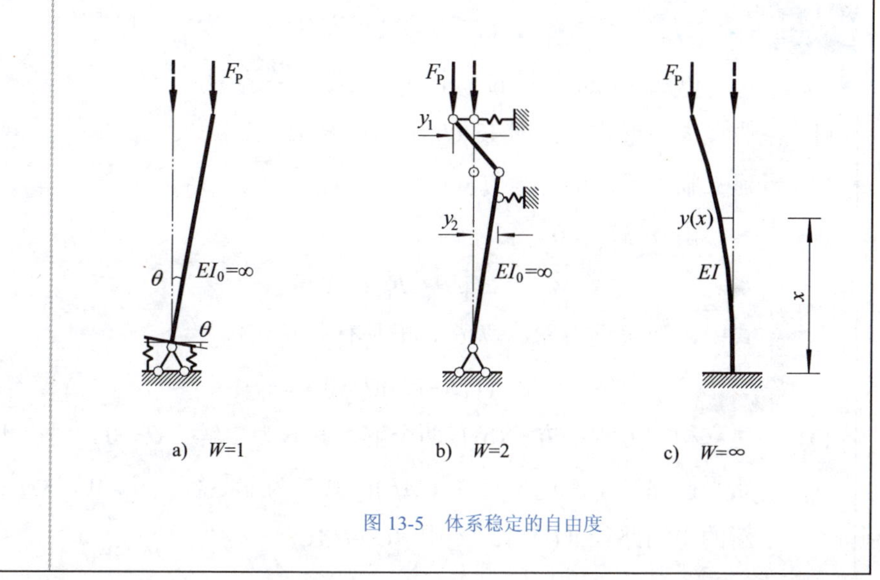

图 13-5　体系稳定的自由度

13.2　确定临界荷载的静力法

13.2.1 静力法及其计算步骤

确定临界荷载有两类基本方法：一是**静力法**，它是根据临界状态的静力特征而提出的；二是**能量法**，它是根据临界状态的能量特征而提出的。

在分支点失稳问题中，临界状态的静力特征是：平衡形式具有二重性。静力法的要点是：在原始平衡路径Ⅰ之外，寻找新的平衡路径Ⅱ，确定二者交叉的分支点，从而求出临界荷载。

静力法计算临界荷载，可按以下**计算步骤**进行：

1）假设临界状态时体系的新的平衡形式(以下简称**失稳形式**)。

2）根据静力平衡条件，建立临界状态平衡方程。

3）根据平衡具有二重性静力特征(位移有非零解)，建立特征方程，习惯称**稳定方程**。

4）解稳定方程，求特征根，即**特征荷载值**(有时要求反算出相应的失稳形式)。

5）由最小的特征荷载值，确定临界荷载(显见，结构所能承受的压力必须小于这个最小特征荷载值，才能维持其稳定平衡)。

13.2.2 用静力法求有限自由度体系的临界荷载

以图 13-6a 所示的一个单自由度体系为例。

(1) 假设失稳形式，如图 13-6b 所示 ($\theta \ll 1$) 。

(2) 建立临界状态的平衡方程：

由 $\sum M_A = 0$，得

$$F_P l\theta - F_{RB} l = 0 \tag{a}$$

式中，弹簧反力 $F_{RB} = kl\theta$ 。于是有

$$(F_P l - kl^2)\theta = 0 \tag{b}$$

(3) 建立稳定方程：方程(b)有两个解，其一为零解，$\theta = 0$，对应于原始平衡路径Ⅰ(图 13-6c 中 OAB)；其二为非零解，$\theta \neq 0$，对应于新的平衡路径Ⅱ(图 13-6c 中 AC 或 AC_1)

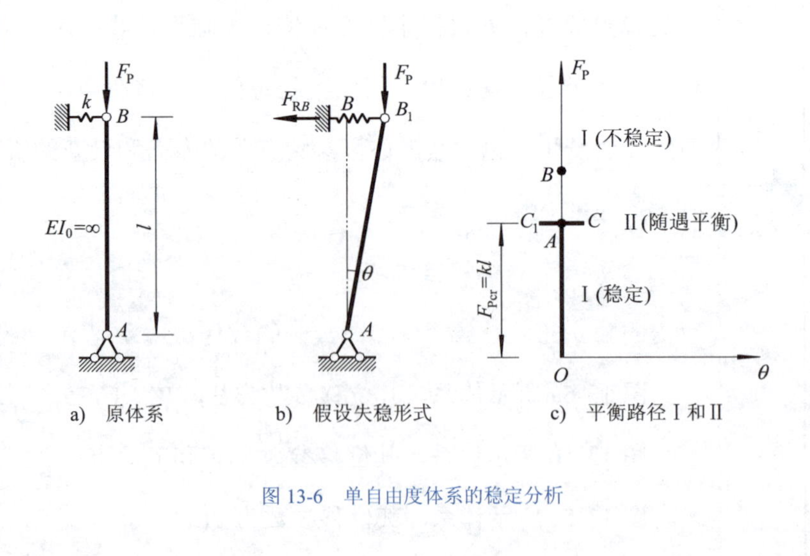

图 13-6　单自由度体系的稳定分析

为了得到非零解，该齐次方程(b)的系数应为零，即

$$F_P l - kl^2 = 0 \tag{c}$$

上式称为稳定方程。由此方程知，平衡路径Ⅱ为水平直线。

(4)　解稳定方程，求特征荷载值：

$$F_P = kl \tag{d}$$

(5)　确定临界荷载：对于单自由度体系，该唯一的特征荷载值即为临界荷载，因此

$$F_{Pcr} = kl \tag{e}$$

【例 13-1】图 13-7a 所示是具有两个自由度的体系。各杆均为刚性杆，在铰结点 B 和 C 处为弹簧支承，其刚度系数均为 k。体系在 D 端有压力 F_P 作用。试用静力法求其临界荷载。

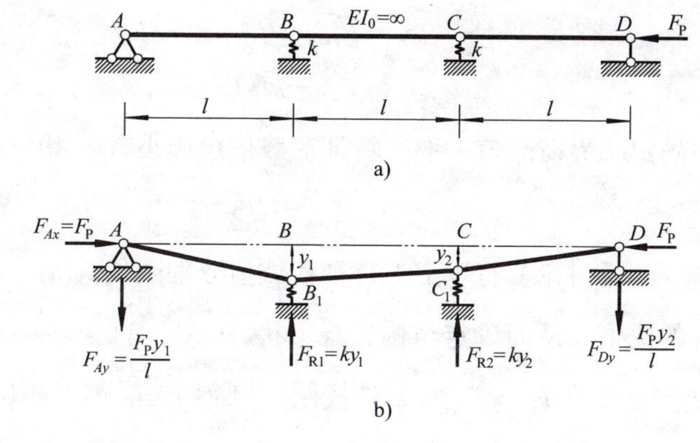

图 13-7　例 13-1 图

解：(1)　假设失稳形式，如图 13-7b 所示。位移参数为 y_1 和 y_2。

各支座反力分别为

$F_{R1} = ky_1(\uparrow)$，$F_{R2} = ky_2(\uparrow)$

$F_{Ax} = F_P(\rightarrow)$，$F_{Ay} = \dfrac{F_P y_1}{l}(\downarrow)$　，$F_{Dy} = \dfrac{F_P y_2}{l}(\downarrow)$

(2)　建立临界状态平衡方程：分别取 AB_1C_1 部分和 B_1C_1D 部分为隔离体，则有

$$\begin{cases} \sum M_{C_1} = 0 \ (C_1\text{以左部分}) & ky_1 l - \left(\dfrac{F_P y_1}{l}\right)2l + F_P y_2 = 0 \\ \sum M_{B_1} = 0 \ (B_1\text{以右部分}) & ky_2 l - \left(\dfrac{F_P y_2}{l}\right)2l + F_P y_1 = 0 \end{cases}$$

即

$$\left.\begin{aligned} (kl - 2F_P)y_1 + F_P y_2 = 0 \\ F_P y_1 + (kl - 2F_P)y_2 = 0 \end{aligned}\right\} \tag{a}$$

这是关于 y_1 和 y_2 的齐次线性方程组。

(3)　建立稳定方程：

如果 $y_1 = y_2 = 0$，则对应于原始平衡形式，相应于没有丧失稳定的情况。如是 y_1 和 y_2 不全为零，则对应于相应新的平衡形式。为了求此非零解，式(a)的系数行列式应为零，即

$$D = \begin{vmatrix} kl - 2F_P & F_P \\ F_P & kl - 2F_P \end{vmatrix} = 0 \tag{b}$$

此方程就是稳定方程。

(4)　解稳定方程，求特征荷载值：

展开式(b)，得

$$(kl - 2F_P)^2 - F_P^{\,2} = 0$$

由此解得两个特征荷载值，即

$$F_{P1}=kl/3$$

$$F_{P2}=kl$$

(5) 确定临界荷载值：取二特征荷载值中最小者，得

$$F_{Pcr}=kl/3$$

【讨论】将以上二特征荷载值分别回代式(a)，可求得 y_1 和 y_2 的比值，从而确定结构失稳形状。

如将 $F_{P1}=F_{Pcr}=kl/3$ 代回，则得 $y_1=-y_2$。相应变形曲线如图 13-8a 所示，为反对称形式失稳；如将 $F_{P2}=kl$ 代回，则得 $y_1=y_2$，相应变形曲线如图 13-8b 所示，为正对称形式失稳。由此可知，该体系实际上将先按反对称变形形式丧失稳定。从而可推知，n 个自由度体系可能有 n 种失稳形式，相应有 n 个临界荷载，但其中最小者才有实际意义。

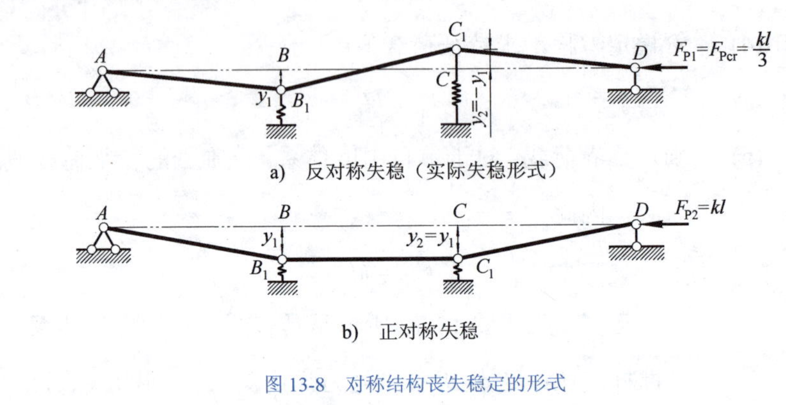

图 13-8　对称结构丧失稳定的形式

【例 13-2】试用静力法求图 13-9a 所示结构的临界荷载。弹簧刚度系数为 k。

解：(1)假设失稳形式，如图 13-9b 所示，位移参数为 δ。

(2) 建立临界状态平衡方程：

由 $\sum M_C=0$，得

$$\left(F_P\frac{\delta}{l}\right)2l+F_P\delta-(k\delta)\ l=0$$

整理得

$$(3F_P-kl)\delta=0$$

(3) 建立稳定方程：

未知量 δ 有非零解的条件是

$$3F_P-kl=0$$

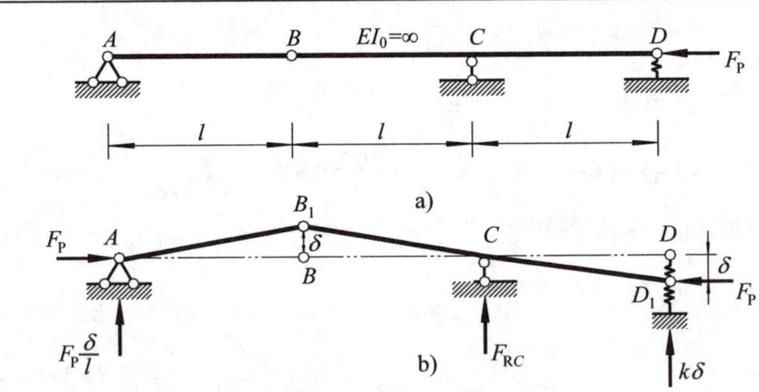

图 13-9　例 13-2 图

(4) 解稳定方程，得特征荷载值

$$F_P=\frac{kl}{3}$$

(5) 确定临界荷载为

$$F_{Pcr}=F_P=\frac{kl}{3}$$

13.2.3 用静力法求无限自由度体系的临界荷载

弹性理想压杆稳定问题，是无限自由度体系稳定问题的一个典型示例。

用静力法计算无限自由度体系稳定问题有两个特点：第一，位移参数为无穷多个；第二，临界状态平衡方程为微分方程。

下面，用静力法计算图 13-10 所示弹性理想压杆的临界荷载。

(1) 假设失稳形式，如图 13-10 中实线所示。

(2) 建立临界状态平衡方程：按小挠度理论，压杆弹性曲线的近似微分方程为

$$EIy'' = -M$$

将 $M = F_P y + F_R(l-x)$ 代入上式，得

$$EIy'' + F_P y = -F_R(l-x)$$

整理得

$$y'' + \frac{F_P}{EI}y = -\frac{F_R}{EI}(l-x)$$

令 $\alpha^2 = \frac{F_P}{EI}$，则

$$y'' + \alpha^2 y = -\frac{F_R}{EI}(l-x) \qquad \text{(a)}$$

这是一个二阶常系数非齐次线性微分方程。

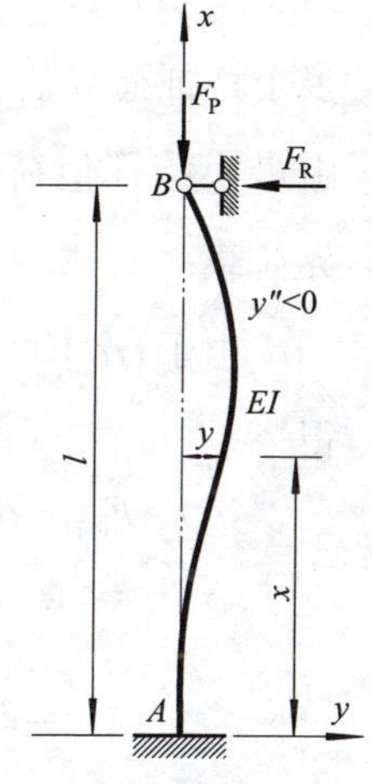

图 13-10　无限自由度体系的稳定分析

(3) 建立稳定方程

式(a)的通解为

$$y = A\cos\alpha x + B\sin\alpha x - \frac{F_R}{F_P}(l-x) \qquad \text{(b)}$$

常数 A、B 和未知力 F_R/F_P 可由边界条件确定：

当 $x=0$ 时，$y=0$，$y'=0$；

当 $x=l$ 时，$y=0$。

由此，可得如下一组齐次线性代数方程

$$\left.\begin{aligned} A - l\frac{F_R}{F_P} &= 0 \\ \alpha B + \frac{F_R}{F_P} &= 0 \\ A\cos\alpha l + B\sin\alpha l &= 0 \end{aligned}\right\} \qquad \text{(c)}$$

因为对应于弯曲的新的平衡形式的 $y(x)$ 不恒等于零，所以 A、B 和 F_R/F_P 不全为零。由此可知，式(c)中的系数行列式应等于零。即

$$D = \begin{vmatrix} 1 & 0 & -l \\ 0 & \alpha & 1 \\ \cos\alpha l & \sin\alpha l & 0 \end{vmatrix} = 0 \qquad \text{(d)}$$

将式(d)展开并整理后，得到稳定方程

$$\tan\alpha l = \alpha l \qquad \text{(e)}$$

这里，计算临界荷载的问题，变成求解超越方程的问题。

(4) 解稳定方程，求特征荷载值：

式(e)的精确解不易求得，可改用试算法或图解法进行数值解。当采用图解法时，作 $y_1 = \tan\alpha l$ 和 $y_2 = \alpha l$ 两组线，其交点即为方程的解答，结果得到无穷多个解（图 13-11）。因为弹性压杆有无

穷多个自由度，因而有无穷多个特征荷载值。

(5) 由最小特征值荷载，确定临界荷载：

由于 $(\alpha l)_{\min} = 4.493$，故得

$$F_{\mathrm{Pcr}} = \alpha^2 EI = (4.493)^2 \frac{EI}{l^2} = 20.19\frac{EI}{l^2} \approx \frac{\pi^2 EI}{(0.7l)^2}$$

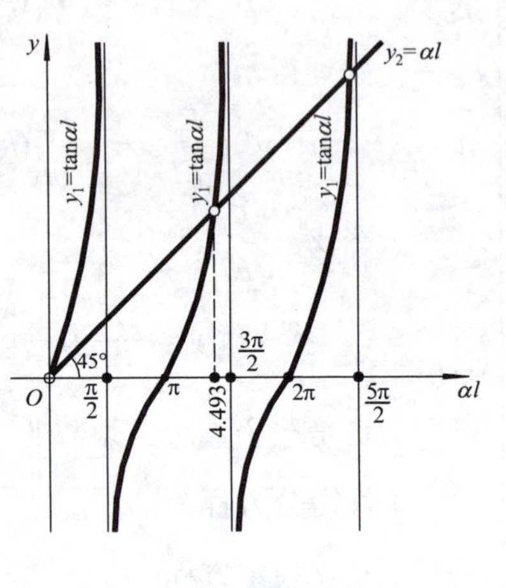

图 13-11 图解法解稳定方程

【例 13-3】图 13-12 所示为一底端固定、顶端一段有着无穷大刚度的直杆。试用静力法求其临界荷载。

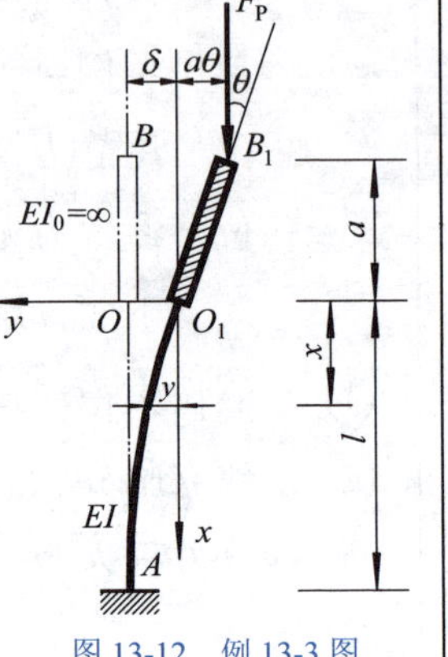

图 13-12 例 13-3 图

解：(1)假设失稳形式，如图 13-12 中实线所示。

(2) 建立临界状态平衡方程：

AO_1 段的弹性曲线近似方程为

$$EIy'' = -M$$

将 $M = F_{\mathrm{P}}(a\theta + y)$ 代入，得

$$EIy'' = -F_{\mathrm{P}}(a\theta + y)$$

整理得

$$y'' + \frac{F_{\mathrm{P}}}{EI}y = -\frac{F_{\mathrm{P}}}{EI}a\theta$$

令 $\alpha^2 = \frac{F_{\mathrm{P}}}{EI}$，则

$$y'' + \alpha^2 y = -\alpha^2 a\theta \qquad \text{(a)}$$

(3) 建立稳定方程：

式(a)的通解为

$$y = A\cos\alpha x + B\sin\alpha x - a\theta \qquad \text{(b)}$$

引入边界条件：

当 $x=0$ 时，$y=0$，$y'=\theta$；

当 $x=l$ 时，$y'=0$。

由此可得如下关于未知常数 A、B 和位移参数 θ 的线性齐次方程组

$$\left.\begin{aligned} A + 0 - a\theta &= 0 \\ 0 + \alpha B - \theta &= 0 \\ -\alpha A\sin\alpha l + \alpha B\cos\alpha l &= 0 \end{aligned}\right\} \qquad \text{(c)}$$

令式(c)的系数行列式等于零，即得稳定方程

$$D = \begin{vmatrix} 1 & 0 & -a \\ 0 & \alpha & -1 \\ -\sin\alpha l & \cos\alpha l & 0 \end{vmatrix} = 0 \qquad \text{(d)}$$

将式(d)展开，得

$$-a\alpha\sin\alpha l+\cos\alpha l=0$$

即

$$\tan\alpha l=\frac{1}{\alpha a} \tag{e}$$

(4)　解特征方程，求特征荷载值：

由试算法或图解法，可解得α值。

(5)　确定临界荷载：

取各α值中的最小者$\alpha_{\min}$，代入$\alpha^2=F_P/EI$，便可得到所求的临界荷载值。

【讨论 1】在例 13-3 中，如果取$a=0$（即$\overline{OB}=0$），则由式(e)可得

$$\tan\alpha l=\infty$$

$$\cot\alpha l=0$$

也就是说，$(\alpha l)_{\min}=\pi/2$，故

$$F_{Pcr}=\frac{\pi^2EI}{4l^2}$$

这就相当于一端固定、另一端为自由端的情形，如图 13-13a 所示。

【讨论 2】如果取$a=l$，如图 13-13b 所示，则由式(e)得

$$\tan\alpha l=\frac{1}{\alpha l}$$

也就是说，$(\alpha l)_{\min}=0.861$，故

$$F_{Pcr}=\frac{0.741EI}{l^2}$$

【讨论 3】如取杆全长为l，$a=l/2$，如图 13-13c 所示，则由式(e)得

$$\tan\frac{\alpha l}{2}=\frac{1}{\frac{\alpha l}{2}}$$

也就是说，$(\alpha l/2)_{\min}=0.861$，故

$$F_{Pcr}=\frac{2.965EI}{l^2}$$

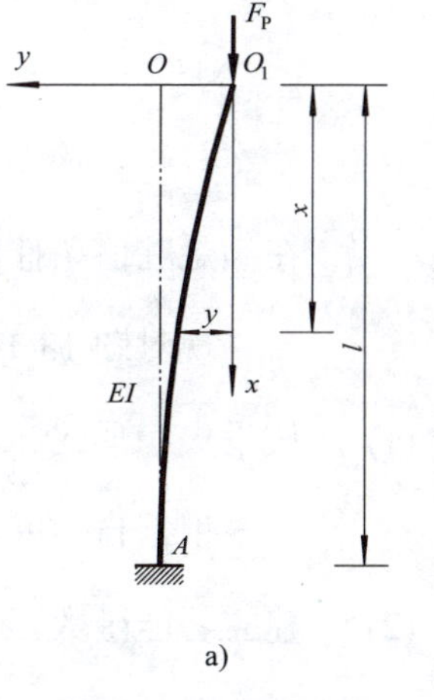

图 13-13　关于例 13-3 的讨论

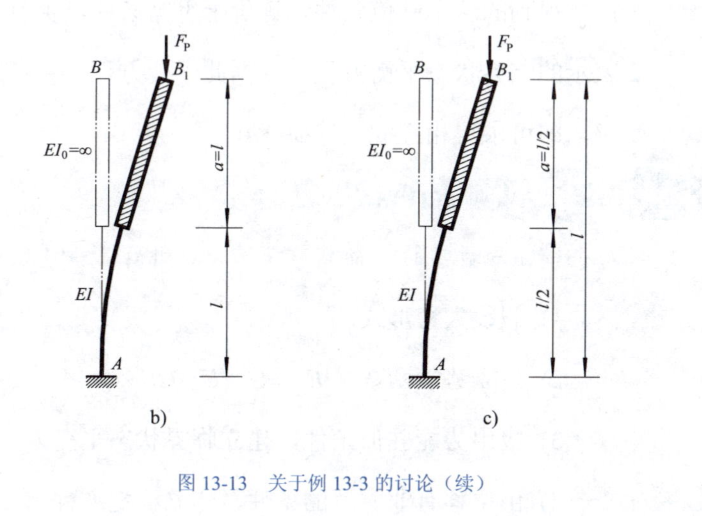

图 13-13　关于例 13-3 的讨论（续）

13.3 确定临界荷载的能量法

13.3.1 能量法及其能量特征

在较为复杂的情况下，用静力法确定临界荷载将会遇到数学上求解微分方程的困难。而确定临界荷载的能量法，则是一种适合于求解复杂问题的实用近似法。

能量法是根据临界状态的能量特征而提出的方法。临界状态的能量特征一般或从能量守恒原理出发，或从势能驻值原理出发，可有多种表述方式。本节具体介绍时，采用如下的表述：总势能为驻值（即 $\delta E_P = 0$），且位移有非零解。

13.3.2 势能驻值原理

体系的总势能 E_P 定义为体系的应变能 U 与荷载势能 U_P 之和，即

$$E_P = U + U_P \tag{13-1}$$

式中，荷载势能 U_P 用荷载功 W 来量度，二者之间的关系是：数量相等，符号相反，即 $U_P = -W$ 。

势能驻值原理可表述为：在弹性体系的所有几何可能位移状态中，其真实的位移状态使体系总势能的一阶变分为零，或者说使总势能为驻值，亦即

$$\boxed{\delta E_P = 0} \tag{13-2}$$

由此得到的这个驻值条件，等价于平衡条件，也就是以能量形式表示的临界状态平衡方程。依据此平衡方程，并考虑位移有非零解，即可求得相应的临界荷载。

13.3.3 能量法计算临界荷载的步骤

能量法计算临界荷载，可按以下计算步骤进行：

1) 假设失稳形式。

2) 建立势能函数（$E_P = U + U_P$）。

3) 应用势能驻值条件，建立临界状态平衡方程。

4) 由位移有非零解的条件，建立稳定方程。

5) 解稳定方程，由最小特征荷载值确定临界荷载值。

下面，以图 13-14 所示的一个单自由度体系为例，进行能量法稳定分析。简要说明能量法的计算过程，并通过讨论，了解势能在满足驻值条件时，该泛函 E_P 的变化与体系平衡状态的关系。

现对图 13-14 所示体系的临界荷载计算如下：

(1) 假设失稳形式。

根据自由度设定体系可能位形，如图 13-14 所示，未知量为 θ 。

(2) 建立势能函数。

①求体系的应变能 U

计算弹性支座的应变能时，考虑到侧移 y_1 是由零到其最终值的发展过程，故体系的应变能

$$U=\frac{1}{2}(kl\theta)(l\theta)$$

$$=\frac{k(l\theta)^2}{2}$$

②求荷载势能

$$U_P=-F_P\Delta$$

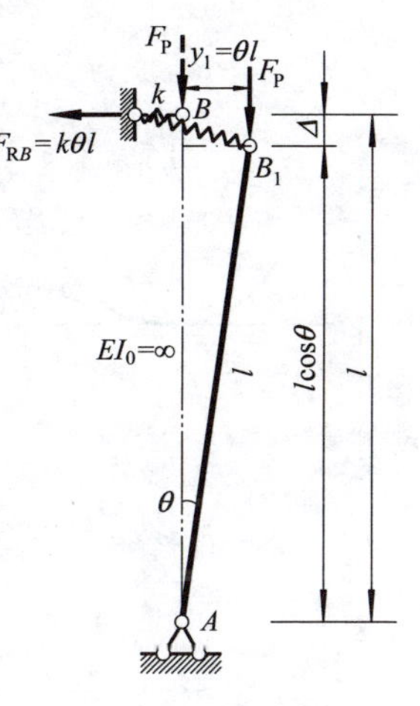

图 13-14　单自由度体系的稳定分析

式中

$$\Delta=l-l\cos\theta=l(1-\cos\theta)$$

$$=l\left(2\sin^2\frac{\theta}{2}\right)$$

$$\approx l\left[2\left(\frac{\theta}{2}\right)^2\right]$$

即

$$\Delta=\frac{l\theta^2}{2}\quad 或\quad \Delta=\frac{y_1^2}{2l}$$

故荷载势能

$$U_P=-F_P\frac{l\theta^2}{2}$$

③求体系的总势能

$$E_P=U+U_P=\frac{1}{2}k(l\theta)^2-F_P\frac{l\theta^2}{2}=\frac{1}{2}\left(kl^2-F_Pl\right)\theta^2 \tag{a}$$

(3) 应用势能驻值条件，建立临界状态平衡方程。

本例为单自由度体系，势能的一阶变分等于零，即

$$\delta E_P=\frac{dE_P}{d\theta}\delta\theta=0$$

因 $\delta\theta\neq0$，故有

$$\frac{dE_P}{d\theta}=0$$

将总势能 E_P 之值代入上式，即可得

$$\left(kl^2-F_Pl\right)\theta=0 \tag{b}$$

此即用能量法建立的临界状态平衡方程，与前节用静力法对同一体系导出的平衡方程(13.2.2 中式(b))完全相同。

(4) 由位移有非零解，建立稳定方程。

未知量 θ 有非零解的条件是

$$kl^2-F_Pl=0 \tag{c}$$

此即稳定方程。

(5) 解稳定方程，确定临界荷载。

解稳定方程，得特征荷载值

$$F_P=kl$$

对于单自由度体系，该唯一的特征荷载值即为临界荷载

$$F_{Pcr}=F_P=kl \tag{d}$$

【讨论】从本题式(a)可知，总势能 E_P 是位移 θ 的二次函数，其关系曲线为二次抛物线（图 13-15）。如上所述，总势能为驻值，等价于平衡条件。但是，仅凭驻值条件，还不能保证体系变形状态的稳定性，因为体系的平衡状态还区分为稳定的、不稳定的和随遇平衡三种。要最终判别平衡状态究竟属于哪一种，还必须进一步考察总势能的二阶变分 $\delta^2 E_P$ 的情况（参见图 13-15），即

$$\text{当}\delta E_P=0,\ \text{且}\begin{cases}\text{a)}\ \delta^2 E_P>0,\ \text{该变形状态}E_P\text{最小，稳定平衡；}\\ \text{b)}\ \delta^2 E_P=0,\ \text{该变形状态附近}E_P\text{不变，随遇平衡；}\\ \text{c)}\ \delta^2 E_P<0,\ \text{该变形状态}E_P\text{最大，不稳定平衡。}\end{cases}$$

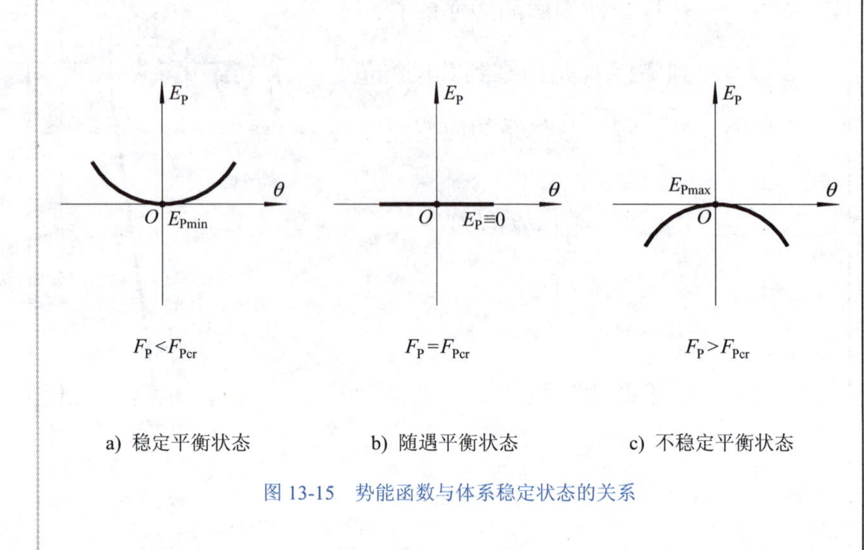

图 13-15　势能函数与体系稳定状态的关系

由以上分析表明，体系总势能的一阶变分 $\delta E_P=0$，且二阶变分 $\delta^2 E_P=0$，才是严格的平衡稳定性的能量准则。

那么，当用能量法计算临界荷载时，为什么可以更为简便地将其能量特征表述为“总势能为驻值（即 $\delta E_P=0$），且位移有非零解”，而不必再考察总势能的二阶变分情况呢？

这是因为，对于具有轴压构件的弹性结构来说，稳定分析的关键在于确定使随遇平衡成为可能的那个临界荷载值。所以，若在一个全新的又是可能实现的变形状态中，该荷载的作用是可以达成平衡的，这时，无需检查系统的平衡稳定条件。因此，总势能（新状态中位移的函数）具有驻值，就可以作为临界状态的充要条件。上述结论是根据单自由度体系做出的，但它同样适用于多自由度体系和无限自由度体系。

13.3.4 用能量法求有限自由度体系的临界荷载

【例 13-4】试用能量法重解上节例 13-1（图 13-7a）所示具有两个自由度体系的临界荷载。

解：(1)假设失稳形式，如图 13-16 所示。

(2)　建立势能函数

体系的应变能

$$U=\frac{1}{2}ky_1^2+\frac{1}{2}ky_2^2=\frac{1}{2}k(y_1^2+y_2^2)$$

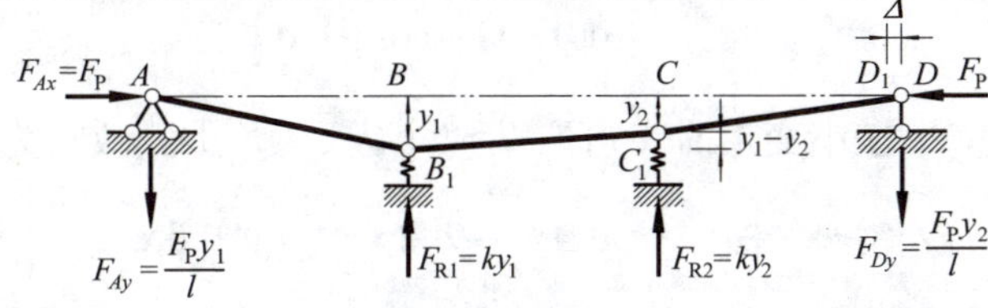

图 13-16　两个自由度体系的稳定分析

荷载势能

$$U_P=-F_P\Delta=-F_P\times\frac{1}{2l}[y_1^2+(y_2-y_1)^2+y_2^2]$$

$$=-\frac{F_P}{l}(y_1^2-y_1y_2+y_2^2)$$

由总势能 $E_P=U+U_P$，有

$$E_P=\frac{1}{2}k(y_1^2+y_2^2)-\frac{F_P}{l}(y_1^2-y_1y_2+y_2^2)$$

(3)　应用势能驻值条件，建立临界状态平衡方程

本例为两个自由度体系，势能 $E_P(y_1,y_2)$ 的一阶变分等于 0，即

$$\delta E_P=\frac{\partial E_P}{\partial y_1}\delta y_1+\frac{\partial E_P}{\partial y_2}\delta y_2=0$$

因 $\delta y_1\neq 0$ 和 $\delta y_2\neq 0$，故有

$$\frac{\partial E_P}{\partial y_1}=0\quad 和\quad \frac{\partial E_P}{\partial y_2}=0$$

即

$$\left.\begin{aligned}\frac{\partial E_P}{\partial y_1}&=ky_1-\frac{F_P}{l}(2y_1-y_2)=0\\ \frac{\partial E_P}{\partial y_2}&=ky_2-\frac{F_P}{l}(2y_2-y_1)=0\end{aligned}\right\}$$

经整理，可得临界状态平衡方程

$$\left.\begin{aligned}(kl-2F_P)y_1+F_Py_2&=0\\ F_Py_1+(kl-2F_P)y_1&=0\end{aligned}\right\}$$

上式也就是例 13-1 中用静力法导出的式(a)，能量法余下的步骤与静力法完全相同（此处从略），最后得

$$F_{Pcr}=F_{P(\min)}=\frac{kl}{3}$$

其结果与静力法相同。

13.3.5 用能量法求无限自由度体系的临界荷载

现以图 13-17a 所示弹性理想压杆为例予以说明。

取压杆直线平衡位置作为参考状态。根据边界条件和位移协

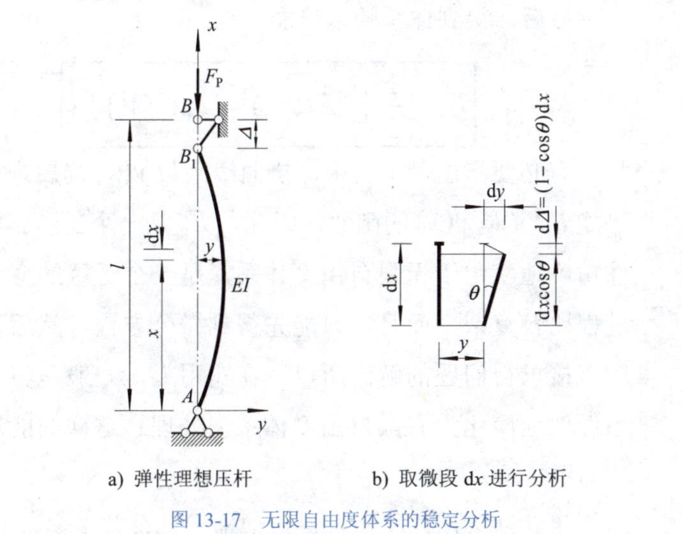

a) 弹性理想压杆　　b) 取微段 dx 进行分析

图 13-17　无限自由度体系的稳定分析

调条件，设定体系可能位形，如图 13-17a 中实线所示，$y(x)$ 即为满足位移边界条件的任一可能位形状态（即失稳形式）。

为建立势能函数，首先，确定体系的应变能。若只考虑弯曲变形的影响，则

$$U=\frac{1}{2}\int_0^l\frac{M^2}{EI}\mathrm{d}x$$

即

$$\boxed{U=\frac{1}{2}\int_0^l EI(y'')^2\mathrm{d}x} \tag{13-3}$$

其次，计算荷载势能。如图 13-17b 所示，先取微段 dx 进行分析，微段两端点竖向位移的差值为

$$\mathrm{d}\varDelta=(1-\cos\theta)\ \mathrm{d}x$$

在小变形时，可取 $\theta\approx\tan\theta=y'$，上式改写为

$$\mathrm{d}\varDelta=\frac{1}{2}\theta^2\,\mathrm{d}x=\frac{1}{2}(y')^2\,\mathrm{d}x$$

因此，压杆顶点的竖向位移

$$\varDelta=\int_0^l\mathrm{d}\varDelta=\frac{1}{2}\int_0^l(y')^2\,\mathrm{d}x$$

于是，荷载势能为

$$U_\mathrm{P}=-F_\mathrm{P}\varDelta$$

亦即

$$\boxed{U_\mathrm{P}=-\frac{F_\mathrm{P}}{2}\int_0^l(y')^2\,\mathrm{d}x} \tag{13-4}$$

最后，得到体系的总势能

$$\boxed{E_\mathrm{P}=\frac{1}{2}\int_0^l[EI(y'')^2-F_\mathrm{P}(y')^2]\,\mathrm{d}x} \tag{13-5}$$

有必要指出，上式中，挠曲线函数 $y(x)$ 尚属未知，而结构的势能 E_P 又是 $y(x)$ 的函数，因此，E_P 是一个泛函。将势能驻值条件精确地应用于无限自由度体系，是一个泛函的变分问题，计算过程比较复杂，而且，只能先得到微分方程，然后再求解，而不能直接求得问题的解。所以，在实用上，一般是将无限自由度体系近似地简化为有限自由度体系来处理。这样的能量方法，通常称为里兹法。

里兹法采用广义坐标，近似地用包含若干参数的已知函数的线性组合，去逼近真实的微弯失稳曲线，即令

$$y(x)=a_1\varphi_1(x)+a_2\varphi_2(x)+\cdots+a_n\varphi_n(x)$$

即

$$\boxed{y(x)=\sum_{i=1}^n a_i\varphi_i(x)} \tag{13-6}$$

式中，$\varphi_i(x)\ (i=1,2,\cdots,n)$ 是满足位移边界条件的已知函数，也称为里兹基函数；a_i 是待定的参数，共有 n 个。这样，无限自由度体系就被近似地看成具有 n 个自由度的体系。因而，只需要使用微分计算，最后用 n 个齐次线性代数方程，并按照与有限自由度体系相同的方法和步骤，即可求出无限自由度体系的临界荷载。

通常，增加 a_i 的数目可提高计算精度，但参数多了，会使计算工作量大幅度增加。在一般情况下，只需取该基函数的前几项（如前 2~3 项）即可达到工程应用精度的要求。

为了便于应用起见，现将构成直杆位移函数的几种常用的级数表达式列入表 13-1 中。其中选取项数的多少应由计算精度方面的要求决定。若位移函数多取一项所求得的压杆临界荷载与原先值相差不大，则说明所求得的临界荷载已接近于精确值。

【例 13-5】试用能量法求解前面图 13-17a 所示简支弹性压杆的临界荷载。

解：【解法一】(1)假设失稳形式

按表 13-1，假定位形曲线为抛物线

$$y(x) = ax(l-x) \tag{a}$$

相当于在式（13-6）中只取一项。容易看出，此曲线满足简支压杆的边界条件。由于曲线形状已设定，只要给定 a 的数值，就可以唯一确定位形，即是以单自由度体系（变量为 a）的二次曲线来近似表示原无限自由度体系。

(2) 建立势能函数

$$E_{\mathrm{P}} = \frac{1}{2}\int_0^l [EI(y'')^2 - F_{\mathrm{P}}(y')^2]\,\mathrm{d}x \tag{b}$$

表 13-1　满足位移边界条件的几种常用的级数形式　　No.13-34

 (a) $y = a_1\sin\frac{\pi x}{l} + a_2\sin\frac{2\pi x}{l} + a_3\sin\frac{3\pi x}{l} + \cdots$ (b) $y = a_1x(l-x) + a_2x^2(l-x) + a_3x(l-x)^2 + a_4x^2(l-x)^2 + \cdots$	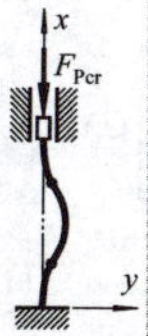 (a) $y = a_1\left(1-\cos\frac{2\pi x}{l}\right) + a_2\left(1-\cos\frac{6\pi x}{l}\right) + a_3\left(1-\cos\frac{10\pi x}{l}\right) + \cdots$ (b) $y = a_1x^2(l-x)^2 + a_2x^3(l-x)^3 + \cdots$
 (a) $y = a_1\left(1-\cos\frac{\pi x}{2l}\right) + a_2\left(1-\cos\frac{3\pi x}{2l}\right) + a_3\left(1-\cos\frac{5\pi x}{2l}\right) + \cdots$ (b) $y = a_1\left(x^2 - \frac{1}{6l^2}x^4\right) + a_2\left(x^6 - \frac{15}{28l^2}x^8\right) + \cdots$	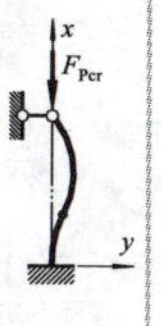 $y = a_1x^2(l-x) + a_2x^3(l-x) + \cdots$

将式(a)代入式(b)，得

$$E_{\mathrm{P}} = \frac{1}{2}\int_0^l \left[EI(-2a)^2 - F_{\mathrm{P}}(al-2ax)^2\right]\mathrm{d}x$$

$$= 2a^2 lEI - \frac{1}{6}F_{\mathrm{P}}a^2 l^3 \tag{c}$$

(3) 应用势能驻值条件

$$\frac{\mathrm{d}E_{\mathrm{P}}}{\mathrm{d}a} = 4alEI - \frac{1}{3}F_{\mathrm{P}}al^3$$

$$= al\left(4EI - \frac{1}{3}F_{\mathrm{P}}l^2\right) = 0 \tag{d}$$

(4) 建立稳定方程

未知量 a 有非零解的条件是

$$l\left(4EI - \frac{1}{3}F_{\mathrm{P}}l^2\right) = 0 \tag{e}$$

(5) 确定临界荷载

解稳定方程，得

$$F_{\mathrm{Pcr}} = F_{\mathrm{P}} = \frac{12EI}{l^2} \tag{f}$$

与精确解 $F_{\mathrm{Pcr}} = \dfrac{\pi^2 EI}{l^2}$ 相比，误差为+21.6%。

【解法二】(1) 假定失稳形式

假定位移曲线为横向均布荷载 q 作用下的挠曲线

$$y(x) = \frac{q}{24EI}(l^3x - 2lx^3 + x^4) \tag{g}$$

即以单自由度体系（变量为 q）的四次曲线，来近似表示原无限自由度体系。

No.13-36

(2) 建立势能函数

$$E_{\mathrm{P}} = \frac{1}{2}\int_0^l [EI(y'')^2 - F_{\mathrm{P}}(y')^2]\,\mathrm{d}x \tag{h}$$

将式(g)代入式(h)，得

$$E_{\mathrm{P}} = \frac{1}{2}\int_0^l \left[\frac{q^2}{576EI}(12x^2-12lx)^2 - \frac{F_{\mathrm{P}}q^2}{576E^2I^2}(l^3-6lx^2+4x^3)^2\right]\mathrm{d}x$$

$$= \frac{q^2l^5}{240EI} - \frac{17F_{\mathrm{P}}q^2l^7}{40320E^2I^2} \tag{i}$$

(3) 应用势能驻值条件

$$\frac{\mathrm{d}E_{\mathrm{P}}}{\mathrm{d}q} = \frac{ql^5}{120EI} - \frac{17F_{\mathrm{P}}ql^7}{20160E^2I^2}$$

$$= \frac{ql^5}{120EI}\left(1 - \frac{17F_{\mathrm{P}}l^2}{168EI}\right) = 0 \tag{j}$$

(4) 建立稳定方程

未知量 q 有非零解的条件是

$$\frac{l^5}{120EI}\left(1 - \frac{17F_{\mathrm{P}}l^2}{168EI}\right) = 0 \tag{k}$$

(5) 确定临界荷载

解稳定方程，得

$$F_{\mathrm{Pcr}} = F_{\mathrm{P}} = \frac{9.882EI}{l^2} \tag{l}$$

与精确解 $F_{\mathrm{Pcr}} = \dfrac{\pi^2 EI}{l^2}$ 相比，误差为+0.1256%。

【解法三】(1)假设失稳形式

假定位移曲线为正弦曲线

$$y(x)=a\sin\frac{\pi x}{l} \tag{m}$$

即以单自由度体系（变量为 a）的正弦曲线，来表示原无限自由度体系。

(2) 建立势能函数

$$E_{\mathrm{P}}=\frac{1}{2}\int_0^l[EI(y'')^2-F_{\mathrm{P}}(y')^2]\mathrm{d}x \tag{n}$$

将式(m)代入式(n)，得

$$E_{\mathrm{P}}=\frac{1}{2}\int_0^l\left[EI\left(\frac{a\pi^2}{l^2}\sin\frac{\pi x}{l}\right)^2-F_{\mathrm{P}}\left(\frac{a\pi}{l}\cos\frac{\pi x}{l}\right)^2\right]\mathrm{d}x$$

$$=\frac{EIa^2\pi^4}{4l^3}-\frac{F_{\mathrm{P}}a^2\pi^2}{4l} \tag{o}$$

(3) 应用势能驻值条件

$$\frac{\mathrm{d}E_{\mathrm{P}}}{\mathrm{d}a}=\frac{EIa\pi^4}{2l^3}-\frac{F_{\mathrm{P}}a\pi^2}{2l}$$

$$=\frac{EIa\pi^4}{2l^3}\left(1-\frac{F_{\mathrm{P}}l^2}{\pi^2EI}\right)=0 \tag{p}$$

(4) 建立稳定方程

未知量 a 有非零解的条件是

$$\frac{EI\pi^4}{2l^3}\left(1-\frac{F_{\mathrm{P}}l^2}{\pi^2EI}\right)=0 \tag{q}$$

(5) 确定临界荷载

解稳定方程，得

$$F_{\mathrm{Pcr}}=F_{\mathrm{P}}=\frac{\pi^2EI}{l^2} \tag{r}$$

与精确解完全一致。

【讨论】通过以上算例，可以指出以下几点：

1）“解法一”假定变形曲线为二次抛物线，所求得的临界荷载值与精确值相比，误差为+21.6%。这是因为所设的二次抛物线与实际的变形曲线差别较大。

2）“解法二”假定变形曲线为横向均布荷载作用下的挠曲线，是四次曲线，它比二次抛物线更接近于真实曲线。据此所求得的临界荷载值与精确值相比，误差仅为+0.1256%。

3）“解法三”假定变形曲线为正弦曲线，正好是真正的失稳曲线，由此所求得的临界荷载值是精确解。

4）用能量法求解临界荷载的关键是：假定的变形曲线 $y(x)$ 必须合适，应尽可能接近实际屈曲形式而又便于计算。但是，在实际工程中，失稳的真实位移曲线往往是未知的，横向荷载作用下的挠曲线也不易确定，因此，采用里兹能量法并利用表 13-1，是求解临界荷载十分实用的方法。尽管在本例中“解法一”得到的精度较低，但这是由于简化后自由度太少的原因造成的；如果选用较多项次的函数去拟合位形曲线，则可迅速提高到足够的解答精度。

5）一般情况下，用能量法求得的临界荷载为偏大的近似值。这是因为一般所设的失稳形式与实际变形并不一致，这就相当于在压杆中加入了某些约束，提高了压杆的刚度。

有必要提及，当采用里兹能量法求解无限自由度体系的临界荷载时，常可运用矩阵方法，以便于简明地表达和更方便地计算。

按里兹法假设失稳形式

$$y(x)=\sum_{i=1}^{n}a_i\varphi_i(x)\qquad(i=1,2,\cdots,n)$$

相应地，体系的势能函数可表示为

$$E_P=\frac{1}{2}\int_0^l[EI(\sum_{i=1}^{n}a_i\varphi_i'')^2-F_P(\sum_{i=1}^{n}a_i\varphi_i')^2]\mathrm{d}x \tag{13-7}$$

应用势能驻值条件 $\delta E_P=0$，有

$$\frac{\partial E_P}{\partial a_i}=0\qquad(i=1,2,\cdots,n)$$

由此，可得

$$\sum_{j=1}^{n}a_j\int_0^l(EI\varphi_i''\varphi_j''-F_P\varphi_i'\varphi_j')\mathrm{d}x=0\qquad(i=1,2,\cdots,n) \tag{13-8}$$

令

$$K_{ij}=\int_0^l EI\varphi_i''\varphi_j''\,\mathrm{d}x \tag{13-9}$$

$$S_{ij}=\int_0^l F_P\varphi_i'\varphi_j'\,\mathrm{d}x \tag{13-10}$$

则式(13-8)的矩阵形式为

$$\left(\begin{bmatrix}K_{11}&K_{12}&\cdots&K_{1n}\\K_{21}&K_{22}&\cdots&K_{2n}\\\vdots&\vdots&&\vdots\\K_{n1}&K_{n2}&\cdots&K_{nn}\end{bmatrix}-\begin{bmatrix}S_{11}&S_{12}&\cdots&S_{1n}\\S_{21}&S_{22}&\cdots&S_{2n}\\\vdots&\vdots&&\vdots\\S_{n1}&S_{n2}&\cdots&S_{nn}\end{bmatrix}\right)\begin{bmatrix}a_1\\a_2\\\vdots\\a_n\end{bmatrix}=\begin{bmatrix}0\\0\\\vdots\\0\end{bmatrix} \tag{13-11a}$$

或简写为

$$(\boldsymbol{K}-\boldsymbol{S})\boldsymbol{a}=\boldsymbol{0} \tag{13-11b}$$

上式即为**临界状态的能量方程**，它是对于待定系数 $a_1,a_2,\cdots,a_n$ 的 n 个线性齐次方程。

待定参数 a_i 有非零解的条件是，其系数行列式应为零。于是得稳定方程

$$D=|\boldsymbol{K}-\boldsymbol{S}|=0 \tag{13-12}$$

其展开式是关于 F_P 的 n 次代数方程，可求出 n 个根，由其中的最小根可确定临界荷载。

【例 13-6】试用里兹法重解上节图 13-10 所示下端固定、上端铰支等截面压杆的临界荷载。

解：(1)假设失稳形式

由表 13-1，取变形曲线为两项形式，即

$$\begin{aligned}y&=a_1\varphi_1(x)+a_2\varphi_2(x)\\&=a_1x^2(l-x)+a_2x^3(l-x)\end{aligned}$$

能满足以下几何边界条件：

当 $x=0$ 时，$y=0$，且 $y'=0$；

当 $x=l$ 时，$y=0$。

(2) 计算稳定方程的系数 K_{ij} 和 S_{ij}

$$\varphi_1'(x) = x(2l-3x)$$

$$\varphi_1''(x) = 2(l-3x)$$

$$\varphi_2'(x) = x^2(3l-4x)$$

$$\varphi_2''(x) = 6x(l-2x)$$

代入式(13-9)和式(3-10)，即可求得 K_{ij} 和 S_{ij} 各个值。

(3) 建立稳定方程

将 K_{ij} 和 S_{ij} 代入式(13-12)

$$D = |\boldsymbol{K} - \boldsymbol{S}| = 0$$

即得到稳定方程

$$D = \begin{vmatrix} K_{11}-S_{11} & K_{12}-S_{12} \\ K_{21}-S_{21} & K_{22}-S_{22} \end{vmatrix} = 0$$

亦即

$$D = \begin{vmatrix} 4EI - \dfrac{2}{15}F_P l^2 & 4EIl - \dfrac{1}{10}F_P l^3 \\ 4EIl - \dfrac{1}{10}F_P l^3 & \dfrac{24}{5}EIl^2 - \dfrac{3}{35}F_P l^4 \end{vmatrix} = 0$$

展开并化简，得

$$F_P^2 - 128\left(\frac{EI}{l^2}\right)F_P + 2240\left(\frac{EI}{l^2}\right)^2 = 0$$

(4) 解稳定方程，其中最小特征荷载即为所求临界荷载

$$F_{Pcr} = \frac{20.9187EI}{l^2}$$

它与精确值 $F_{Pcr} = 20.1906EI/l^2$ 相比，其误差为 3.61%。

13.4　直杆的稳定

前面两节中，结合约束和受力都比较简单的压杆，讨论了用静力法和能量法确定临界荷载的原理和方法。下面，将用这些方法进一步讨论略为复杂一点，但杆的轴线在变形前仍为直线情况的压杆稳定问题。

13.4.1 刚性支承等截面直杆的稳定问题

归纳起来，主要有以下五种形式(分别示于图 13-18a～e 中)：

①两端铰支(图 13-18a)；②一端固定、一端自由(图 13-18b)；③两端固定(图 13-18c)；④一端固定、一端铰支(图 13-18d)；⑤一端固定、一端定向支承(图 13-18e)。

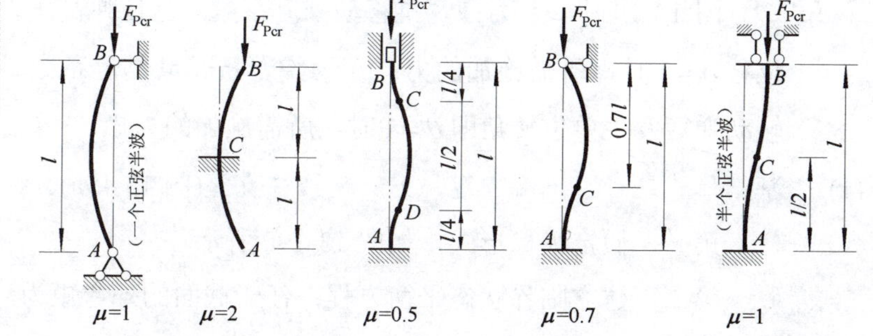

图 13-18　刚性支承等截面直杆的计算长度系数

图 13-18a 所示两端铰支压杆临界荷载的计算公式，又称为**欧拉公式**

$$F_{Pcr} = \frac{\pi^2 EI}{l^2}$$

实际上，各种不同约束条件下的压杆在临界状态时的微弯变形曲线特征，可与两端铰支压杆的临界微弯变形曲线(一个正弦半波)相比较，进而可确定各种压杆微弯时与一个正弦半波相当部分的长度，用μl表示。然后，用μl代替上式中的l，便得到各种约束条件下压杆临界荷载计算的通用公式，即

$$F_{\mathrm{Pcr}}=\frac{\pi^2 EI}{(\mu l)^2}$$

式中，μ 称为计算长度系数(图 13-18)，它反映杆端约束对压杆临界荷载的影响；μl 称为计算长度。

13.4.2 弹性支承等截面直杆的稳定问题

通常采用静力法求解。

1　基本形式（图 13-19）

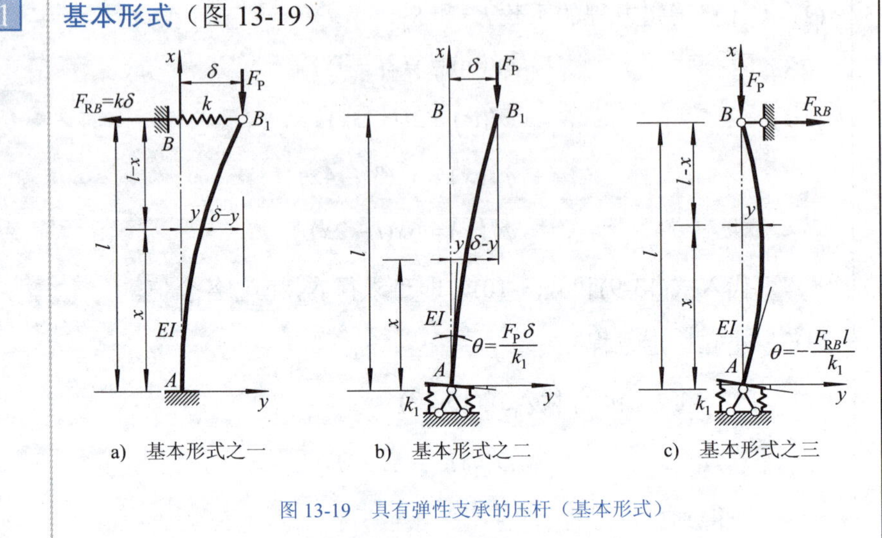

图 13-19　具有弹性支承的压杆（基本形式）

图 13-19 中，k 为弹簧抗移动刚度系数，是使弹簧发生单位线位移$\delta=1$时，所需施加的力；k_1 为弹簧抗转动刚度系数，是使抗转动弹簧发生单位转角即$\theta=1$时，所需施加的力矩。

(1) 基本形式之一：一端固定、另一端弹性支座(图 13-19a)。

第一，假定失稳形式，如图 13-19a 所示。

第二，建立临界状态平衡方程：任一截面的外弯矩为

$$M=F_{\mathrm{P}}(\delta-y)-k\delta(l-x) \tag{a}$$

将式(a)代入内、外弯矩平衡方程中，则得弹性曲线的微分方程为

$$EIy''=M=F_{\mathrm{P}}(\delta-y)-k\delta(l-x)$$

或

$$EIy''+F_{\mathrm{P}}y=F_{\mathrm{P}}\delta-k\delta(l-x) \tag{b}$$

第三，根据平衡形式具有二重性的静力特征，建立稳定方程：方程(b)的通解为

$$y=A\cos\alpha x+B\sin\alpha x+\delta\left[1-\frac{k}{F_{\mathrm{P}}}(l-x)\right] \tag{c}$$

式中，$\alpha=\sqrt{F_{\mathrm{P}}/EI}$。　(d)

引入边界条件：当$x=0$时，$y=y'=0$；当$x=l$时，$y=\delta$，即可得到关于未知量A、B和δ的线性方程组

$$\left.\begin{aligned}A+\left(1-\frac{kl}{F_{\mathrm{P}}}\right)\delta=0\\ B\alpha+\frac{k}{F_{\mathrm{P}}}\delta=0\\ A\cos\alpha l+B\sin\alpha l=0\end{aligned}\right\} \tag{e}$$

由于 A、B 和 δ 不能全为零，故方程组(e)的系数行列式应等于零，即

$$D=\begin{vmatrix} 1 & 0 & 1-\dfrac{kl}{\alpha^2 EI} \\ 0 & \alpha & \dfrac{k}{\alpha^2 EI} \\ \cos\alpha l & \sin\alpha l & 0 \end{vmatrix}=0 \tag{f}$$

第四，解稳定方程，求特征荷载值：

将式(f)展开，得超越方程

$$\boxed{\tan\alpha l=\alpha l-\frac{(\alpha l)^3 EI}{kl^3}} \tag{13-13}$$

由上式用试算法或作图法解得 αl 的最小值后，根据式(d)不难求出临界荷载值。

现采用作图法求解。设

$$y_1=\tan\alpha l$$

$$y_2=\alpha l-\frac{(\alpha l)^3 EI}{kl^3}$$

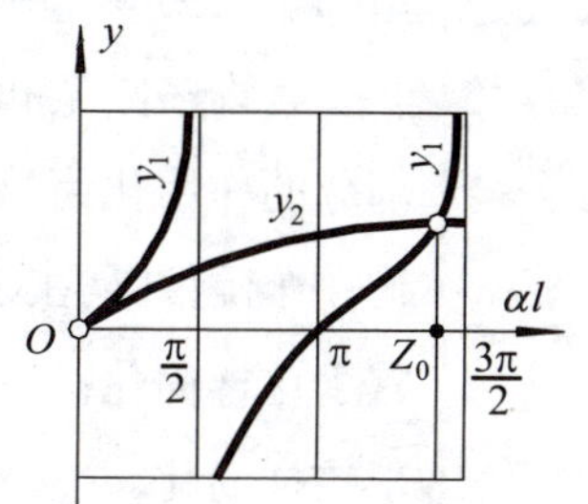

图 13-20　方程(13-13)的图解法

在 αl - y 直角坐标上作 y_1 和 y_2 的曲线，如图 13-20 所示。y_1 和 y_2 的交点的横坐标最小值 Z_0 即为所求的 αl 值。然后，由 $(\alpha l)_{\min}=Z_0$，亦即 $\alpha_{\min}=Z_0/l=\sqrt{F_P/EI}$，即可求得临界荷载值为

$$F_{Pcr}=\frac{Z_0^2 EI}{l^2}$$

No.13-46

(2) 基本形式之二：一端自由、另一端为弹性抗转动支座（图 13-19b）。

在临界状态下，任一截面的弯矩为

$$M=F_P(\delta-y)$$

相应的边界条件为：当 $x=0$ 时，$y=0$ 和 $y'=\theta$；当 $x=l$ 时，$y=\delta$。

与前述推导类似，将弯矩表达式代入 $EIy''=M$，解此微分方程，在引入以上边界条件后，再根据位移有非零解的条件，可得到稳定方程

$$\boxed{\alpha l\tan\alpha l=\frac{k_1 l}{EI}} \tag{13-14}$$

采用作图法或试算法求得 $(\alpha l)_{\min}$ 后，即可用式(d)求出 F_{Pcr}。

(3) 基本形式之三：一端铰支、另一端为弹性抗转动支座(图 13-19c)。

在临界状态下，任一截面的弯矩为

$$M=-F_P y+F_{RB}(l-x)$$

相应的边界条件为：当 $x=0$ 时，$y=0$ 和 $y'=-F_{RB}l/k_1$；当 $x=l$ 时，$y=0$。

由类似推导,可得稳定方程

$$\boxed{\tan\alpha l=\alpha l\frac{1}{1+(\alpha l)^2 EI/k_1 l}} \tag{13-15}$$

采用作图法或试算法求得 $(\alpha l)_{\min}$ 后，即可用式(d) $\alpha=\sqrt{F_P/EI}$ 求出 F_{Pcr}。

2 结构可化为单根弹性支承直杆计算的稳定问题

有许多刚架和排架都可简化为单根压杆的稳定问题，而把其余部分的作用化为该杆的某种弹性支承(即将其余部分作为一个子结构)，问题只是在于这些弹性支承的弹簧刚度有时容易确定，因而宜于这样简化；有时不易于确定(也能定，但计算复杂)，因而不宜于这样简化。

如果欲简化，则须同时满足以下两个条件：

一是除所选压杆外，结构的其余杆件中无压杆(包括对称结构取一半之后，除所选压杆外，其余部分无压杆；或其余部分虽有压杆，但为两端铰结杆)。

二是组成各弹性支承的杆件互不重复，否则，各弹簧间相互影响，计算不方便，而且不能用相互独立的弹簧刚度来表示。

例如，图 13-21a 所示刚架 F_{Pcr} 的计算，可简化为图 13-21b 所示单根压杆来计算。

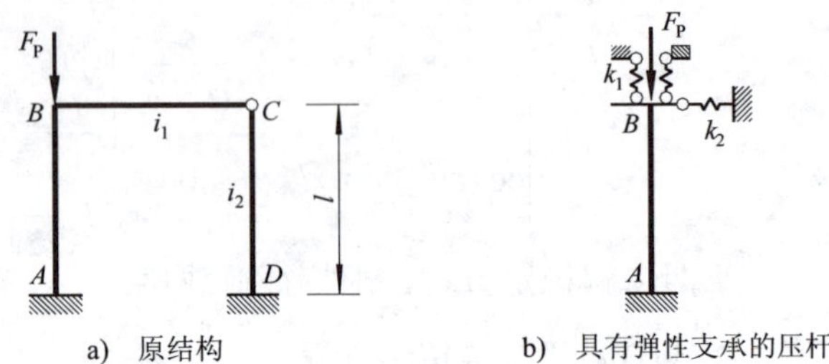

图 13-21　将图示刚架化作弹性支承的压杆

BC 杆对 AB 杆的作用化作抗转动弹簧，其刚度 $k_1 = 3i_1$；CD 杆的作用化作抗移动弹簧，其刚度为 $k_2 = 3i_2/l^2$。

【例 13-7】试求图 13-22a 所示结构的稳定方程。

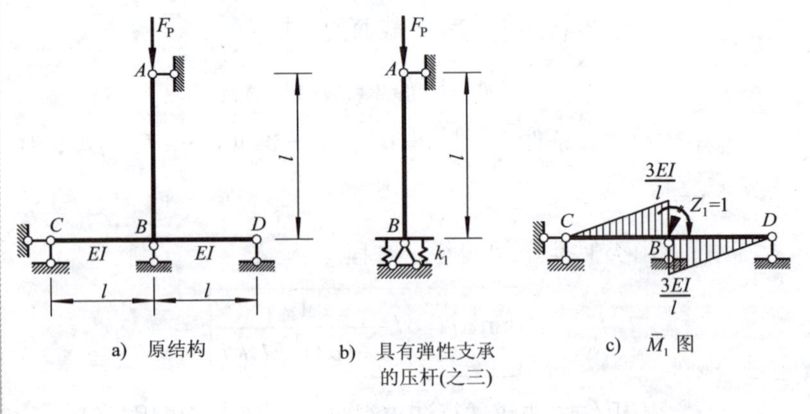

图 13-22　例 13-7 图

解：将图 13-22a 结构化为图 13-22b 所示相当的压杆(属基本形式之三)。

在一般情况下，确定弹性支承的抗移动或抗转动刚度系数 k_i 时，需在结构余下的部分加上单位力或单位力矩，并求出相应的位移（即柔度系数），然后取其倒数。

在本例中，由于 k_1 即等于连续梁的中点 B 发生单位转角时所需的力矩，故根据图 13-22c 所示 $\overline{M}_1$ 图，可知

$$k_1 = \frac{3EI}{l} + \frac{3EI}{l} = \frac{6EI}{l}$$

将求得的 k_1 值代入式(13-15)，便可得到稳定方程

$$\tan\alpha l = \alpha l \frac{1}{1+(\alpha l)^2/6}$$

【例 13-8】 试将图 13-23a 所示刚架简化成具有弹性支承端的压杆，并求其稳定方程。

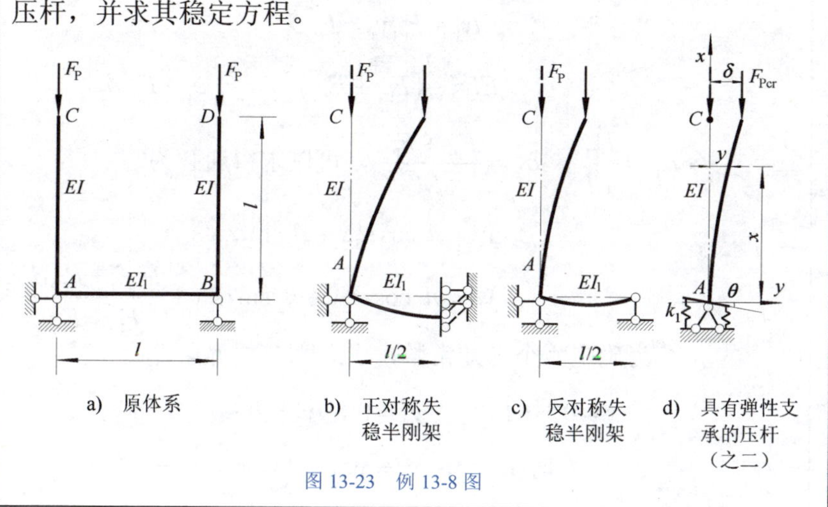

图 13-23　例 13-8 图

解：图 13-23a 所示为对称结构，可能出现正对称失稳和反对称失稳两种失稳形式。因此，可对应地取等效半刚架如图 13-23b、c 所示。为进一步简化计算，还可将图 13-23b 和图 13-23c 统一化为如图 13-23d 所示的上端自由、下端具有抗转动弹性支承的压杆(属基本形式之二)。

(1) 对称失稳时(图 13-23b)，其抗转动刚度系数为

$$k_{1b}=\frac{EI_1}{l/2}=\frac{2EI_1}{l}$$

将其代入式(13-14)，得稳定方程

$$\alpha l\tan\alpha l=\frac{2EI_1}{EI}$$

(2) 反对称失稳时(图 13-23c)，其抗转动刚度系数为

$$k_{1c}=3\frac{EI_1}{l/2}=\frac{6EI_1}{l}$$

将其代入式（13-14），得稳定方程

$$\alpha l\tan\alpha l=\frac{6EI_1}{EI}$$

【例 13-9】试将图 13-24a 所示刚架简化成具有弹性支承端的压杆，并求其稳定方程。

解：图 13-24a 所示刚架可等效地简化为如图 13-24b 所示的上端具有弹性支承、下端固定的压杆(属基本形式之一)。其弹簧抗移动刚度系数

$$k=\frac{3EI_2}{l^3}$$

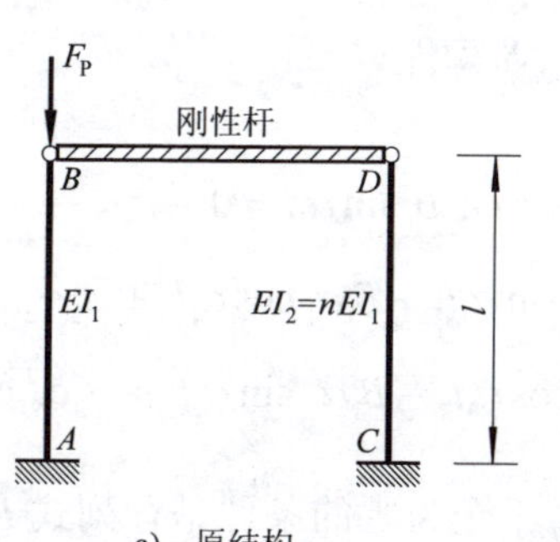

a) 原结构

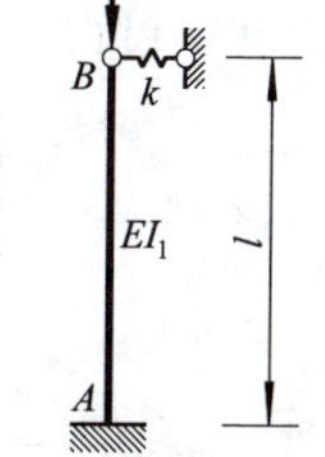

b) 具有弹性支承的压杆(之一)

图 13-24　例 13-9 图

将其代入式(13-13)，得稳定方程

$$\tan\alpha l=\alpha l-\frac{(\alpha l)^3EI_1}{kl^3}$$

13.4.3 组合轴向压力作用下等截面直杆的稳定

1 两个集中力作用

采用静力法。按 F_{P1} 和 F_{P2} 作用点，将 AC 分为上、下两段，长分别为 l_1 和 l_2。假设失稳形式，如图 13-25 所示，分别建立临界状态平衡方程如下：

上段：

$$EIy_1'' = F_{P1}(\delta_1 - y_1)$$

下段：

$$EIy_2'' = F_{P1}(\delta_1 - y_2) + F_{P2}(\delta_2 - y_2)$$

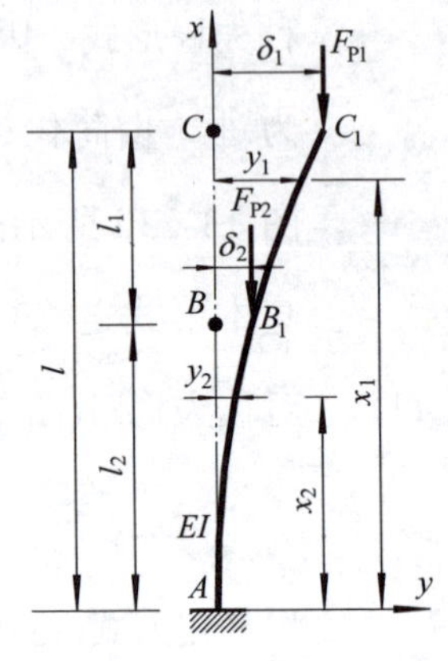

图 13-25　两个集中力作用

整理得

$$EIy_1'' + F_{P1}y_1 = F_{P1}\delta_1$$

$$EIy_2'' + (F_{P1}+F_{P2})y_2 = F_{P1}\delta_1 + F_{P2}\delta_2$$

令 $\alpha_1^2 = \dfrac{F_{P1}}{EI}$，$\alpha_2^2 = \dfrac{F_{P1}+F_{P2}}{EI}$，可以求得通解为

$$y_1 = A_1\cos\alpha_1 x + B_1\sin\alpha_1 x + \delta_1$$

$$y_2 = A_2\cos\alpha_2 x + B_2\sin\alpha_2 x + \frac{F_{P1}\delta_1 + F_{P2}\delta_2}{F_{P1}+F_{P2}}$$

为确定六个未知常数，引入六个边界条件：

当 $x=0$ 时(A 点)，$y_2=0$，$y_2'=0$；

当 $x=l_2$ 时(B 点)，$y_1=y_2$，$y_1'=y_2'$，$y_1''=y_2''$；

当 $x=l$ 时(C 点)，$y_1=\delta_1$。

由此，可得

$$\begin{cases} A_1\cos\alpha_1 l + B_1\sin\alpha_1 l = 0 \\ -A_1\alpha_1\sin\alpha_1 l_2 + B_1\alpha_1\cos\alpha_1 l_2 + A_2\alpha_2\sin\alpha_2 l_2 = 0 \\ -A_1\alpha_1^2\cos\alpha_1 l_2 - B_1\alpha_1^2\sin\alpha_1 l_2 + A_2\alpha_2^2\cos\alpha_2 l_2 = 0 \end{cases}$$

积分常数 A_1、B_1 和 A_2 不全为零的条件是行列式 $D=0$，即

$$D = \begin{vmatrix} \cos\alpha_1 l & \sin\alpha_1 l & 0 \\ -\alpha_1\sin\alpha_1 l_2 & \alpha_1\cos\alpha_1 l_2 & \alpha_2\sin\alpha_2 l_2 \\ -\alpha_1^2\cos\alpha_1 l_2 & -\alpha_1^2\sin\alpha_1 l_2 & \alpha_2^2\cos\alpha_2 l_2 \end{vmatrix} = 0$$

将上式展开并整理后，得稳定方程

$$\boxed{\tan\alpha_1 l_1 \tan\alpha_2 l_2 = \frac{\alpha_2}{\alpha_1}} \tag{13-16}$$

当给定 F_{P1}/F_{P2}、l_1/l_2 各比值后，代入上式，即可得出临界荷载值。例如，当 $F_{P1}=F_P$，$F_{P2}=3F_P$，$l_1=l_2=l/2$ 时，有

$$\tan\alpha_1\left(\frac{l}{2}\right)\tan\alpha_1(l) = 2$$

由此，可解得

$$\alpha_1 = 1.231/l$$

故

$$F_{P1} = 1.515EI/l^2,\quad F_{P2} = 3F_{P1} = 4.545EI/l^2$$

即临界荷载为

$$F_{Pcr} = 1.515EI/l^2$$

2 仅有自重作用

采用能量法。图 13-26 所示为一等截面柱，下端固定、上端自由。求在均匀分布竖直荷载作用下的临界荷载。

选取坐标系，如图 13-26 所示。两端边界条件为：

当 $x=0$ 时，$y=0$；

当 $x=l$ 时，$y'=0$。

根据上述边界条件，可假设结构

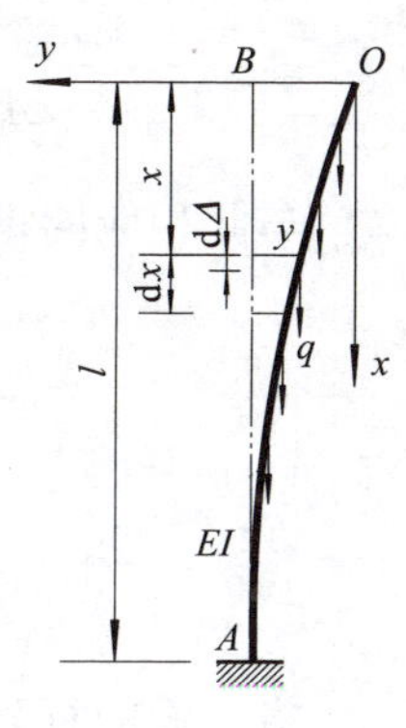

图 13-26　仅有自重作用

近似变形曲线为

$$y=a\sin\frac{\pi x}{2l}$$

先求应变能 U。在只考虑弯曲变形时，结构的应变能为

$$U=\frac{1}{2}\int_0^l EI\left(y''\right)^2\mathrm{d}x=\frac{EI\pi^4a^2}{32l^4}\int_0^l\sin^2\frac{\pi x}{2l}\mathrm{d}x=\frac{EI\pi^4a^2}{64l^3}$$

再求荷载势能 U_P。由于微段 dx 倾斜而使微段以上部分荷载 qx 向下移动，下降距离 $\mathrm{d}\varDelta\approx\frac{1}{2}(y')^2\mathrm{d}x$（参见图 13-17b），该微段以上杆段分布荷载的荷载势能为

$$-qx\,\mathrm{d}\varDelta=-qx\times\frac{1}{2}(y')^2\mathrm{d}x$$

因此，全杆分布荷载在结构变形中的荷载势能为

$$U_\mathrm{P}=-\frac{1}{2}\int_0^l qx\left(y'\right)^2\mathrm{d}x=-\frac{qa^2\pi^2}{8l^2}\int_0^l x\cos^2\frac{\pi x}{2l}\mathrm{d}x$$

$$=-\frac{0.149}{8}q\pi^2a^2$$

将 U 和 U_P 代入 $E_\mathrm{P}=U+U_\mathrm{P}$ 中，再应用势能驻值条件，即可求得临界荷载 q_cr 的近似解为

$$q_\mathrm{cr}=\frac{\pi^2EI}{8\times0.149l^3}=8.27\frac{EI}{l^3}$$

与精确解 $7.837EI/l^3$ 相比，误差为 5.5%。

13.4.4 变截面杆件的稳定

在工程实际中，为充分发挥构件的受力特性或满足构造、使用等方面的要求，常采用变截面杆件。这里只讨论建筑结构中经常遇到的阶形柱的稳定问题。

图 13-27a 所示为一变截面杆。

采用静力法。令 y_1、y_2 分别表示上段和下段各点在新的平衡形式下的挠度(图 13-27b)。

这两杆段的近似微分方程为

$$EI_1y_1''=F_\mathrm{P}\left(\delta-y_1\right)$$

$$EI_2y_2''=F_\mathrm{P}\left(\delta-y_2\right)$$

即

$$EI_1y_1''+F_\mathrm{P}y_1=F_\mathrm{P}\delta$$

$$EI_2y_2''+F_\mathrm{P}y_2=F_\mathrm{P}\delta$$

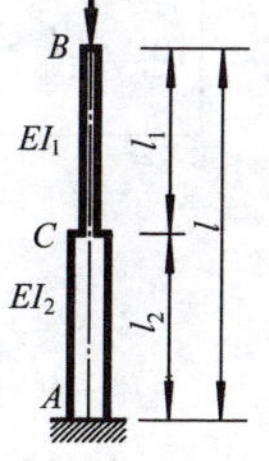

a)

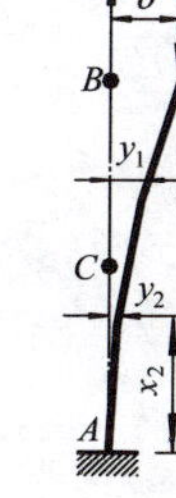

b)

图 13-27　阶形柱的稳定(之一)

令 $\alpha_1^2=\dfrac{F_P}{EI_1}$，$\alpha_2^2=\dfrac{F_P}{EI_2}$，可得通解为

$$y_1=A_1\cos\alpha_1 x+B_1\sin\alpha_1 x+\delta \tag{a}$$

$$y_2=A_2\cos\alpha_2 x+B_2\sin\alpha_2 x+\delta \tag{b}$$

这里，共含有 A_1、B_1、A_2、B_2 和 δ 五个未知常数。已知边界条件为：

当 $x=0$ 时，$y_2=0$，$y_2'=0$，由此得 $A_2=-\delta$，$B_2=0$。这时

$$y_2=\delta(1-\cos\alpha_2 x) \tag{c}$$

当 $x=l$ 时，$y_1=\delta$；当 $x=l_2$ 时，$y_1=y_2$，$y_1'=y_2'$。将这三个条件代入式(a)和式(c)，可得如下的齐次方程组

$$\left.\begin{aligned}A_1\cos\alpha_1 l+B_1\sin\alpha_1 l=0\\A_1\cos\alpha_1 l_2+B_1\sin\alpha_1 l_2+\delta\cos\alpha_2 l_2=0\\A_1\alpha_1\sin\alpha_1 l_2-B_1\alpha_1\cos\alpha_1 l_2+\delta\alpha_2\sin\alpha_2 l_2=0\end{aligned}\right\}$$

与此相应的稳定方程为

$$D=\begin{vmatrix}\cos\alpha_1 l & \sin\alpha_1 l & 0\\ \cos\alpha_1 l_2 & \sin\alpha_1 l_2 & \cos\alpha_2 l_2\\ \sin\alpha_1 l_2 & -\cos\alpha_1 l_2 & \dfrac{\alpha_2}{\alpha_1}\sin\alpha_2 l_2\end{vmatrix}=0$$

将上面的行列式展开，得

$$\boxed{\tan\alpha_1 l_1\times\tan\alpha_2 l_2=\frac{\alpha_1}{\alpha_2}} \tag{13-17}$$

上式只有当给出比值 I_1/I_2、l_1/l_2 时才能求解。

对于在柱顶承受 F_{P1} 而且在截面突变处承受 F_{P2} 作用的情形(图 13-28)，由类似的推导过程，可得其稳定方程为

$$\boxed{\tan\alpha_1 l_1\times\tan\alpha_2 l_2=\frac{\alpha_1}{\alpha_2}\times\frac{F_{P1}+F_{P2}}{F_{P1}}} \tag{13-18}$$

式中

$$\alpha_1=\sqrt{\frac{F_{P1}}{EI_1}}$$

$$\alpha_2=\sqrt{\frac{F_{P1}+F_{P2}}{EI_2}}$$

式(13-18)也只有当给出比值 I_1/I_2、l_1/l_2 和 F_{P1}/F_{P2} 时才能求解。

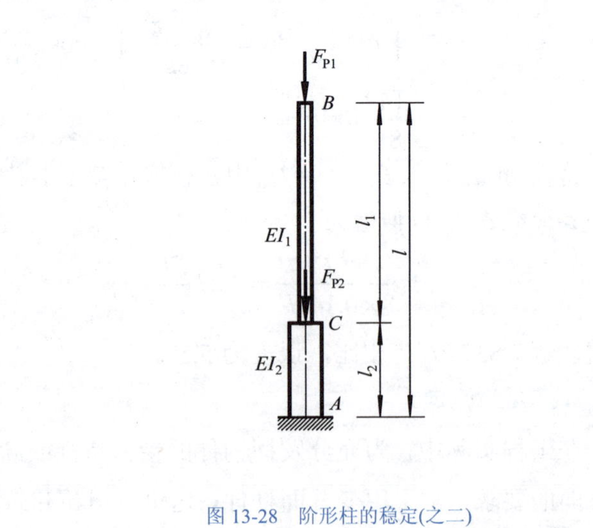

图 13-28　阶形柱的稳定(之二)

*13.4.5 组合压杆的稳定

1 构造特点(图 13-29 和图 13-30)

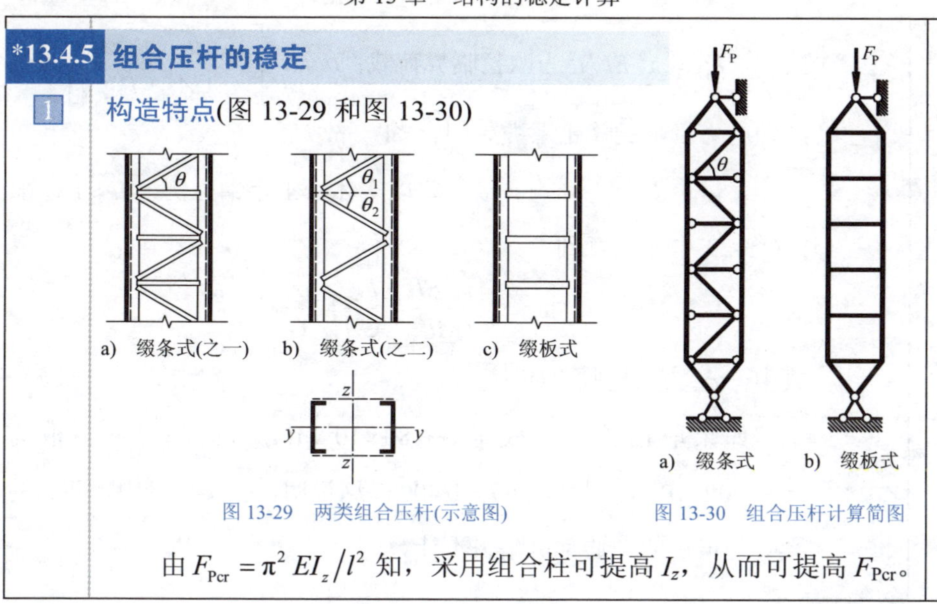

图 13-29　两类组合压杆(示意图)　　图 13-30　组合压杆计算简图

由 $F_{Pcr}=\pi^2 EI_z/l^2$ 知，采用组合柱可提高 I_z，从而可提高 F_{Pcr}。

2 剪力对临界荷载的影响(图 13-31)

前面确定压杆的临界荷载时，只考虑了弯矩对变形的影响。如果考虑到组合压杆特别是轻型结构中剪切变形的效应不可忽视，则还要计入剪力对临界荷载的影响，因而，就应同时考虑弯矩和剪力对变形的影响。

设 $y=y_M+y_Q$（其中，y_M、y_Q 分别表示由弯矩、剪力引起的变形），则表示曲率的近似公式为

$$y''=y''_M+y''_Q \tag{a}$$

(1) 由于弯曲引起的曲率 y''_M

$$y''_M=-\frac{M}{EI} \tag{b}$$

(2) 由于剪力引起的曲率 y''_Q

由于剪力所引起的杆轴切线的附加转角 $\mathrm{d}y_Q/\mathrm{d}x$ 数值上等于剪切角γ，于是有

$$\frac{\mathrm{d}y_Q}{\mathrm{d}x}=\gamma=\mu\frac{F_Q}{GA}=\frac{\mu}{GA}\left(\frac{\mathrm{d}M}{\mathrm{d}x}\right)$$

$$y''_Q=\frac{\mathrm{d}}{\mathrm{d}x}\left(\frac{\mathrm{d}y_Q}{\mathrm{d}x}\right)=\frac{\mu}{GA}\times\frac{\mathrm{d}^2M}{\mathrm{d}x^2} \tag{c}$$

式中，μ为考虑剪应力分布不均匀系数。

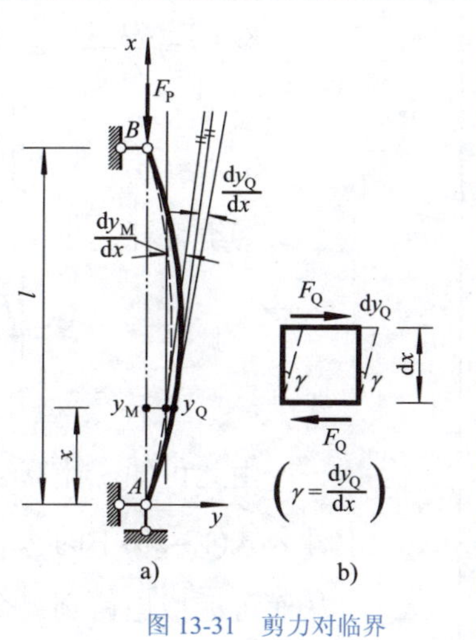

图 13-31　剪力对临界荷载的影响

(3) M 和 F_Q 共同引起的曲率 y''

$$\boxed{y''=-\frac{M}{EI}+\frac{\mu}{GA}\times\frac{\mathrm{d}^2M}{\mathrm{d}x^2}} \tag{13-19}$$

上式适用于任何支座条件。

现以图 13-32 所示压杆为例，考虑剪力影响，求其临界荷载。

假设失稳形式，如图 13-32 所示。

$$M=F_Py$$

$$\frac{\mathrm{d}^2M}{\mathrm{d}x^2}=F_Py''$$

代入式(13-19)，得

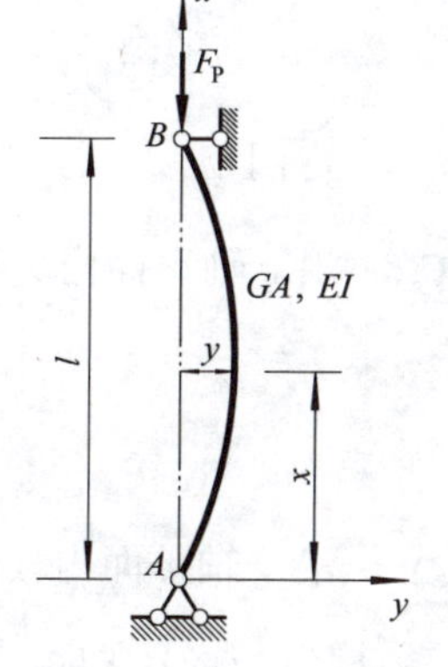

图 13-32　求压杆的临界荷载(考虑剪力影响)

$$y''=-\frac{F_P y}{EI}+\frac{\mu}{GA}(F_P y'')$$

经整理，得

$$EI\left(1-\frac{\mu F_P}{GA}\right)y''+F_P y=0$$

经前述步骤，最后可得

$$F_{Pcr}=\frac{\left(\dfrac{\pi^2 EI}{l^2}\right)}{\left[1+\dfrac{\mu}{GA}\left(\dfrac{\pi^2 EI}{l^2}\right)\right]}$$

即

$$\boxed{F_{Pcr}=\alpha F_{Pe}} \tag{13-20}$$

式中，$F_{Pe}=\pi^2 EI/l^2$ 为欧拉临界荷载；$\alpha=1\bigg/\left[1+\dfrac{\mu}{GA}\left(\dfrac{\pi^2 EI}{l^2}\right)\right]$ 为考虑切应力影响的修正系数。因 $\alpha<1$，故 $F_{Pcr}<F_{Pe}$。

【讨论】剪力影响有多大？以实体杆工字钢为例，$\mu\approx1$。在式(13-20)中，注意到

$$\frac{\pi^2 EI}{GAl^2}=\frac{F_{Pe}}{GA}=\frac{\sigma_e}{G}$$

式中，σ_e 为欧拉临界应力。

如果取钢的切变模量 $G=80\times10^3\,\text{MPa}$，而临界应力取为 $\sigma_e=200\,\text{MPa}$，则有 $\sigma_e/G=1/400$。这说明，在实体杆中，剪力的影响是很小的，通常可略去不计。

3 计算组合杆的 F_{Pcr} 需解决的关键问题——$\overline{F}_Q=1$ 引起的附加剪切角 $\overline{\gamma}$

实际工程中，常把构件的稳定问题简化为两个主轴平面内的稳定问题。

(1) 沿 z 轴平面内失稳（参见图 13-29）

$$\boxed{F_{Pcr}=\frac{\pi^2 EI_y}{l^2}=\frac{\pi^2 E\left(2I_{y肢}\right)}{l^2}} \tag{13-21}$$

(2) 沿 y 轴平面内失稳（参见图 13-29）

①实体杆：

$$\boxed{F_{Pcr}=\alpha F_{Pe}=\frac{F_{Pe}}{1+\mu F_{Pe}/GA}} \tag{13-22}$$

令 $\overline{\gamma}_0=\dfrac{\mu(1)}{GA}$——$\overline{F}_Q=1$ 引起实体杆的附加剪切角，则

$$\boxed{F_{Pcr}=\frac{F_{Pe}}{1+\overline{\gamma}_0 F_{Pe}}} \tag{13-23}$$

②组合杆：

$$\boxed{F_{Pcr}=\alpha F_{Pe}=\frac{F_{Pe}}{1+\overline{\gamma} F_{Pe}}} \tag{13-24}$$

式中，$\overline{\gamma}$ 表示 $\overline{F}_Q=1$ 引起组合杆的附加剪切角。

由此可知，计算组合杆的 F_{Pcr}，关键是求出 $\overline{\gamma}$，用以代替实体杆公式(13-23)中的 $\overline{\gamma}_0$，就可求得剪切修正系数 $\alpha=1/(1+\overline{\gamma}F_{Pe})$，从而可近似地得到组合杆件的临界荷载。实践证明，当组合杆的节间数≥6 时，这个方法就能给出相当满意的结果。

4 缀条式组合杆的临界荷载(参见图 13-30a)

可近似地按桁架进行计算。取一节间来考虑，如图 13-33 所示。加载方式可有多种（图 13-33a～d)，取其中任一种方式都可得到同样的结果。

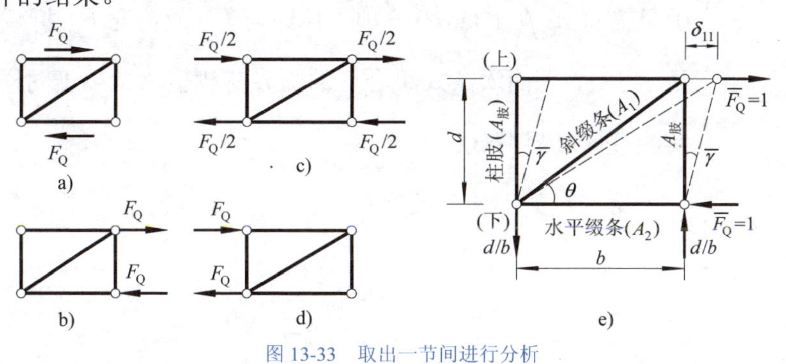

图 13-33　取出一节间进行分析

(1) 求 $\bar{\gamma}$（$\bar{F}_Q=1$ 引起的附加剪切角，图 13-33e）

$$\bar{\gamma}\approx\tan\bar{\gamma}=\frac{\delta_{11}}{d}=\frac{1}{d}\sum\frac{\bar{F}_{N1}^2 l}{EA}$$

对于前后二水平缀条，有

$$\left(\bar{F}_{N1}\right)_{水平}^2=(-1)^2,\quad l_{水平}=b=\frac{d}{\tan\theta}$$

对于前后二斜缀条，有

$$\left(\bar{F}_{N1}\right)_{斜}^2=\left(\frac{1}{\cos\theta}\right)^2,\quad l_{斜}=\frac{d}{\sin\theta}$$

故

$$\bar{\gamma}=\frac{\delta_{11}}{d}=\frac{1}{E}\left(\frac{1}{A_1\sin\theta\cos^2\theta}+\frac{1}{A_2\tan\theta}\right)$$

(2) 求 F_{Pcr}

将 $\bar{\gamma}$ 值代入式(13-24)，得

$$F_{Pcr}=\alpha F_{Pe}=\frac{1}{1+\bar{\gamma}F_{Pe}}F_{Pe}$$

$$=\frac{1}{1+\frac{F_{Pe}}{E}\left(\frac{1}{A_1\sin\theta\cos^2\theta}+\frac{1}{A_2\tan\theta}\right)}F_{Pe}$$

式中，$F_{Pe}=\frac{\pi^2EI}{l^2}$，而 $I\approx 2A_{肢}\left(\frac{b}{2}\right)^2$，于是有

$$F_{Pcr}=\frac{1}{1+\frac{\pi^2}{2}\left(\frac{b}{l}\right)^2\left(\frac{A_{肢}}{A_1\sin\theta\cos^2\theta}+\frac{A_{肢}}{A_2\tan\theta}\right)}F_{Pe}\qquad(13\text{-}25)$$

上式(13-25)是根据图 13-34b 推导出来的，以此为基础，可进一步讨论图 13-34a、c、d 所示的计算公式。

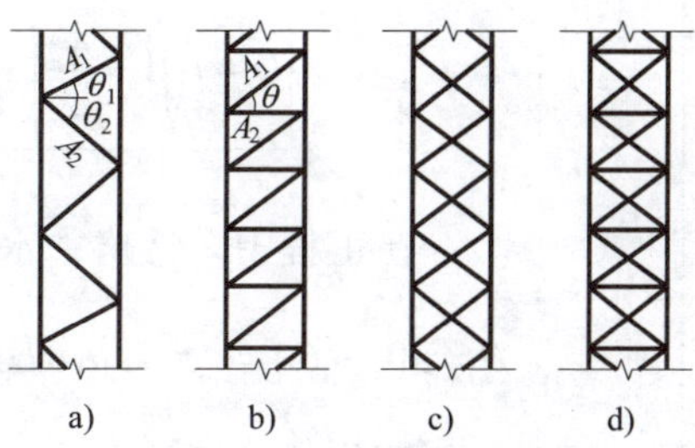

图 13-34　两端铰支的缀条式组合压杆

图 13-34a 可看作图 13-34b 的一个特例，即在式(13-25)中将水平腹杆的项去掉，同时考虑 A_1=A_2=A，即可以得到适用于图 13-34a 柱的计算公式

$$F_{Pcr}=\frac{1}{1+\frac{\pi^2}{2}\left(\frac{b}{l}\right)^2\frac{A_{肢}}{A\sin\theta\cos^2\theta}}\times\frac{\pi^2EI}{l^2}\qquad(13\text{-}26)$$

对于有交叉缀条的组合杆(图 13-34c、d)，临界荷载仍分别按式(13-26)、式(13-25)计算，只是此时缀条面积应加倍，即为两根交叉缀条的面积。

(3) 【讨论】缀条式组合杆的临界荷载值和计算长度 l_0 的特点

第一，关于 F_{Pcr}：式(13-25)和式(13-26)可统一写成

$$F_{Pcr}=\alpha_1\frac{\pi^2 EI}{l^2} \tag{13-27a}$$

式中，$\pi^2 EI/l^2$ 是惯性矩为 I 的实腹杆的临界荷载，而

$$\alpha_1=\frac{1}{1+\frac{\pi^2}{2}\left(\frac{b}{l}\right)^2\left(\frac{A_{肢}}{A_1\sin\theta\cos^2\theta}+\frac{A_{肢}}{A_2\tan\theta}\right)} \tag{13-27b}$$

式中，α_1 是缀条式组合杆考虑剪力影响的折减系数。

如前所述，图 13-34a 及其相应的式(13-26)可看作图 13-34b 及其相应的式(13-25)的一个特例。因此，对于图 13-34a，式(13-27b)中只需将 $A_{肢}/(A_2\tan\theta)$ 一项去掉即可。一般情况下，折减系数 α_1 总是小于 1，因而缀条式组合杆的临界荷载也总是小于同样惯性矩的实腹柱的临界荷载。

第二，关于计算长度 l_0：由 $F_{Pcr}=\pi^2 EI/l_0^2$，得

$$l_0=\pi\sqrt{\frac{EI}{F_{Pcr}}}=\frac{l}{\sqrt{\alpha_1}}$$

即

$$l_0=l\sqrt{1+\frac{\pi^2}{2}\left(\frac{b}{l}\right)^2\left(\frac{A_{肢}}{A_1\sin\theta\cos^2\theta}+\frac{A_{肢}}{A_2\tan\theta}\right)} \tag{13-28a}$$

在工程中，常略去水平缀条的影响，即略去 $A_{肢}/(A_2\tan\theta)$；又 $\theta=30^\circ\sim60^\circ$，$\pi^2/\sin\theta\cos^2\theta\approx27$。这样，便得到工程实际中常用的、简化的**长细比**公式

$$\lambda=\frac{l_0}{b/2}=\sqrt{\left(\frac{l}{b/2}\right)^2+27\frac{(2A_{肢})}{A_{条}}}$$

亦即

$$\lambda=\sqrt{\lambda_0^2+27\frac{(2A_{肢})}{A_{条}}} \tag{13-28b}$$

式中，$\lambda_0=l/r=l/(b/2)$ 即为以回转半径为 $r=b/2$ 的实腹杆算出的长细比；$A_{条}=2A_1$(前后各一根斜缀条的面积)。

5 **缀板式组合杆的临界荷载**(参见图 13-30b)

当压杆沿截面 y 轴平面内失稳时，可将缀板式组合杆当成单跨多层刚架来分析，并近似地认为各杆件的反弯点均在节间中点，从而可取图 13-35a 所示部分来计算其附加剪切角 $\bar{\gamma}$。

(1)　求附加剪切角 $\bar{\gamma}$

$$\bar{\gamma}=\frac{\delta_{11}}{d}=\frac{1}{d}\int\frac{\overline{M}_{Q}^{2}}{EI}\mathrm{d}x=\frac{1}{d}\left(\frac{d^{3}}{24EI_{肢}}+\frac{bd^{2}}{12EI_{板}}\right)$$

式中，$\overline{M}_Q$ 为单位节间剪力 $F_Q=1$ 所引起的附加弯矩；$I_{肢}$为单边柱肢截面对自身形心轴的惯性矩；$I_{板}$为二缀板截面对其形心轴的惯性矩之和。

(2)　求临界荷载 F_{Pcr}

$$F_{Pcr}=\frac{1}{1+\bar{\gamma}F_{Pe}}F_{Pe}=\alpha_2\frac{\pi^2 EI}{l^2} \tag{13-29a}$$

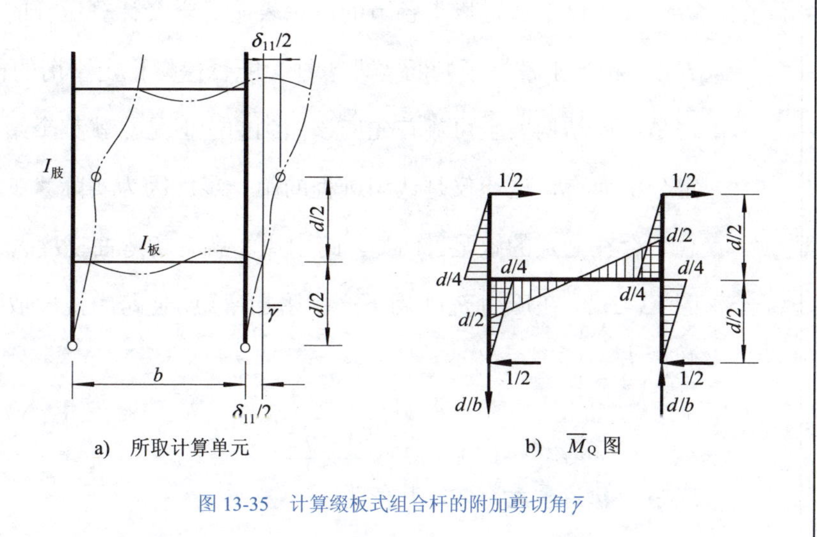

图 13-35　计算缀板式组合杆的附加剪切角 $\bar{\gamma}$

式中

$$\alpha_2=\frac{1}{1+\frac{\pi^2 EI}{l^2}\left(\frac{d^2}{24EI_{肢}}+\frac{bd}{12EI_{板}}\right)} \tag{13-29b}$$

是缀板式考虑剪力影响的折减系数。

(3)　求缀板式组合杆的计算长度 l_0 及计算细长比 λ

$$l_0=\pi\sqrt{\frac{EI}{F_{Pcr}}}=\frac{1}{\sqrt{\alpha_2}}$$

即

$$l_0=l\sqrt{1+\frac{\pi^2 EI}{l^2}\left(\frac{d^2}{24EI_{肢}}+\frac{bd}{12EI_{板}}\right)} \tag{13-30a}$$

如果缀板线刚度比柱肢线刚度大得多，则根号内括号中的第二项可以略去不计。将上式除以 $b/2$，再利用 $I=A_{肢}b^2/2$，可得到

$$\lambda=\frac{l_0}{b/2}$$

$$=\sqrt{\left(\frac{l}{b/2}\right)^2+\frac{2\pi^2}{24}\times\frac{A_{肢}d^2}{I_{肢}}}$$

$$=\sqrt{\lambda_0^2+0.83\lambda_{肢}^2}$$

式中，$\lambda_{肢}^2=A_{肢}d^2/I_{肢}$。为了简化，可以用 1 代替 0.83，则

$$\lambda=\sqrt{\lambda_0^2+\lambda_{肢}^2} \tag{13-30b}$$

【小结】通过以上各节的讨论表明，学会计算压杆的临界力 F_{Pcr}，相当于掌握了判断“理想柱”能否保持稳定平衡的标尺，这是保证结构安全可靠首先应该做到的。但是，就整个结构的稳定分析而言，这还仅是认识进程的第一步。因为实际“工程柱”总是存在一定的缺陷。例如，跨中原本就有初弯曲挠度 Δ_0（参见图 13 -3a），在压力 F_P 作用下产生附加弯矩，使跨中挠度放大为Δ，其值为

$$\boxed{\Delta=\eta\Delta_0} \tag{13-31}$$

式中，η 为放大系数，其值为

$$\boxed{\eta=1\bigg/\left(1-\frac{F_P}{F_{Pcr}}\right)} \tag{13-32}$$

可见，就“工程柱”而言，临界力 F_{Pcr} 是组成放大系数 η 的参数，更贴切地说，F_{Pcr} 是表现在该压力 F_P 作用下杆件侧弯刚度削减的物理量，使其能直观地把挠度的增加表述为刚度的减小，以便顺利过渡到结构的二阶分析，从而把稳定问题与强度问题联系起来。

如果再考虑到材料弹塑性发展对承载能力的贡献，则不难理解压杆极值点失稳(参见图 13-4b、c)的原因，以及工程设计由此确定极限荷载的道理了。

习　题

分析计算题

13-1　用静力法计算习题 13-1 图所示体系的临界荷载。

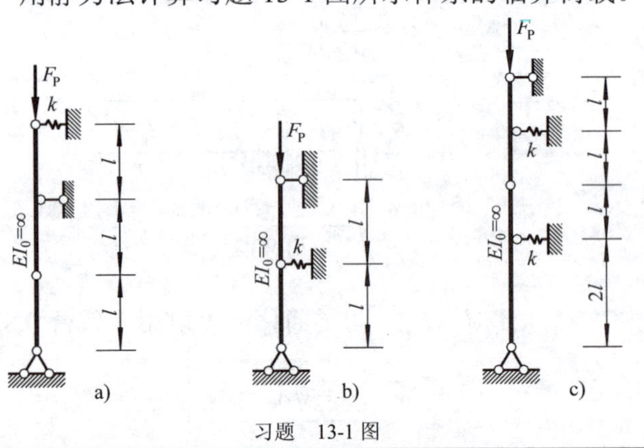

习题　13-1 图

13-2　用静力法计算习题 13-2 图所示体系的临界荷载。k 为弹性铰的抗转刚度（发生单位相对转角所需的力矩）。

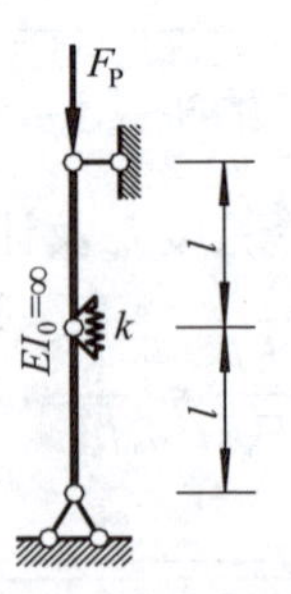

习题　13-2 图

13-3　用静力法计算习题 13-3 图所示体系的临界荷载。

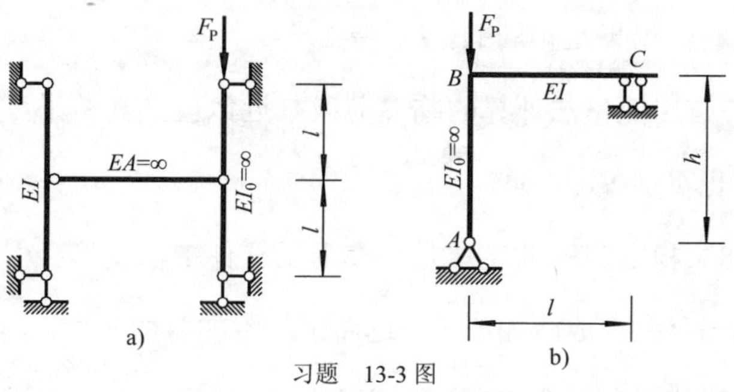

习题　13-3 图

13-4　用能量法重做习题 13-1c。

13-5　用静力法求习题 13-5 图所示结构的稳定方程。

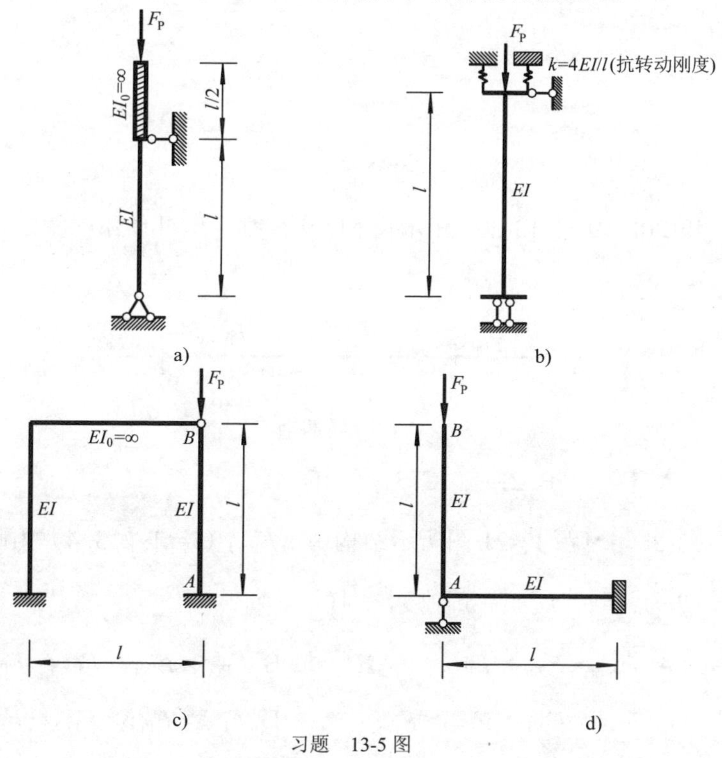

习题　13-5 图

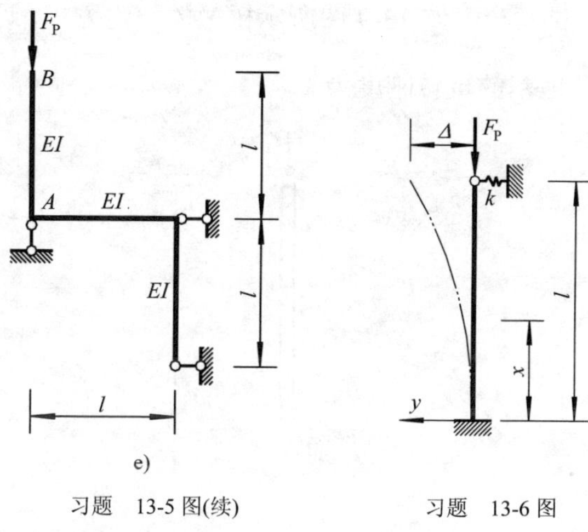

习题　13-5 图(续)　　　　习题　13-6 图

13-6　用能量法计算习题 13-6 图所示结构的临界荷载，已知弹簧刚度 $k=\dfrac{3EI}{l^3}$，设失稳曲线为 $y=\Delta(1-\cos\dfrac{\pi x}{2l})$。

13-7　求习题 13-7 图所示结构的临界荷载。已知各杆长为 l，EI=常数。

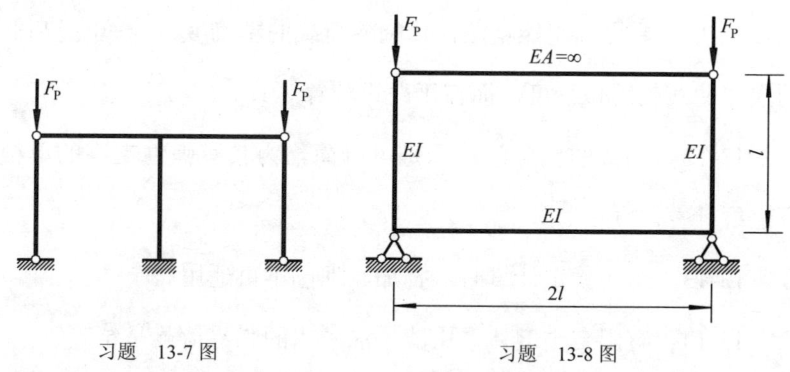

习题　13-7 图　　　　习题　13-8 图

13-8　试分别按对称失稳和反对称失稳求习题 13-8 图所示结构的稳定方程。

13-9 试写出习题 13-9 图所示桥墩的稳定方程，设失稳时基础绕 D 点转动，地基的抗转刚度为 k 。

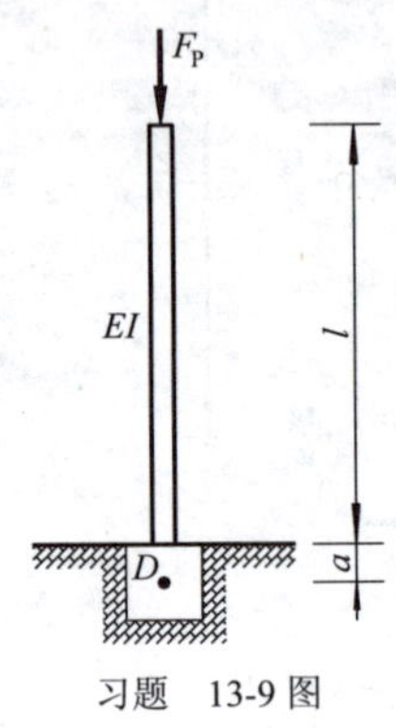

习题 13-9 图

判断题

13-10 对称结构承受对称荷载时，总是按对称变形形式失稳。（　　）

13-11 要提高用能量法计算临界荷载的精确度，不在于提高假设的失稳曲线的近似程度，而在于改进计算工具。（　　）

13-12 刚架的稳定问题总是可以简化为具有弹性支座的单根压杆进行计算。（　　）

13-13 结构稳定计算时，叠加原理已不再适用。（　　）

13-14 有限自由度体系用能量法求出的临界荷载是精确解。（　　）

13-15 当结构处于不稳定平衡状态时，可以在原结构位置维持平衡，也可以在新的形式下维持平衡。（　　）

13-16 无论根据大挠度理论或小挠度理论计算第一类稳定问题的临界荷载，结果是相同的。（　　）

13-17 用能量法计算的临界荷载是近似值，其结果可能比精确值偏大，也可能偏小。（　　）

13-18 稳定问题的实质是：在受压杆件中，变形会引起压力作用位置的偏移，形成附加弯矩，进而引起附加弯曲变形，两者互相促进的结果，也可能导致某截面强度不足而破坏。（　　）

13-19 临界状态的能量特征有多种表达方式，势能驻值原理只是其中之一。（　　）

单项选择题

13-20 习题 13-20 图所示弹性支承刚性压杆体系的稳定自由度为（　　）。

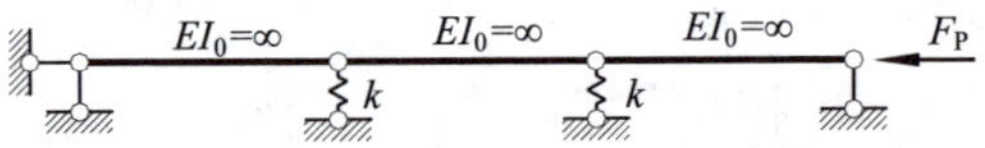

习题 13-20 图

A. 1；　B. 2；　C. 3；　D. 4。

13-21 习题 13-21 图所示结构中，F_{Pcri}（$i=1, 2, 3, 4$）为临界荷载，EI 为常数，k 为弹簧刚度，则（　　）。

A. $F_{Pcr1}>F_{Pcr2}>F_{Pcr3}>F_{Pcr4}$；　B. $F_{Pcr2}>F_{Pcr3}>F_{Pcr4}>F_{Pcr1}$；

C. $F_{Pcr1}>F_{Pcr4}>F_{Pcr3}>F_{Pcr2}$；　D. $F_{Pcr4}>F_{Pcr3}>F_{Pcr2}>F_{Pcr1}$。

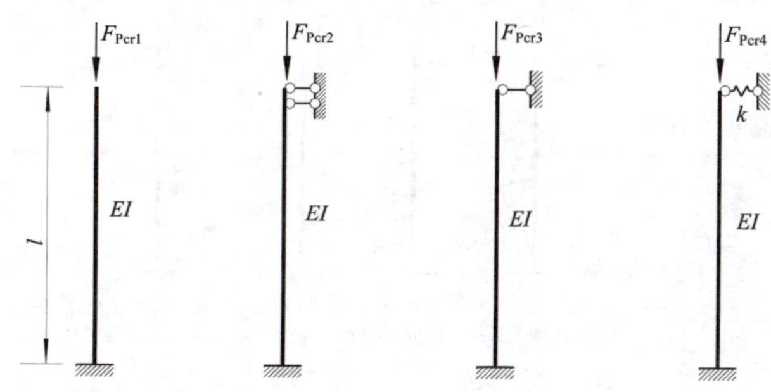

习题　13-21 图

13-22　解稳定问题时，将习题 13-22 图 a 所示弹性杆件体系，简化为图 b 所示弹性支承单根压杆，则刚度系数为(　　)。

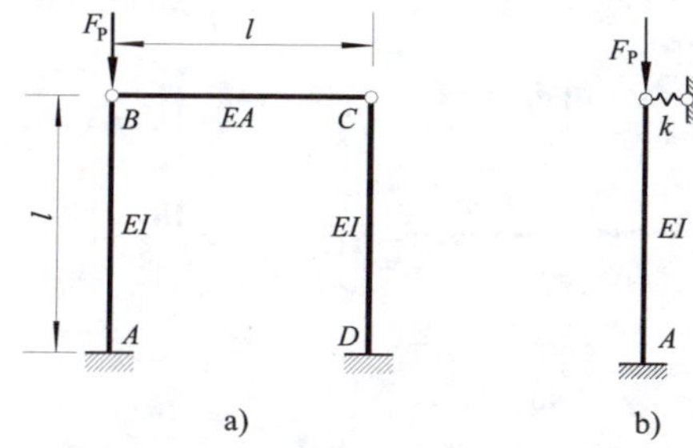

习题　13-22 图

A. $k=\dfrac{3EI}{l^3}$；　　B. $k=\dfrac{12EI}{l^3}$；

C. $k=\dfrac{3EI}{l^3}+\dfrac{EA}{l}$；　　D. $k=\dfrac{1}{l^3/(3EI)+l/EA}$。

13-23　用能量法求得的临界荷载值(　　)。

A. 总是等于其精确解；　　B. 总是小于其精确解；

C. 总是大于其精确解；　　D. 总是大于或等于其精确解。

13-24　习题 13-24 图所示连续梁的临界荷载 F_{Pcr} 为(　　)。

A. $\dfrac{\pi^2 EI}{l^2}$；B. $\dfrac{\pi^2 EI}{(0.7l)^2}$；C. $\dfrac{\pi^2 EI}{(2l)^2}$；D. $\dfrac{\pi^2 EI}{(0.5)^2}$。

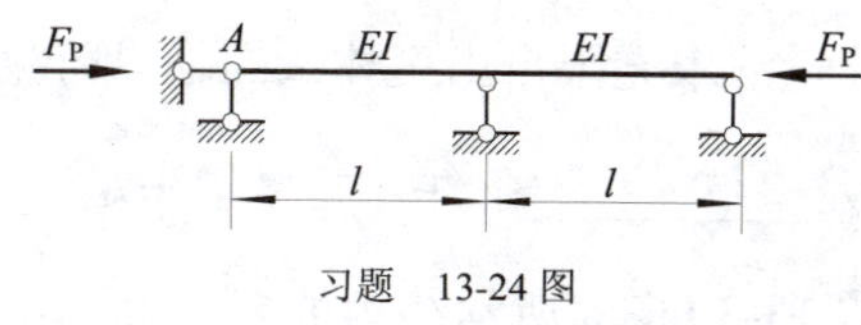

习题　13-24 图

填空题

13-25　结构由稳定平衡到不稳定平衡，其临界状态的静力特征是平衡形式的________。

13-26　临界荷载与压杆的支承情况有关，支承的刚度越大，则临界荷载越____。

13-27　利用对称性，求得习题 13-27 图所示结构的临界荷载 F_{Pcr} =________。

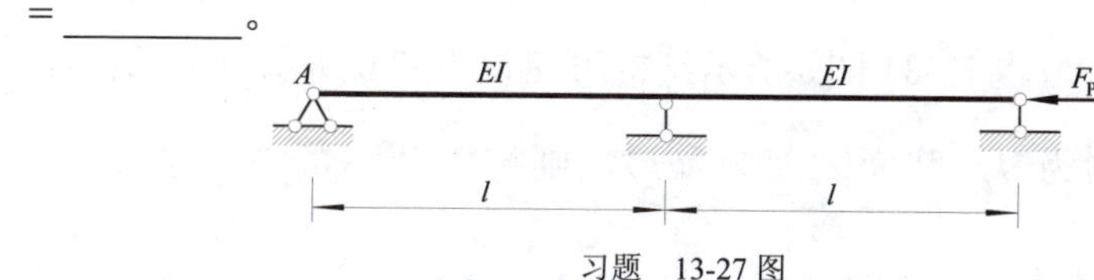

习题　13-27 图

13-28　习题 13-28 图 a 所示结构可简化为图 b 所示单根压杆计算，则抗转动弹簧刚度系数 k 为______。

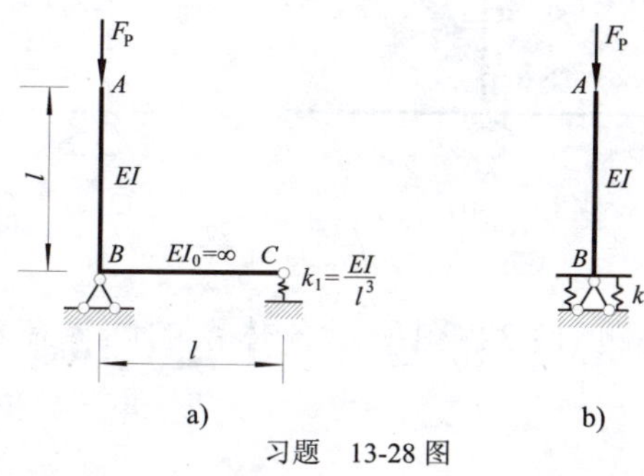

习题　13-28 图

13-29　用能量法求无限自由度体系的临界荷载时，所假设的失稳曲线 $y(x)$ 必须满足__________条件，并尽量满足___________条件。

13-30　习题 13-30 图 a 所示结构可简化为图 b 所示计算，则抗移动弹簧刚度系数 k_1=______，抗转动弹簧刚度系数 k_2=______。

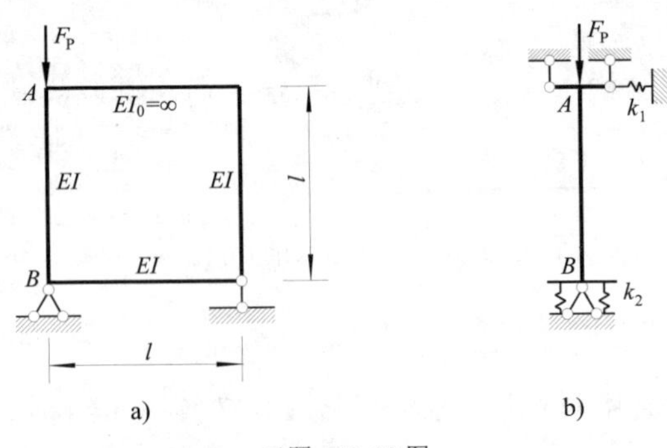

习题　13-30 图

13-31　习题 13-31 图 a 所示结构可简化为图 b 所示单根压杆计算（各杆长均为 l，截面刚度为 EI），则抗转动弹簧刚度系数 k 为__________。

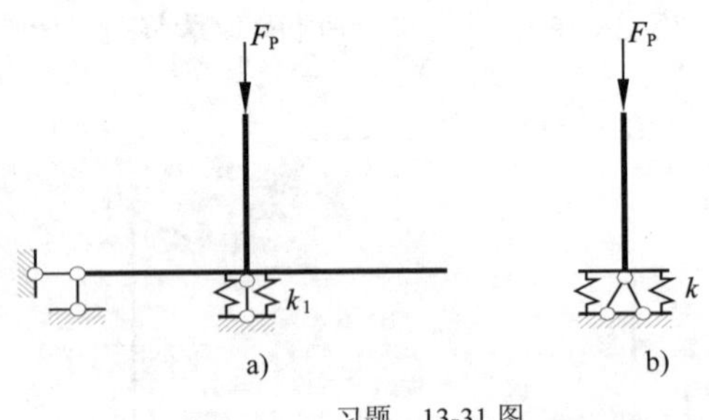

习题　13-31 图

13-32　习题 13-32 图所示各体系的临界荷载中，最小者为__________。

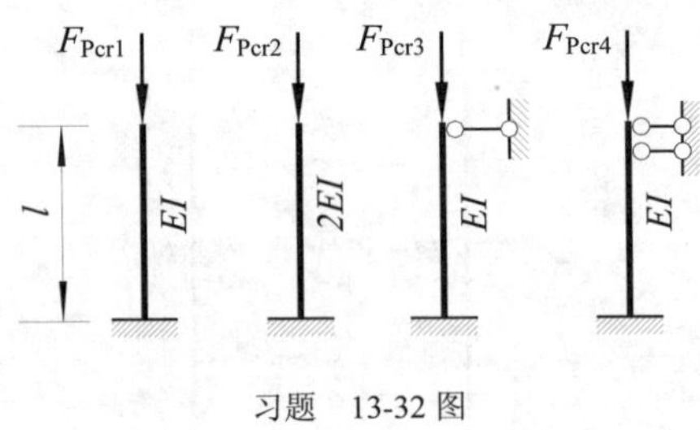

习题　13-32 图

13-33　将习题 13-33 图 a 所示结构简化为图 b 所示单根压杆进行失稳计算时，图 b 中抗转动弹簧刚度系数 k_e 为_______。

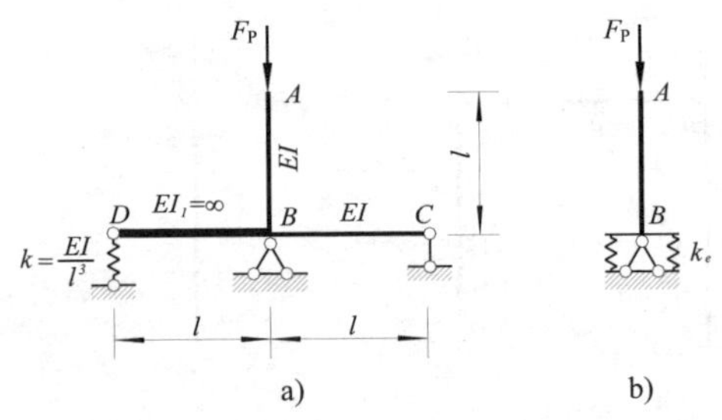

习题　13-33 图

13-34　习题 13-34 图对称结构按________形式失稳，临界荷载大小为______。

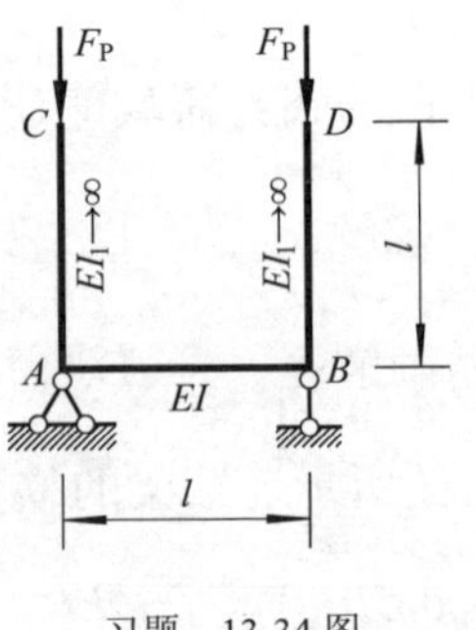

习题　13-34 图

思考题

13-35　能量法本身是不是近似法？为什么按能量法计算无限自由度体系临界荷载所得出的结果一般都是近似解，而且总是大于精确解？怎样才能提高计算精度？

13-36　对于习题 13-36 图所示各种具有不同刚性支承的等截面压杆（EI 为常数），试归纳其临界荷载的计算公式，并说明计算长度 l_0 的物理意义及其取值。

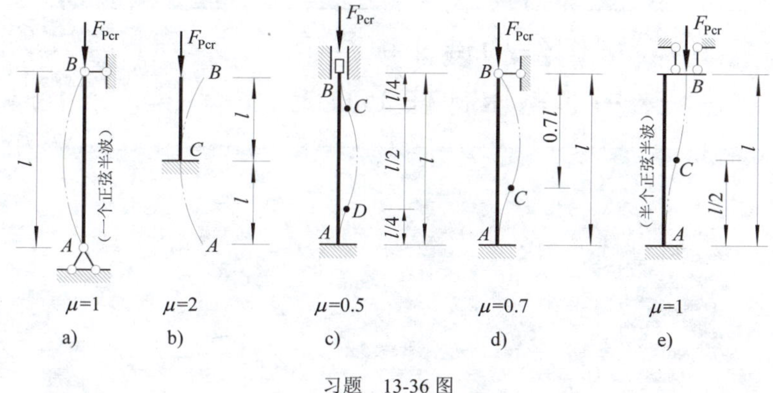

习题　13-36 图

13-37　习题 13-37 图所示为具有弹性支承的压杆，请说明增大或减小弹性支承的刚度系数 k，对压杆的临界荷载值 F_{Pcr} 和计算长度 l_0 有何影响？

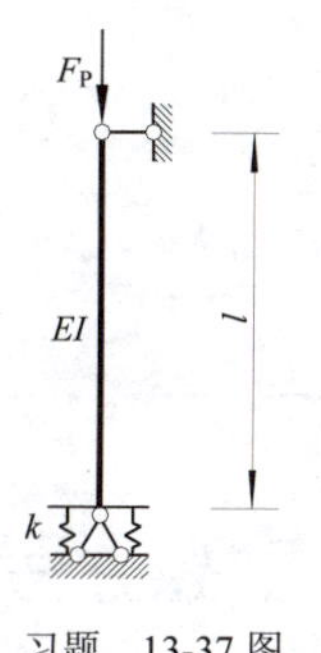

习题　13-37 图

13-38　习题 13-38 图所示刚架，哪些可以化作具有弹性支承的单根压杆进行稳定分析？哪些不能？

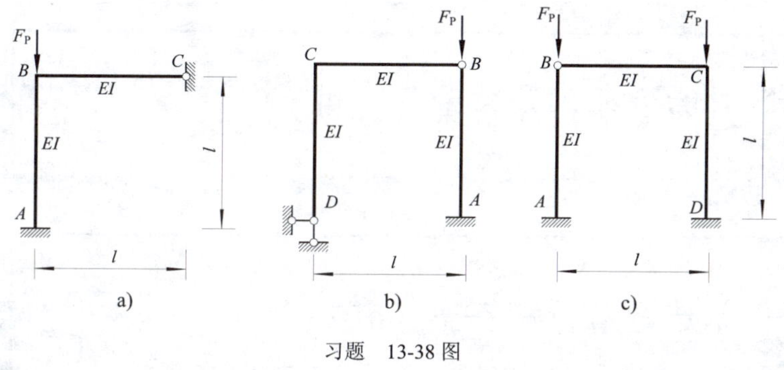

习题　13-38 图

13-39　结构的稳定问题与强度问题能否截然分开？

第13章 结构的稳定计算 数字资源目录

【本章回顾】基本内容归纳与解题方法提示

【思辨试题一】思考题解析和答案（5题）

【思辨试题二】判断题解析和答案（10题）

【思辨试题三】单选题解析和答案（5题）

【思辨试题四】填空题解析和答案（10题）

【专家论坛】稳定理论溯源

【知识拓展】我国钢结构设计规范中采用的钢压杆柱子曲线

台北“101”大厦

第14章　结构的极限荷载

● 本章教学的基本要求：理解极限弯矩、塑性铰、极限状态、破坏机构和极限荷载等基本概念；理解比例加载时判定极限荷载的一般定理；会计算超静定梁和简单刚架的极限荷载。

● 本章教学内容的重点：单跨超静定梁和连续梁极限荷载的计算。

● 本章教学内容的难点：正确判定极限状态。

● 本章内容简介：

14.1　概　述

14.1.1 结构弹性分析（容许应力法）的优缺点

1　线弹性假定 $\xrightarrow{\text{根据容许应力}[\sigma]}$ 进行弹性设计（容许应力法）。

例如，梁 $\begin{cases}\text{选择截面：弹性截面系数}\quad W \geqslant \dfrac{M_{max}}{[\sigma]} \\ \text{进行验算：最大正应力} \sigma_{max} = \dfrac{M_{max}}{W} \leqslant [\sigma]\end{cases}$

而容许应力

$$[\sigma] = \sigma_u / k$$

式中，σ_u 为材料的极限应力 $\begin{cases}\text{对于塑性材料，为其屈服应力} \sigma_s \\ \text{对于弹性材料，为其抗拉强度} \sigma_b\end{cases}$

k 为安全系数，$k > 1$。

2　优点：计算比较简单；对在正常使用条件下的应力和应变状态，能给出足够准确的结果。

3　缺点：对于弹塑性材料的结构，特别是超静定结构，弹性分析无法考虑、也未充分利用当最大应力达到屈服极限 σ_s，甚至某一局部已经进入塑性阶段时，结构并没有破坏，而且还能承受更大荷载这一特性。因而，弹性分析方法是不够经济合理的。

14.1.2 结构塑性分析（极限状态设计计法）的假定和目的

塑性分析方法更为经济合理。塑性分析与弹性分析相比，主要是应力-应变关系（也称本构关系）有所不同。通常采用的是如下的理想弹塑性应力-应变关系。

No.14-2

1　理想弹塑性假定

理想弹塑性材料 σ-ε 曲线，如图 14-1 所示。

(1)　加载时是理想弹塑性的：

OA：线性关系，$\sigma = E\varepsilon$；

AB：塑性流动状态。

(2)　卸载时是弹性的（例如自 C 点卸载）：

CD：$\Delta\sigma = E\Delta\varepsilon$

$CD // OA$

OD：残余应变

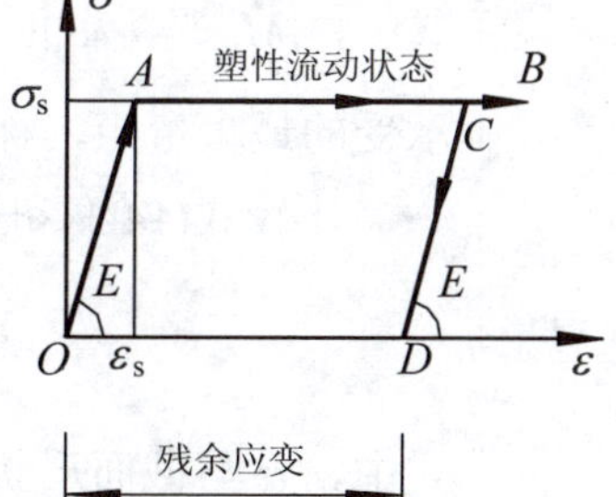

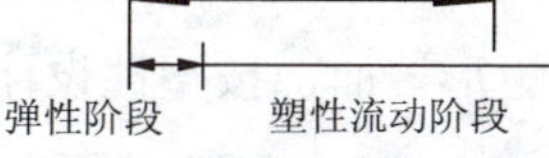

图 14-1　理想弹塑性材料 σ-ε 曲线

(3)　在经历塑性变形后，应力与应变之间不再存在单值对应关系（即同一 σ 可对应不同的 ε，而同一 ε 也可对应不同的 σ）。要得到弹塑性问题的解，需要追踪全部受力变形过程（进行**全过程分析**）。由此可知，结构的弹塑性分析比弹性分析要复杂一些。

2　塑性分析的目的

从结构丧失承载能力的条件，来确定结构开始破坏瞬时所能承担的荷载极限值——极限荷载 F_{Pu}。

在本章中，对结构弹塑性变形的发展过程不作全面的分析，而只集中讨论梁和刚架的极限荷载 F_{Pu}。因而，可用更为简便的方法解决问题。

14.2　几个基本概念

本节，先介绍塑性分析中几个与极限荷载计算有关的基本概念：截面的极限弯矩和塑性铰，结构的破坏机构、极限状态和极限荷载。

14.2.1 基本假定

1）材料属于理想弹塑性材料。

2）受压的 $-\sigma_s$ 与受拉的 σ_s 绝对值相等。

3）平截面假设。

14.2.2 截面的极限弯矩和塑性铰

1 矩形截面的极限弯矩

图 14-2a 所示为由理想弹塑性材料组成的受纯弯曲作用的矩形截面梁。随着外荷载 M 的增大，梁会经历一个由弹性阶段→弹塑性阶段→塑性流动阶段的过程。在加载过程中，各阶段梁截面

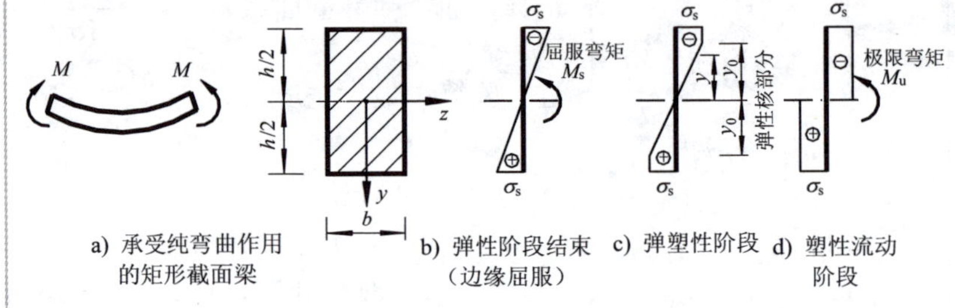

图 14-2　纯弯曲矩形截面梁各阶段截面正应力分布图

正应力的变化过程如图 14-2b、c、d 所示。

(1) 弹性阶段（图 14-2b）：这个阶段结束的标志是截面上下边缘屈服（最外纤维处的正应力达到屈服极限 σ_s）。此时的弯矩

$$M_s = \frac{bh^2}{6}\sigma_s \tag{14-1}$$

称为屈服弯矩（又称弹性极限弯矩）。

(2) 弹塑性阶段（图 14-2c）：截面外侧部分进入塑性状态，正应力保持不变，$\sigma = \sigma_s$；在截面内部弹性核部分，其正应力呈直线分布，即

$$\sigma = \sigma_s \frac{y}{y_0}$$

(3) 塑性流动阶段（图 14-2d）：弹性核的高度 $y_0 \to 0$，相应的弯矩为

$$M_u = \frac{bh^2}{4}\sigma_s \tag{14-2}$$

式中，M_u 是当截面的正应力都达到屈服极限 σ_s 时，该截面所能承受的最大弯矩，称为极限弯矩。

比较式(14-1)和式(14-2)可知，矩形截面的 M_u 与 M_s 的比值

$$\alpha = \frac{M_u}{M_s} = 1.5 \tag{a}$$

式中，α 与截面形状有关，称为截面形状系数。式（a）表明，对矩形截面，按塑性设计比按弹性设计可以使截面的承载能力提高 50%，而对圆形截面 $\alpha = 1.70$，工字形截面 $\alpha \approx 1.15$，薄壁圆环形截面 $\alpha \approx 1.3$。一般而言，α 越小，材料塑性的利用越充分。

2 具有一个对称轴的任意截面的极限弯矩

对于只有一个对称轴的截面（图 14-3a），仍按纯弯曲状态讨论。由图 14-3b 可知，在塑性流动阶段，受拉区和受压区的正应力均为常量（σ_s 和 $-\sigma_s$）。根据平衡条件，截面法向应力之和应等于

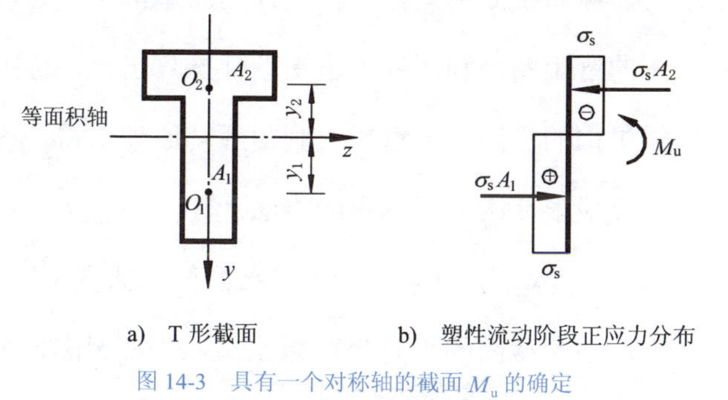

a)　T 形截面　　b)　塑性流动阶段正应力分布

图 14-3　具有一个对称轴的截面 M_u 的确定

零，由此得

$$A_1 = A_2 \tag{b}$$

式中，A_1 和 A_2 分别为受拉区和受压区的面积。由此可见，塑性流动阶段的中性轴应平分截面面积。于是，可求得极限弯矩为

$$\boxed{M_u = \sigma_s(S_1 + S_2) = W_u\sigma_s} \tag{14-3}$$

式中，S_1 和 S_2 分别为面积 A_1 和 A_2 对等面积轴（塑性流动的中性轴）的静面积矩，即

$$S_1 = A_1 y_1$$

$$S_2 = A_2 y_2$$

而 $W_u = S_1 + S_2$，称为塑性截面系数。

3 塑性铰

(1) 塑性铰：当某截面达到塑性流动阶段时（图 14-2d 和图 14-3b），在极限弯矩 M_u 保持不变的情况下，两个无限靠近的相邻截面，可以产生有限的转角，这就相当于在该截面出现了一个铰，我们将其称之为塑性铰。

(2) 塑性铰与普通铰的区别：

第一，普通铰不能承受弯矩，而塑性铰形成后截面弯矩保持不变值 M_u。

第二，普通铰是双向铰，而塑性铰是单向铰，只能沿弯矩增大方向发生有限的相对转角；如果沿相反方向变形，则截面立即恢复其弹性刚度，而不再具有铰的性质。

第三，在结构中，普通铰的位置是固定的，而塑性铰随着荷载分布的变化形成于不同截面（塑性铰一般可能出现的位置是：集中荷载作用处、M_{max} 处、支座处、结点处和变截面处等）。

以上讨论的是纯弯曲梁的极限弯矩和塑性铰。对于承受横向荷载作用的梁，其截面上除有弯矩外，一般还有剪力，将会使截面的极限弯矩值降低。但通常剪力对梁的承载能力的影响很小，可忽略不计。

14.2.3 结构的破坏机构、极限状态和极限荷载

梁在横向荷载作用下，当结构出现足够多的塑性铰，而使原结构的整体或局部变成几何可变或瞬变体系时，称为破坏机构（简称机构）。此时，挠度可以任意增大，而承载能力已达到极限值，这种状态称为极限状态，相应的荷载称为极限荷载，以广义力 F_{Pu} 表示。

14.3　静定梁的极限荷载

对于静定梁，由于没有多余约束，一旦梁上某一截面出现塑性铰，随即就成为破坏机构，达到极限状态。而且，等截面梁的塑性铰，必定首先出现在弯矩绝对值最大的截面，即 $|M|_{max}$ 处。

梁的极限荷载 F_{Pu} 可根据破坏机构在极限状态下的平衡条件求得，称为极限平衡法。在具体运用平衡条件时，既可根据极限状态的弯矩图，利用静力平衡条件推算出来，称为静力法；也可根据机构的极限平衡情况，利用虚功原理求得，称为机构法。这是计算极限荷载的最基本的方法。

【例 14-1】图 14-4a 所示等截面简支梁在跨中承受集中荷载作用，已知梁截面的极限弯矩为 M_u。试求极限荷载 F_{Pu}。

解：(1) 静力法

由弹性弯矩图的分布（图 14-4b）可知，跨中截面的弯矩最大。在极限荷载作用下，塑性铰将在跨中截面形成（图 14-4c，用小黑圆点“●”表示塑性铰），该截面的弯矩达到极限值即 M_u。根据图 14-3c，由平衡条件，有

$$\frac{F_{Pu}l}{4}=M_u$$

由此得

$$F_{Pu}=\frac{4M_u}{l} \tag{a}$$

(2) 机构法

取破坏机构如图 14-4d 所示。将跨中塑性铰处的极限弯矩视为

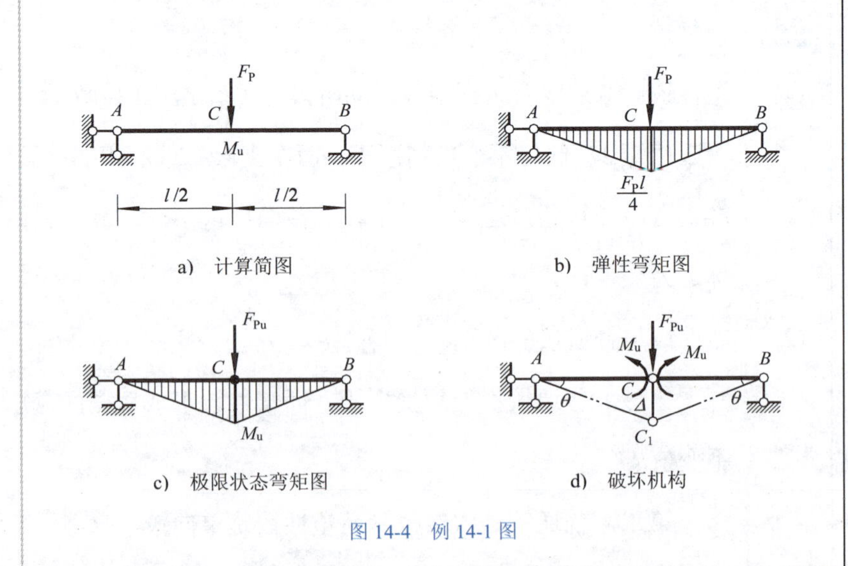

图 14-4　例 14-1 图

外力，而杆段 AC、CB 则视为不变形的刚性杆。设点 C 的虚位移 $\overline{CC_1}=\Delta$，则有 $\theta=2\Delta/l$，虚位移过程中力系所做的总虚功应等于零，虚功方程为

$$F_{\mathrm{Pu}}\Delta-M_{\mathrm{u}}(\theta+\theta)=0$$

由此得

$$F_{\mathrm{Pu}}=2M_{\mathrm{u}}\frac{\theta}{\Delta}=\frac{4M_{\mathrm{u}}}{l} \tag{b}$$

所得结果与静力法求得的相同。

【例 14-2】试计算图 14-5a 所示等截面多跨静定梁的极限荷载。已知正负极限弯矩值 $M_{\mathrm{u}}=20\mathrm{kN\cdot m}$，$a=1\mathrm{m}$。

解：采用静力法计算。由弹性弯矩图的分布（图 14-5b）可知，E、B 截面的弯矩最大且相等。

在极限状态时，E、B 截面将同时出现塑性铰，梁成为机构（图 14-5c），在此极限状态弯矩图中，E、B 截面的弯矩等于极限弯矩，即

$$M_E=M_B=0.5F_{\mathrm{Pu}}a=M_{\mathrm{u}}$$

于是得

$$F_{\mathrm{Pu}}=\frac{2M_{\mathrm{u}}}{a}=\frac{2\times 20}{1}\mathrm{kN}=40\mathrm{kN}$$

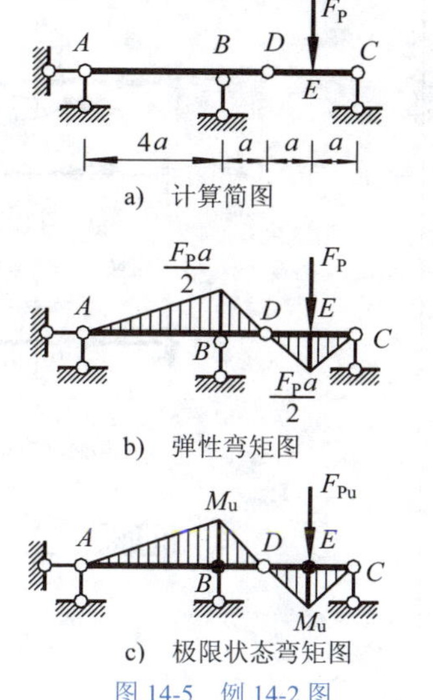

图 14-5 例 14-2 图

14.4 单跨超静定梁的极限荷载

14.4.1 超静定梁的破坏过程

在静定梁中，只要有一个截面出现塑性铰，梁就成为机构。

在超静定梁中，由于具有多余约束，因此，必须有足够多的塑性铰出现，梁才形成机构。

下面以图 14-6a 所示等截面梁为例，说明其破坏过程。

1 弹性阶段（$F_{\mathrm{P}}\leqslant F_{\mathrm{Ps}}$），图 14-6b：固端处 M_A 最大。

2 弹塑性阶段（$F_{\mathrm{Ps}}<F_{\mathrm{P}}<F_{\mathrm{Pu}}$），图 14-6c：

荷载继续增加，M 图不再与弹性阶段弯矩图成比例：$M_A=M_{\mathrm{u}}$ 后不再增加，而 M_C 可增加。在固端 A 形成第一个塑性铰时，在加载条件下，梁已转化为静定梁，但承载能力尚未达到极限值。

3 极限状态（图 14-6d、e）：

荷载再增加时，A 端弯矩 M_{u} 保持不变，最后在跨中截面 C 形成第二个塑性铰，梁即成为破坏机构，达到极限状态，$F_{\mathrm{P}}=F_{\mathrm{Pu}}$。

14.4.2 超静定梁极限荷载 F_{Pu} 的计算方法

1 静力法

根据极限状态弯矩图 M_{u}，应用平衡条件求解（图 14-6d），有

$$F_{\mathrm{Pu}}l/4=(0.5+1)M_{\mathrm{u}}$$

故极限荷载

$$F_{\mathrm{Pu}}=6M_{\mathrm{u}}/l$$

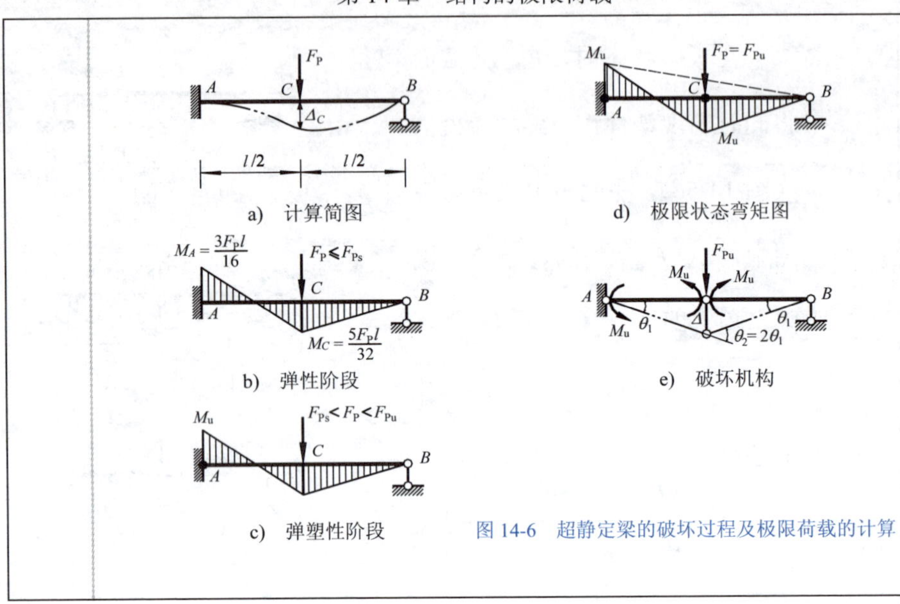

图 14-6　超静定梁的破坏过程及极限荷载的计算

2 机构法（虚功法、机动法）

根据结构的破坏机构，利用刚体虚功原理（其实质仍是平衡条件）求解。

取梁的破坏机构，如图 14-6e 所示。将塑性铰当作普通铰，铰上的力矩 M_u 便由内力变成主动力(外力)，给体系一个虚位移，此时 F_{Pu} 和 M_u 皆为"外力"做虚功，则有

$$\boxed{W_{总}=W_1+W_2=0} \quad (14\text{-}4)$$

式中，W_1 为 F_{Pu} 所做的虚功

$$W_1=F_{Pu}\varDelta=F_{Pu}\left(\frac{l}{2}\theta_1\right)$$

W_2 为 M_u 所做的虚功

$$W_2=-M_u(\theta_1+2\theta_1)=-M_u(3\theta_1)$$（M_u 与转角方向相反）

于是有

$$W_{总}=W_1+W_2=F_{Pu}\left(\frac{l}{2}\theta_1\right)-M_u(3\theta_1)=0$$

故

$$F_{Pu}=6M_u/l$$

14.4.3 超静定梁极限荷载 F_{Pu} 的计算特点

由以上 14.4.2 看出，超静定梁的极限荷载，只需根据最后的破坏机构，应用平衡条件或虚功原理即可求出。其计算特点如下:

1) 无需考虑结构弹塑性变形的发展过程以及塑性铰形成的顺序，只需预先判定最后的破坏机构。

2) 无需考虑变形协调条件，只需考虑极限状态下机构的平衡条件（极限平衡法）即可求得，因而，比弹性计算简单。

3）不受温度变化、支座移动等因素的影响。这些因素只影响结构变形的发展过程，而不影响极限荷载的数值。因为超静定结构在变为机构之前，已先成为静定结构。

4）不能使用叠加原理，因而每种荷载组合都需要单独进行计算。

【例 14-3】试用静力法求图 14-7a 所示单跨超静定梁的极限荷载。已知该梁的极限弯矩为 M_u。

解：此梁出现两个塑性铰才能成为破坏机构。一个塑性铰在固定端 A 形成，另一个塑性铰 C 的位置在跨中附近弯矩最大的某一截面即剪力为零处。设此截面至铰支端 B 距离为 x，极限状态弯矩图如图 14-7b 所示。

(1) 列写极限状态下的 $M(x)$：由图 14-7b，可知

$$M(x)=\left(\frac{ql}{2}x-\frac{qx^2}{2}\right)-\frac{M_u}{l}x$$

(2) 确定跨中塑性铰位置（C 点）：

可利用以下两个条件：

$$\begin{cases}\dfrac{dM(x)}{dx}=0, & \dfrac{ql}{2}-qx-\dfrac{M_u}{l}=0 \quad \text{(a)}\\ M(x)\overset{令}{=}M_u, & \left(\dfrac{ql}{2}x-\dfrac{qx^2}{2}\right)-\dfrac{M_u}{l}x=M_u \quad \text{(b)}\end{cases}$$

联立解出跨中塑性铰位置为

$$x_0=(\sqrt{2}-1)l=0.414l$$

(3) 求极限荷载：将 $x=x_0$ 代入式（a），得

$$q_u=\frac{1}{(1.5-\sqrt{2})}\frac{M_u}{l^2}=11.66\frac{M_u}{l^2}$$

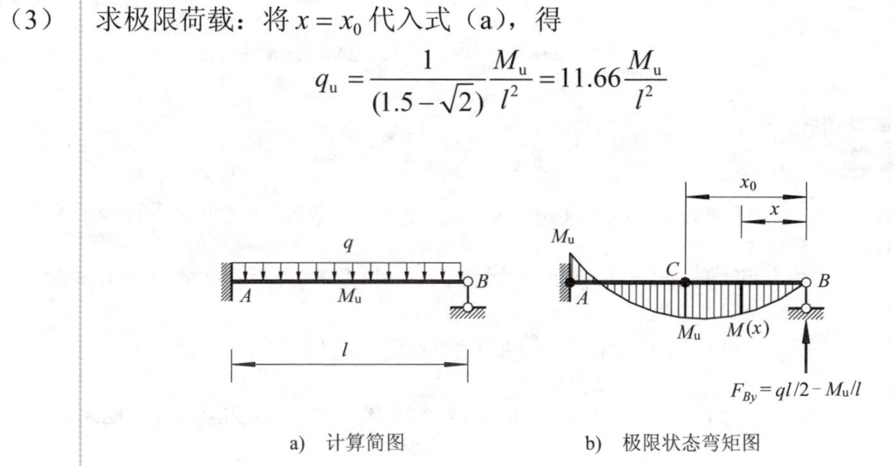

图 14-7　例 14-3 图

No.14-14

【例 14-4】试求图 14-8a 所示变截面梁的极限荷载。已知 AB 段的极限弯矩为 $2M_u=40\text{kN}\cdot\text{m}$，$BC$ 段的极限弯矩为 $M_u=20\text{kN}\cdot\text{m}$。

解：此梁形成极限状态需有两个塑性铰，而可能出现塑性铰的截面有三个，即除了 A、D 截面外还有截面突变处 B（截面较小的一侧）。对于变截面梁，塑性铰的位置可利用**作图试验**（见图 14-8b）来确定：

1) B、D 同时出现塑性铰，不可能：因 $\overline{AA_2}>2M_u$；

2) A、D 同时出现塑性铰，可能：因 $M_B=0<M_u$。

据此，可按图 14-8c 的破坏机构列写虚功方程：

$$F_{Pu}(6\theta)-2M_u\theta-M_u(3\theta+\theta)=0$$

故

$$F_{Pu}=6M_u/6\text{m}=20\text{kN}\cdot\text{m}/\text{m}=20\text{kN}$$

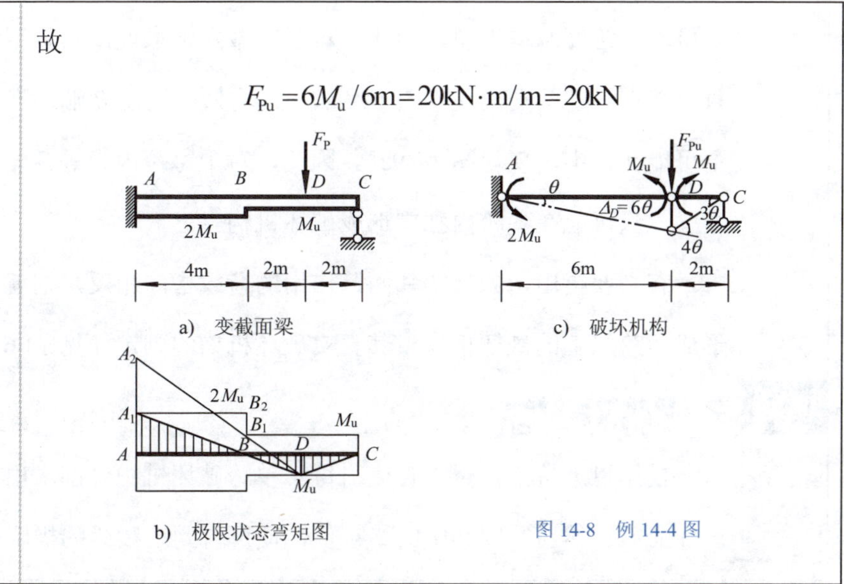

图 14-8　例 14-4 图

14.5　连续梁的极限荷载

14.5.1 连续梁破坏机构的可能形式（图 14-9）

假设每一跨内为等截面，但各跨截面可彼此不同；荷载作用方向均相同，并按比例增加，则可以证明此连续梁：

1) 只可能在各跨独立形成破坏机构（图 14-9a、b）。

2) 不可能由相邻几跨联合形成一个破坏机构（图 14-9c）。

【证明】事实上，如果荷载指向相同（向下），则最大负弯矩

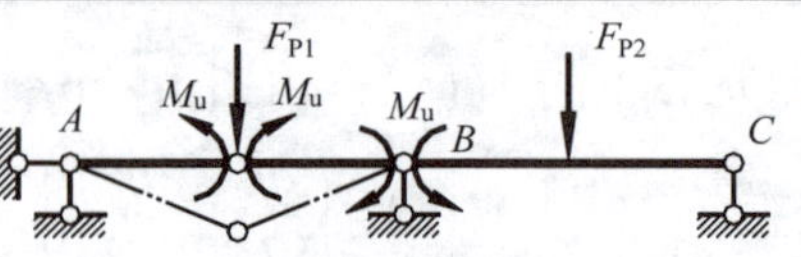

a)　可能破坏机构之一

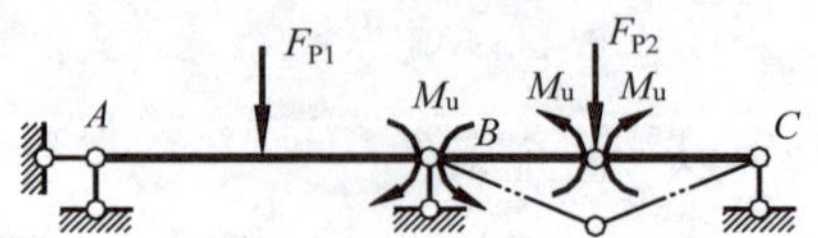

b)　可能破坏机构之二

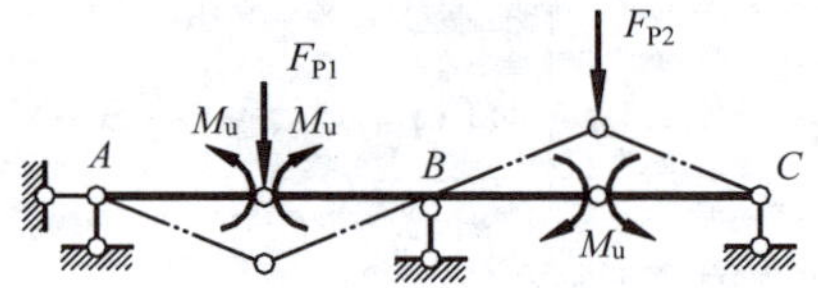

c)　不可能出现的破坏机构

图 14-9　连续梁的破坏机构

只可能在跨度两端出现。因此，对于等截面梁来说，其负塑性铰只可能在杆件两端出现（图 14-9a、b，均只可能在 B 端出现），而不可能在跨中出现（图 14-9c）。因此，对于每跨内为等截面的连续梁，只可能在各跨内独立形成破坏机构。

有必要指出，如果相邻两跨作用的荷载指向相反，则就可能形成两跨以上的破坏机构，其真实破坏机构的判定详见 14.6 节。

14.5.2 连续梁极限荷载的计算方法

根据以上特点，可以首先对每一单跨破坏机构分别求出相应破坏荷载；然后，取其中的最小值，便可得到连续梁的极限荷载。

【例 14-5】在图 14-10a 所示的连续梁中，每跨均为等截面梁。设 AB 和 BC 跨的正极限弯矩为 M_u，CD 跨的正极限弯矩为 $M_u'=2M_u$；又各跨负极限弯矩为正极限弯矩的 1.2 倍。试求此连续梁的极限荷载。

解：(1)先求出各跨独自破坏时的破坏荷载：

1) AB 跨破坏时（图 14-10b）：

$$(ql)\Delta=1.2M_u\theta_B+M_u(\theta_A+\theta_B)$$

将 $\theta_A=\theta_B=2\Delta/l$ 代入上式，得

$$q_1=6.4\frac{M_u}{l^2}$$

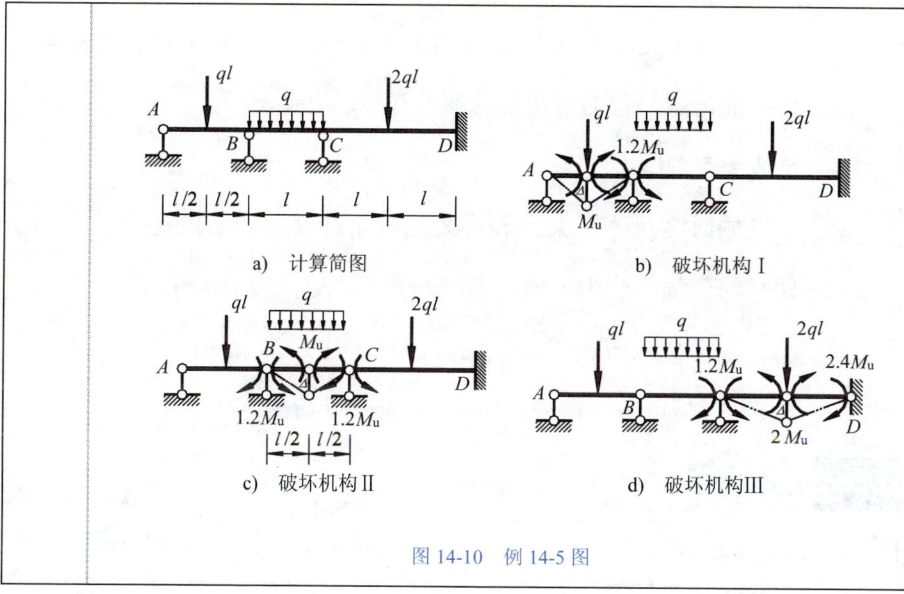

图 14-10　例 14-5 图

2) BC 跨破坏时（图 14-10c）：

$$\frac{ql\Delta}{2}=1.2M_{\mathrm{u}}\theta_B+1.2M_{\mathrm{u}}\theta_C+M_{\mathrm{u}}(\theta_B+\theta_C)$$

将 $\theta_B=\theta_C=2\Delta/l$ 代入上式，得

$$q_{\mathrm{II}}=17.6\frac{M_{\mathrm{u}}}{l^2}$$

3) CD 跨破坏时（图 14-10d）

$$2ql\Delta=1.2M_{\mathrm{u}}\theta_C+2.4M_{\mathrm{u}}\theta_D+2M_{\mathrm{u}}(\theta_C+\theta_D)$$

将 $\theta_C=\theta_D=\Delta/l$ 代入上式，得

$$q_{\mathrm{III}}=3.8\frac{M_{\mathrm{u}}}{l^2}$$

(2)　比较以上结果可知，CD 跨首先破坏，所以极限荷载为

$$q_{\mathrm{u}}=q_{\mathrm{III}}=3.8\frac{M_{\mathrm{u}}}{l^2}$$

14.6　比例加载时判定极限荷载的一般定理

前述静定梁和超静定梁的真实破坏机构都比较容易确定，而对于一些其结构形式和荷载都更为复杂的超静定结构，则可能出现的破坏机构往往有多种，这就需要判定其中哪一种机构是结构的真实破坏机构。为此，本节先介绍比例加载时判定极限荷载的几个定理，然后讨论根据这些定理来确定极限荷载的常用方法——穷举法和试算法。

14.6.1 比例加载

所谓比例加载，一是指所有荷载变化时，都彼此保持固定的比例，整个荷载可用一个荷载参数 F_{P} 来表示，即所有荷载组成一个广义力，如 $F_{\mathrm{P1}}=\alpha_1F_{\mathrm{P}}$，$F_{\mathrm{P2}}=\alpha_2F_{\mathrm{P}},\cdots$，$F_{\mathrm{P}n}=\alpha_nF_{\mathrm{P}}$；二是指荷载参数只是单调增大，不出现卸载现象。求极限荷载实际上也就是求荷载参数的极限值。

14.6.2 三个基本假定（关于梁和刚架）

1）材料是理想弹塑性的。

2）截面的正极限弯矩与负极限弯矩的绝对值相等。

3）忽略轴力和剪力对极限弯矩的影响。

14.6.3 结构的极限受力状态应同时满足的三个条件

1) **平衡条件**：在极限状态下，结构的整体或任一局部都能维持瞬时的平衡状态。

2) **内力局限条件（屈服条件）**：在极限状态下，结构上任一截面的弯矩绝对值都不超过其极限弯矩，即 $|M| \leqslant M_u$。

3) **单向机构条件**：在极限状态下，结构上已有足够多个截面的弯矩达到极限值而出现塑性铰，使结构成为机构，能沿荷载做正功的方向做单向运动。

14.6.4 两个定义

1 **可破坏荷载（F_P^+）**

同时满足单向机构条件和平衡条件（不一定满足内力局限条件）的荷载，称为**可破坏荷载，用 F_P^+ 表示**。

2 **可接受荷载（F_P^-）**

同时满足平衡条件和内力局限条件（不一定满足单项机构条件）的荷载，称为**可接受荷载，用 F_P^- 表示**。

注意到极限荷载必须同时满足上述三个条件，因此，极限荷载 F_{Pu} 既是可破坏荷载 F_P^+，又是可接受荷载 F_P^-。

14.6.5 四个定理

首先，讨论一个基本定理，然后，由此导出判定极限荷载的

三个定理，即**极小定理、极大定理和唯一性定理**。

图 14-11 表示四个定理中 F_P^+、F_P^-、F_{Pu} 之间的相互关系，有助于对四个定理的理解。

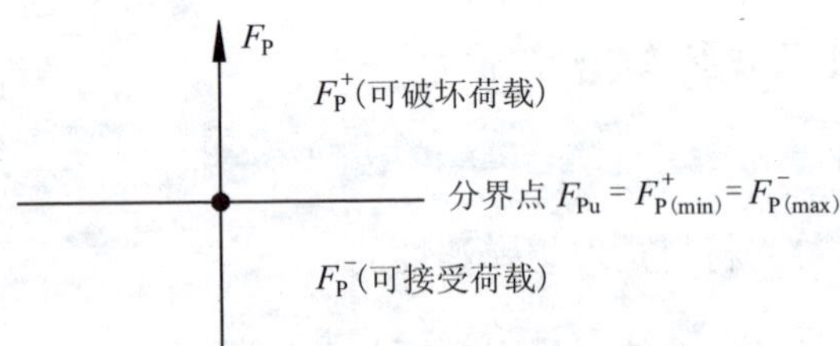

图 14-11　四个定理中 F_P^+、F_P^-、F_{Pu} 相互关系示意图

1 **基本定理**：可破坏荷载 F_P^+ 恒不小于可接受荷载 F_P^-，即

$$\boxed{F_P^+ \geqslant F_P^-} \tag{14-5}$$

【证明】1) 取任一可破坏荷载 F_P^+，对于相应的单向机构的虚位移，可列出虚功方程

$$F_P^+ \Delta = \sum_{i=1}^{n} M_{ui}\theta_i \text{（恒为正——单向机构条件）}$$

$$= \sum_{i=1}^{n} |M_{ui}||\theta_i| \tag{a}$$

式中，n 是塑性铰的数目；M_{ui} 和 θ_i 分别是第 i 个塑性铰处的极限弯矩和相对转角。又 F_P^+ 和 Δ 均为正值。

2) 再取任一可接受荷载 F_P^-，相应的弯矩图称为 M^- 图，令此荷载及其内力状态经历上述机构的虚位移，可列出虚功方程

$$F_P^- \Delta = \sum_{i=1}^{n} M_i^- \theta_i \tag{b}$$

式中，M_i^- 是 M 图中对应于上述机构位移状态第 i 个塑性铰处的弯矩值。

3) 根据内力局限条件

$$M_i^- \leqslant |M_{ui}|$$

可得

$$\sum_{i=1}^{n} M_i^- \theta_i \leqslant \sum_{i=1}^{n} |M_{ui}||\theta_i| \tag{c}$$

将式（a）和式（b）代入式（c），有

$$F_P^- \Delta \leqslant F_P^+ \Delta$$

由于 Δ 为正值，因此必有

$$F_P^+ \geqslant F_P^-$$

证毕。

由上述基本定理可导出下面判定极限荷载的三个定理。

2 **极小定理（上限定理）**

可破坏荷载中的最小者 $F_{P\min}^+$ 就是极限荷载，或者说，可破坏荷载是极限荷载的上限（这是机构法的依据）。

【证明】因为极限荷载 F_{Pu} 是可接受荷载 F_P^-，故由基本定理式（14-5），即得

$$F_{Pu}(\text{是}F_P^-) \leqslant F_P^+ \tag{14-6a}$$

或

$$\boxed{F_{Pu} = F_{P\min}^+} \tag{14-6b}$$

3 **极大定理（下限定理）**

可接受荷载中的最大者 $F_{P\max}^-$ 就是极限荷载，或者说，可接受荷载是极限荷载的下限（这是静力法的依据）。

【证明】因为极限荷载 F_{Pu} 是可破坏荷载 F_P^+，故由基本定理式（14-5），即得

$$F_{Pu}(\text{是}F_P^+) \geqslant F_P^- \tag{14-7a}$$

或

$$\boxed{F_{Pu} = F_{P\max}^-} \tag{14-7b}$$

4 **唯一性定理（单值定理）**：极限荷载值是唯一确定的。若某一个荷载既是 F_P^+，又是 F_P^-，则该荷载就是极限荷载（这是试算法的依据）。

【证明】设存在两种极限内力状态：

(1) 极限内力状态Ⅰ，相应 F_{Pu1} 既是 F_P^+，又是 F_P^-。

(2) 极限内力状态Ⅱ，相应 F_{Pu2} 既是 F_P^-，又是 F_P^+。

如果把 F_{Pu1} 看作 F_P^+，F_{Pu2} 看作 F_P^-，则有 $F_{Pu1} \geqslant F_{Pu2}$。反之，如果把 F_{Pu1} 看作 F_P^-，F_{Pu2} 看作 F_P^+，则又有 $F_{Pu1} \leqslant F_{Pu2}$。由于以上

两个关系式要同时满足，因此只有

$$\boxed{F_{Pu1}=F_{Pu2}}\text{（唯一性）}\qquad(14\text{-}8)$$

应当指出，结构在同一广义力作用下，其极限内力状态可能不止一种，但每一种极限内力状态相应的极限荷载值则应彼此相等。换句话说，极限荷载 F_{Pu} 是唯一的，而极限内力状态则不一定是唯一的。

14.6.6 关于上述几个定理的应用——穷举法和试算法

当结构或荷载情况较复杂，难以确定极限状态的破坏机构形式时，根据上述定理，常可采用穷举法和试算法来求极限荷载。

1 穷举法

利用极小定理，在所有 F_P^+ 中寻找 $F_{P\min}^+$，从而确定极限荷载的方法，称为穷举法。其具体计算可按以下步骤进行：

1) 列举各种可能的破坏机构，定出塑性铰可能出现的位置——单向机构条件。

2) 由虚功方程求出相应的可破坏荷载 F_P^+——平衡条件。

3) 验算内力局限条件：由 $F_{P\min}^+$ 绘相应的 M 图，如 $|M|\leqslant M_u$，则 $F_{Pu}=F_{P\min}^+$——内力局限条件。

【注意】对于的确已全部列举出了各种可能的破坏机构者，由 $F_{P\min}^+$ 绘出的相应弯矩图，已能自然满足内力局限条件，因此，可不必进行第 3）步验算，而直接判定 $F_{Pu}=F_{P\min}^+$。

【例 14-6】试用极小定理求图 14-12a 所示单跨超静定梁在均布荷载作用下的极限荷载值。

解：图 14-12b 所示为一破坏机构，其中塑性铰 C 的坐标为待定值 x。为了求出相应的可破坏荷载 q^+，可对图 14-12b 所示的可能位移列出虚功方程。

$$q^+\frac{l\Delta}{2}=M_u(\theta_A+\theta_C)$$

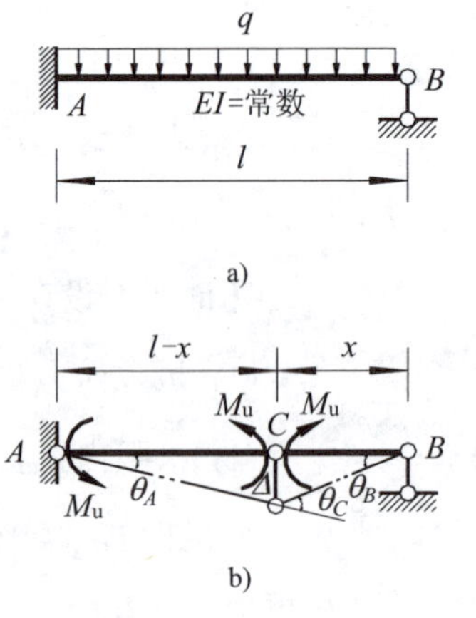

图 14-12　例 14-6 图

由于

$$\theta_A=\frac{\Delta}{l-x},\quad \theta_B=\frac{\Delta}{x},\quad \theta_C=\theta_A+\theta_B=\frac{\Delta}{l-x}+\frac{\Delta}{x}=\frac{l\Delta}{x(l-x)}$$

故得

$$q^+=\frac{2(l+x)}{lx(l-x)}M_u$$

为了求 q^+ 的极小值，令 $\dfrac{dq^+}{dx}=0$，得

$$x^2+2lx-l^2=0$$

其两个根为 $x_1=(-1+\sqrt{2})l=0.4142l$，$x_2=(-1-\sqrt{2})l$。弃去 x_2，由 x_1 求得极限荷载为

$$q_u=11.66\frac{M_u}{l^2}$$

结果与例 14-3 用静力法计算的 q_u 值完全相同。

2 试算法

利用唯一性定理，检验某个可破坏荷载是否同时又是可接受荷载，据此求出极限荷载的方法称为**试算法**。其具体计算可按以下步骤进行：

1）选择一种可能的破坏机构，利用虚功方程求出可破坏荷载 F_P^+——单向机构条件和平衡条件。

2）由 F_P^+ 绘出相应的 M 图——平衡条件

3）验算内力局限条件——内力局限条件

（2）、3）：检验是否同时又是可接受荷载 F_P^-）

若满足内力局限条件，则该荷载即为极限荷载；若不满足内力局限条件，则另选一种破坏机构，求可破坏荷载 F_P^+，检验是否满足内力局限条件。直到试算出既是 F_P^+，又是 F_P^- 时，这一荷载就是极限荷载。

【例 14-7】试用试算法求图 14-13a 所示连续梁的极限荷载，并绘极限状态弯矩图。

解：由于图 14-13a 所示连续梁两跨上作用有反向按比例增加荷载，因此除要考虑各跨单独形成机构Ⅰ、机构Ⅱ的情况外，还应考虑组合机构Ⅲ，如图 14-13b、c、d 所示。现选择组合机构Ⅲ，按试算法进行试算。

(1) 计算 F_{P3}^+

由组合机构Ⅲ建立虚功方程

$$(1.2+1)F_{P3}^+\times\frac{l}{2}\theta=3\times M_u\theta+2\times1.5M_u\theta$$

解方程，得

No.14-26

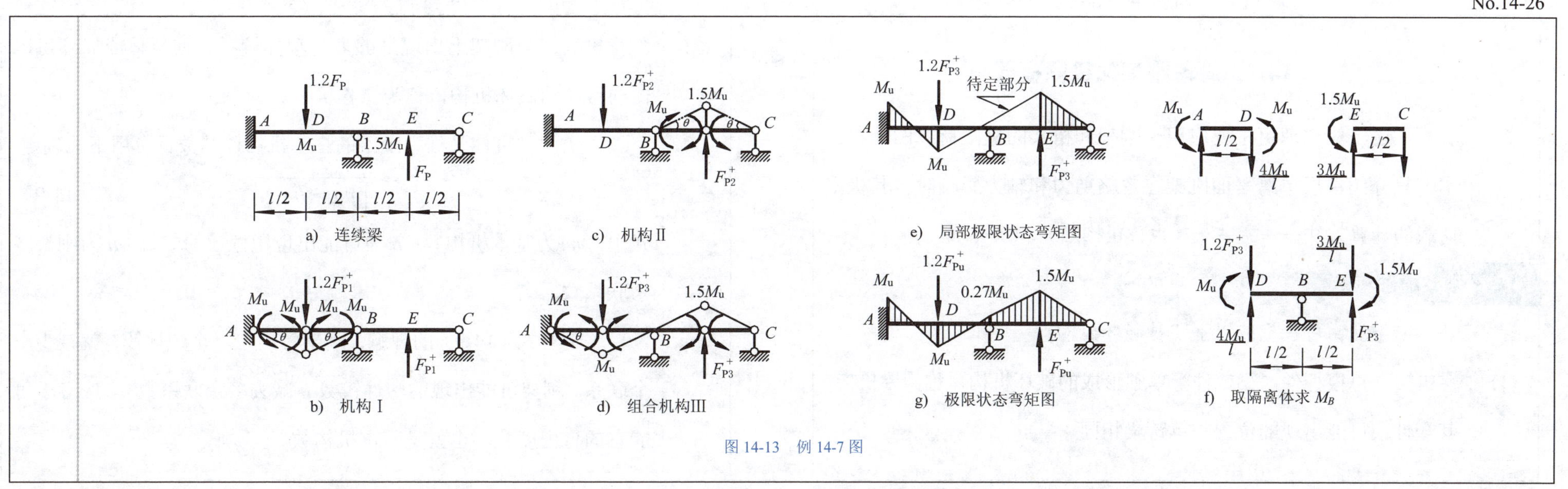

图 14-13　例 14-7 图

$$F_{P3}^{+}=\frac{60}{11}\times\frac{M_u}{l}=5.45\frac{M_u}{l}$$

(2) 验算内力局限条件

由 F_{P3}^{+} 对应的组合机构Ⅲ，可绘出梁 AD 和 EC 段的局部极限状态弯矩图，如图 14-13e 实线部分所示；而 ED 段则暂用细实线表示，属待定部分，其关键在于确定 B 截面的弯矩值 M_B。为此，分别取图 14-13f 所示隔离体，依次按平衡条件计算，可求得

$$M_B=\left(F_{P3}^{+}-\frac{3M_u}{l}\right)\frac{l}{2}-1.5M_u=-0.27M_u\text{（上侧受拉）}$$

显然，梁的其他部分均不会超出相应的极限弯矩。因此，满足内力局限条件。

(3) 绘出梁的极限状态弯矩图，如图 14-13g 所示。

(4) 由唯一性定理判定极限荷载

$$F_{Pu}=F_{P3}^{+}=5.45\frac{M_u}{l}$$

【说明】关于连续梁组合机构的两点说明：

1) 连续梁相邻跨上若有反方向荷载作用时（如图 14-13a 所示），两跨分别产生的在同一支座（B 支座）处的弯矩受拉侧以及塑性铰的转动方向也相反，即互相抵消（塑性铰闭合），所以会出现组合机构（图 14-13d）。

2) 组合机构的确定，可先分别列出各跨独立破坏机构，再考虑它们的组合而形成组合机构。

14.7 简单刚架的极限荷载

上述一般定理更主要应用于刚架和桁架的极限荷载的计算。本节只介绍单层单跨平面刚架在忽略剪力和轴力影响时，其极限荷载的计算方法——穷举法（也称机构法）和试算法。

14.7.1 刚架的破坏机构

刚架通常可能形成以下三种破坏机构：

(1) **梁机构**：每根杆件（梁或柱）单独形成的破坏机构，称为梁机构，其塑性铰可能出现的位置与单跨梁相同。

(2) **侧移机构**：当刚架上出现足够多的塑性铰时，使整体或局部可以侧向移动的破坏机构，称为侧移机构。

以上两种机构又称为刚架的**基本机构**，其数目可用下式确定

$$\boxed{m_{基}=h-n} \tag{14-9}$$

式中，$m_{基}$为基本机构数；h 为可能出现塑性铰的数目；n 为刚架多余联系数。

关于对式（14-9）的理解：刚架每出现一个塑性铰，就减少一个联系。刚架可能出现的塑性铰数 h 减去多余联系数 n，应等于可能有的自由度数，也就是基本机构数。

(3)　组合机构：由梁机构和侧移机构组合而成的破坏机构，称为组合机构。

应当注意，将两种机构加以组合时，必须去掉一些塑性铰（尽量使一些塑性铰的转角能相互抵消，而使塑性铰闭合），即在虚功方程中将塑性铰处所做的功减少，这样，才可能使荷载减小。

显然，刚架可能发生的破坏机构总数 $m_{总}$ 应等于基本机构数目 $m_{基}$ 与组合机构数目 $m_{组}$ 的总和，即

$$\boxed{m_{总}=m_{基}+m_{组}} \tag{14-10}$$

14.7.2 穷举法（机构法）

根据极小定理，在所有可破坏荷载中寻找最小值（即刚架极限荷载的上限值），若这时内力局限条件也能满足，它就是极限荷载。

【例 14-8】试用穷举法求图 14-14a 所示刚架的极限荷载。已知 AC 柱和 BD 柱的极限弯矩为 M_u，CD 梁的极限弯矩为 $2M_u$。

解：（1）确定破坏机构的可能形式

该刚架在图示荷载作用下的弯矩图由直线组成，可能出现塑性铰的截面为 A、B、C（柱顶）、D（柱顶）、E 五处，h=5；多余联

系数 $n=3$，由式（14-9）可知：$m_{基}=h-n=5-3=2$。这两个基本机构如图 14-14b、c 所示，分别为一个梁机构（两个柱顶及横梁上先出现三个塑性铰而成为瞬变体系），一个侧移机构（四个塑性铰出现在两个立柱上、下端 A、B、C、D 处，整个刚架侧移）。

把两个基本机构组合起来，还得到图 14-14d 所示的组合机构，$m_{组}=1$。其中去掉了 C 点的塑性铰（塑性铰闭合），而只在 A、B、D、E 四处出现塑性铰，横梁转折，同时刚架亦侧移。

显然，该刚架可能的破坏机构数，由式（14-10）知

$$m_{总}=m_{基}+m_{组}=2+1=3$$

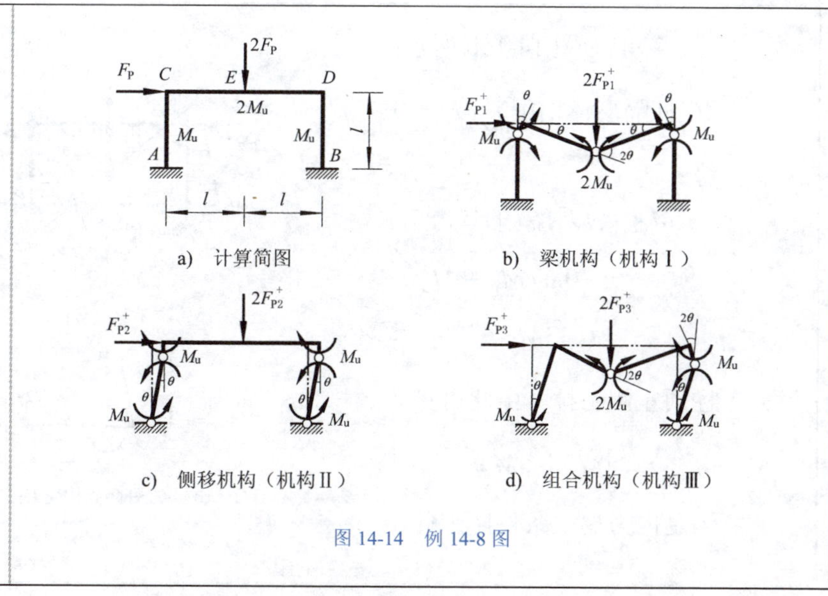

图 14-14　例 14-8 图

(2) 对每一机构分别列出虚功方程，求出相应的可破坏荷载

1）机构Ⅰ——梁机构（图 14-14b）：

$$2F_{P1}^{+}(l\theta)-\underset{(\text{二柱顶})}{M_u(\theta+\theta)}-\underset{(\text{梁})}{2M_u(2\theta)}=0 \quad (a)$$

$$F_{P1}^{+}=3M_u/l$$

2）机构Ⅱ——侧移机构（图 14-14c）：

$$F_{P2}^{+}(l\theta)-4M_u\theta=0 \quad (b)$$

$$F_{P2}^{+}=4M_u/l$$

3）机构Ⅲ——组合机构（图 14-14d）：

$$F_{P3}^{+}(l\theta)+2F_{P3}^{+}(l\theta)-\underset{(\text{二柱脚})}{2M_u\theta}-\underset{(\text{右柱顶})}{M_u(2\theta)}-\underset{(\text{梁})}{2M_u(2\theta)}=0$$

$$F_{P3}^{+}=2.67M_u/l \quad (c)$$

(3) 根据极小定理，在 F_{P1}^{+}、F_{P2}^{+} 和 F_{P3}^{+} 中取最小值，它就是刚架的极限荷载，即

$$F_{Pu}=F_{P3}^{+}=2.67M_u/l$$

(4) 验算内力局限条件：

根据图 14-14d 的荷载 F_{P3}^{+} 和各极限弯矩，绘相应的 M 图，如图 14-15a 所示，验算截面 C 处的 $|M_{CA}|\leqslant M_u$？

1）由柱 BD 的弯矩图，可得

$$F_{QBD}=2M_u/l$$

2）从二柱脚截开，取其上部为隔离体，由 $\sum F_x=0$，得

$$F_{QAC}=F_{P3}^{+}-F_{QBD}=(2.67-2)M_u/l=0.67M_u/l$$

3）取如图 14-15b 所示的 AC 杆隔离体，由 $\sum M_C=0$，得

$$M_{CA}=-F_{QAC}l+M_u$$
$$=-0.67M_u+M_u$$
$$=0.33M_u$$

柱顶左侧受拉。由此可见

$$|M_{CA}|<M_u$$

满足内力局限条件。因此，

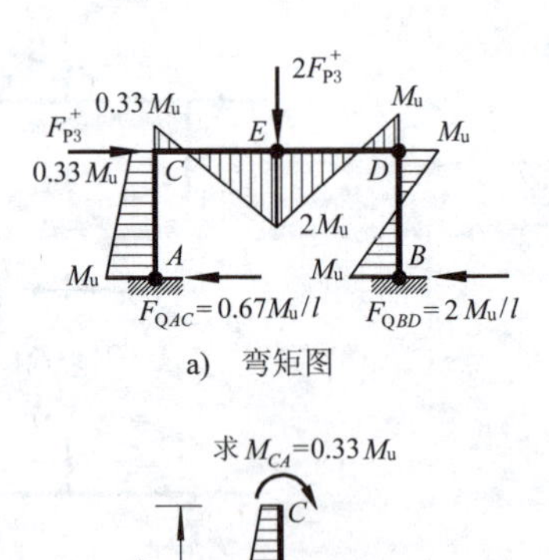

a)　弯矩图

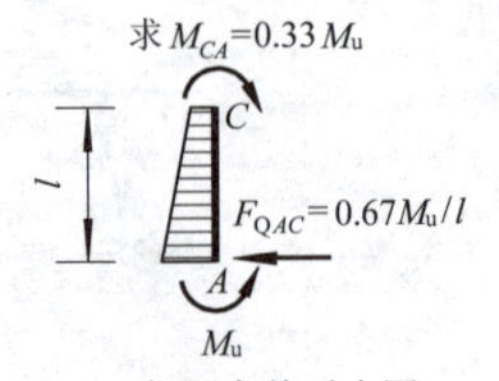

b)　AC 杆隔离体受力图

图 14-15　例 14-8 图（续）

该 $F_{Pmin}^{+}=F_{P3}^{+}$ 就是极限荷载。

有必要指出，穷举法（机构法）对计算简单刚架是方便的。例如，就本例而言，由于此刚架可能的破坏机构一共只有三个，容易找出并全部列举出，因此，到第（3）步计算就可直接判定极限荷载 $F_{Pu}=F_{Pmin}^{+}=F_{P3}^{+}$，而不必再进行第（4）步内力局限条件的验算。但是，对于比较复杂的刚架，由于基本机构数目增多，可能出现的破坏形式有多种，容易漏掉一些破坏机构，因而，从中得到的破坏荷载的最小值，不一定就是极限荷载。只有内力局限条件也能同时满足者，才能最后判定是极限荷载。

14.7.3 试算法

根据唯一性定理，检验某个可破坏荷载，同时又是可接受荷载，据此求出极限荷载。具体做法是：任选一种破坏机构，应用虚功方程求出可破坏荷载，并作出相应的弯矩图。如果各截面的弯矩均不超过极限值，即满足内力局限条件，则根据唯一性定理，与此机构相应的荷载就是极限荷载。

对于结构和荷载比较复杂，基本机构比较多的情况，采用此法比较方便。

【例 14-9】试用试算法求图 14-16a 所示刚架的极限荷载。

解：此例即前面图 14-14a 例 14-8 中所示刚架。现改用试算法计算。

(1) **第一次试算**（图 14-16b）

1) 先考虑梁机构，由虚功方程求出（见例 14-8）可破坏荷载为

$$F_{P1}^{+}=3M_u/l$$

2) 绘相应弯矩图（图 14-16b），检验内力局限条件：

已知：$M_C=M_D=M_u$，$M_E=2M_u$，可绘出横梁的 M 图；但两个立柱的弯矩仍是超静定的，可取 M_B 为多余未知量，而 M_A 可取隔离体图如图 14-16c 所示，由平衡条件（详见以下【注意】）求得为

$$M_A=3M_u-M_B$$

即

$$M_A+M_B=3M_u$$

由此看出，M_A 和 M_B 两者中，至少有一个超过 M_u，所以 F_{P1}^{+} 不是可接受荷载，因此不是极限荷载。

【注意】关于 M_A 的计算（图 14-16c）

首先，取二柱顶以上部分为隔离体，由 $\sum F_x=0$，得

$$F_{QAC}=F_{P1}^{+}-F_{QBD}=3\frac{M_u}{l}-\left(\frac{M_u+M_B}{l}\right)$$

$$=\frac{2M_u-M_B}{l}$$

其次，绘立柱 AC 的 M 图，取 AC 为隔离体，由 $\sum M_A=0$，得

$$M_A=M_u+F_{QAC}l=M_u+\left(\frac{2M_u-M_B}{l}\right)l$$

$$=3M_u-M_B$$

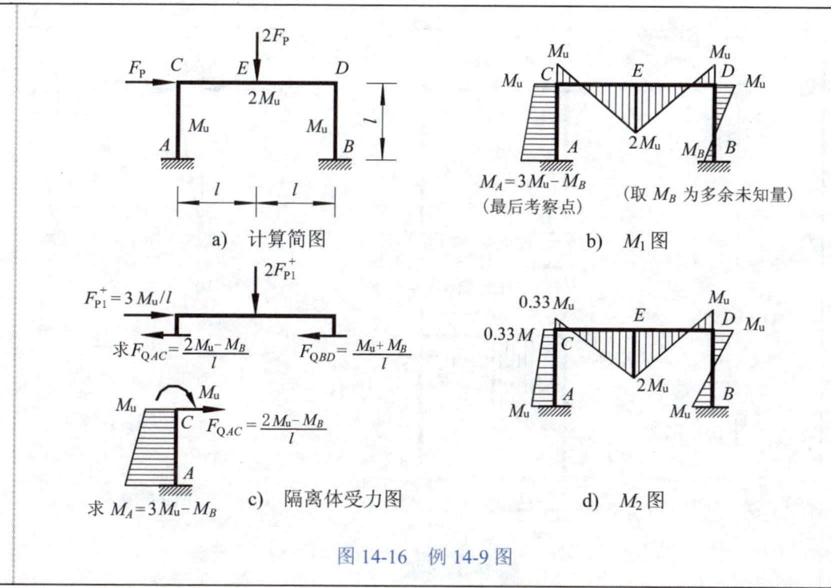

图 14-16　例 14-9 图

(2) 第二次试算（图 14-16d）：

1）再考虑组合机构，由虚功方程求出（见例 14-8）可破坏荷载为

$$F_{P2}^{+}=2.67M_u/l$$

2）绘相应弯矩图（图 14-16d），由例 14-8 验算可知，该弯矩图满足内力局限条件，因此，该 F_{P2}^{+} 既是可破坏荷载 F_P^{+} 又是可接受荷载 F_P^{-}。根据唯一性定理，它就是极限荷载 F_{Pu}。

由本例可知，若一开始就找出一种破坏机构（一般多为组合机构）计算出它的 F_P^{+}，然后校核其内力局限条件，若满足，则该 F_P^{+} 又是 F_P^{-}，故即为 F_{Pu}。这样计算可能会快捷一些。

【例 14-10】试用试算法求图 14-17a 所示刚架的极限荷载。

解：【解法一】近似解

(1) 近似地假设梁 CD 的塑性铰出现在跨中（图 14-17b）。由虚功方程

$$F_P^{+}(2l\theta)+\left(2.5\frac{F_P^{+}}{l}\right)\left(\frac{1}{2}\times 2l\times l\theta\right)-2\times \underset{(二柱脚)}{M_u}\theta-\underset{(右上角)}{M_u}\times 2\theta-\underset{(跨中)}{2M_u}\times 2\theta=0$$

得

$$F_P^{+}=1.778\frac{M_u}{l}$$

(2) 再检验图 14-17b 在上述荷载作用下是否满足内力局限条件。其相应 M 图如图 14-17c 所示。可以看出，距梁 C 端 $0.828l$ 处 M_{max} 为 $2.07M_u$，稍大于极限弯矩 $2M_u$，因而不满足内力局限条件。

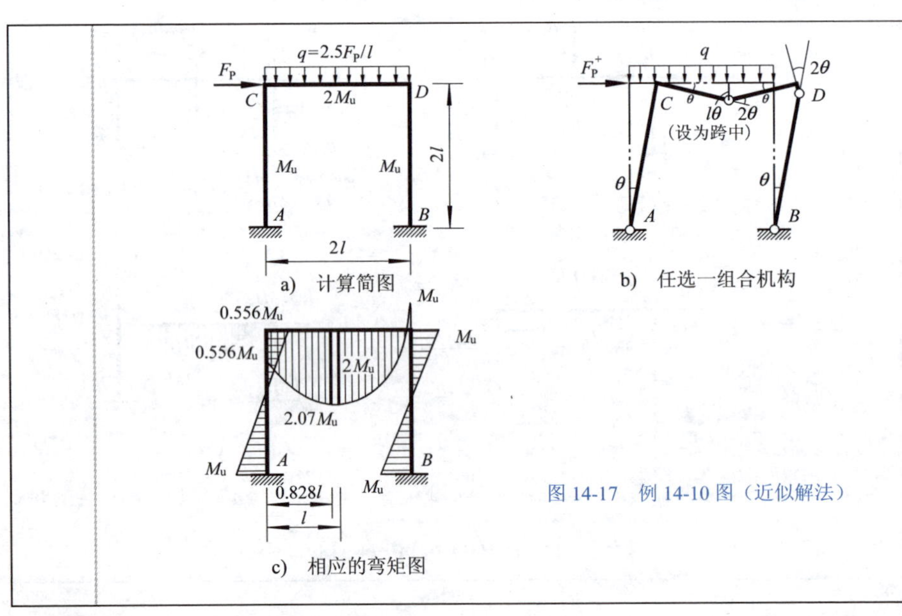

图 14-17　例 14-10 图（近似解法）

将 M 图乘以 2/2.07，则内力局限条件得到满足，因而，$F_P^{+}\times(2/2.07)$ 便是一个 F_P^{-}，即

$$F_P^{-}=\frac{2}{2.07}\times F_P^{+}=\frac{2}{2.07}\times 1.778\frac{M_u}{l}=1.718\frac{M_u}{l}$$

根据上限定理和下限定理

$$F_P^{-}\leqslant F_{Pu}\leqslant F_P^{+}$$

即

$$1.718\frac{M_u}{l}<F_{Pu}<1.778\frac{M_u}{l}$$

如果取平均值作为近似值，则得

$$F_{Pu}=1.748\frac{M_u}{l}$$

【解法二】精确解

假设破坏机构如图 14-18a 所示。设梁 CD 中最大正弯矩的位置距 C 端为 x，由虚功方程

$$F_P^+(2l\theta_1)+2.5\frac{F_P^+}{l}\left(\frac{1}{2}\times 2l\times\Delta\right)$$
$$=M_u(\theta_1+\theta_1)+2M_u(\theta_1+\theta_2)+M_u(\theta_1+\theta_2)$$

（二柱脚）　（梁中）　（右柱顶）

式中

$$\theta_1=\frac{\Delta}{x},\quad \theta_2=\frac{\Delta}{2l-x}$$

整理得

$$F_P^+=\frac{(10l-2x)M_u}{4l^2+3lx-2.5x^2} \qquad \text{(a)}$$

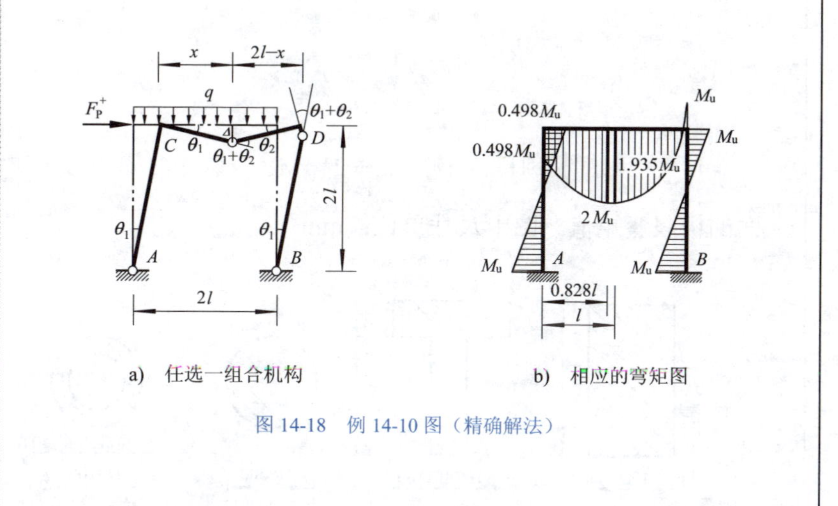

a)　任选一组合机构　　b)　相应的弯矩图

图 14-18　例 14-10 图（精确解法）

为了求 F_P^+ 的极小值，令 $\frac{dF_P^+}{dx}=0$，且根据 $\left(\frac{u}{v}\right)'=\frac{vu'-uv'}{v^2}$

得

$$50x^2-50lx+38l^2=0 \quad \text{（分子等于零）}$$

解方程，得

$$x=\frac{50l\pm 41.713l}{10}$$

取

$$x=\frac{50l-41.713l}{10}=0.828l \qquad \text{(b)}$$

代入式（a），得

$$F_P^+=1.749\frac{M_u}{l}$$

据此，可绘出相应的弯矩图，如图 14-18b 所示。可见，各截面的弯矩值均未超过极限弯矩值，即满足内力局限条件。因此，该破坏荷载 F_P^+ 又是可接受荷载 F_P^- 。根据唯一性定理，它也就是极限荷载，即

$$F_{Pu}=1.749\frac{M_u}{l}$$

此精确值与“解法一”求得的近似值的相对误差仅为

$$\left[(1.749-1.748)/1.749\right]\times 100\%=0.057\%$$

习　题

分析计算题

14-1　已知材料的屈服点 $\sigma_s = 240\,\text{MPa}$，试求习题 14-1 图所示截面的极限弯矩值。图中尺寸单位：mm。

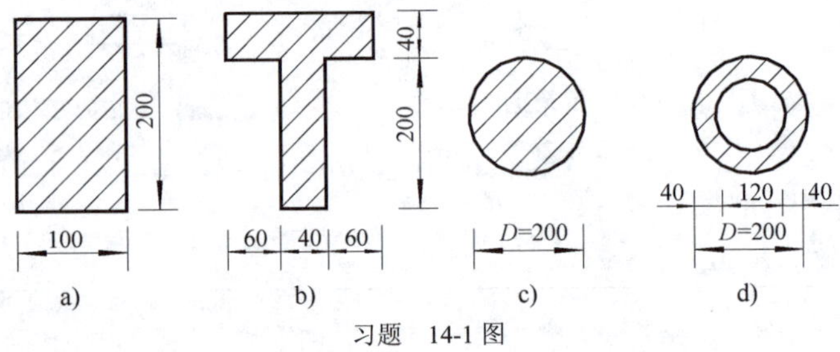

习题　14-1 图

14-2　求习题 14-2 图所示静定梁的极限荷载。

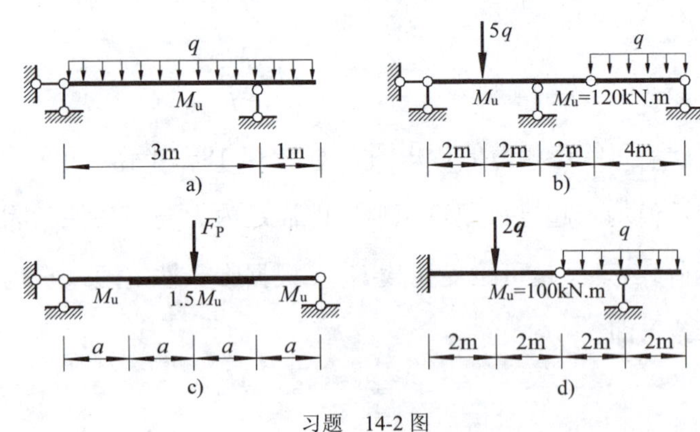

习题　14-2 图

14-3　求习题 14-3 图所示静定刚架的极限荷载。

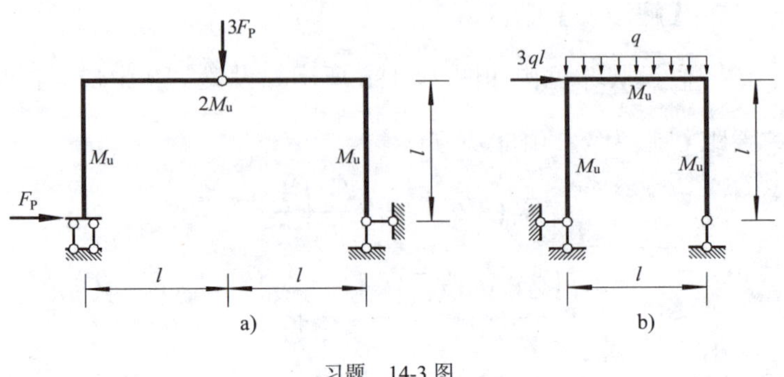

习题　14-3 图

14-4　求习题 14-4 图所示超静定梁的极限荷载，并作出极限状态的弯矩图。

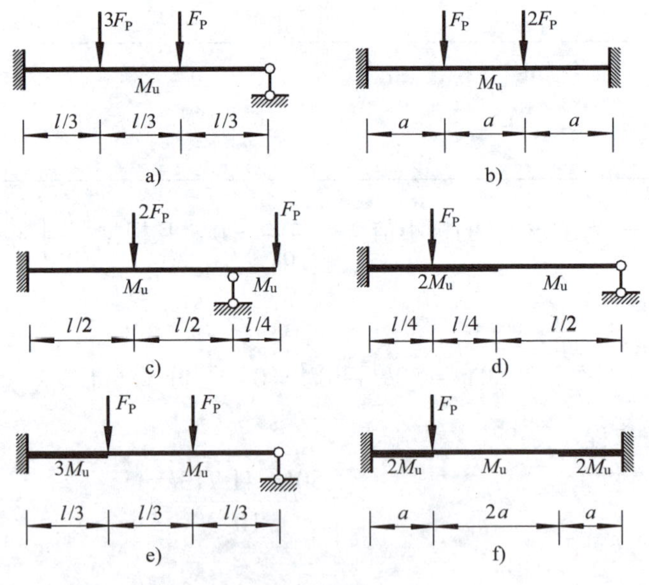

习题　14-4 图

14-5　求习题 14-5 图所示连续梁的极限荷载。

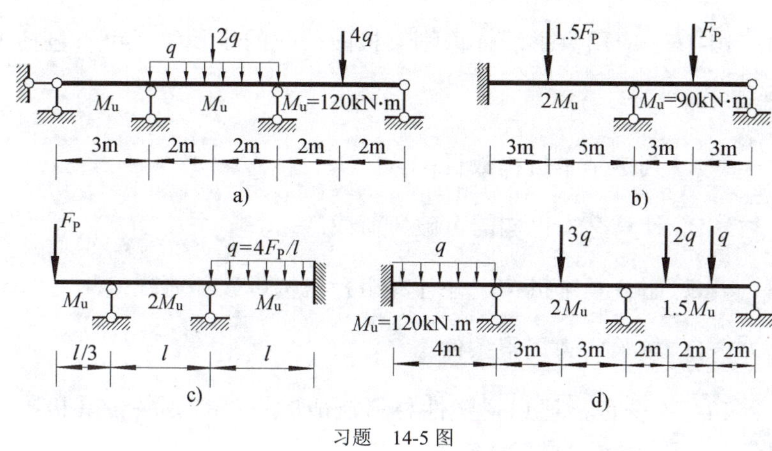

习题　14-5 图

14-6　已知习题 14-6 图所示等截面连续梁的极限弯矩 M_u=190 kN·m，使用荷载如图所示，试求荷载安全系数 k。

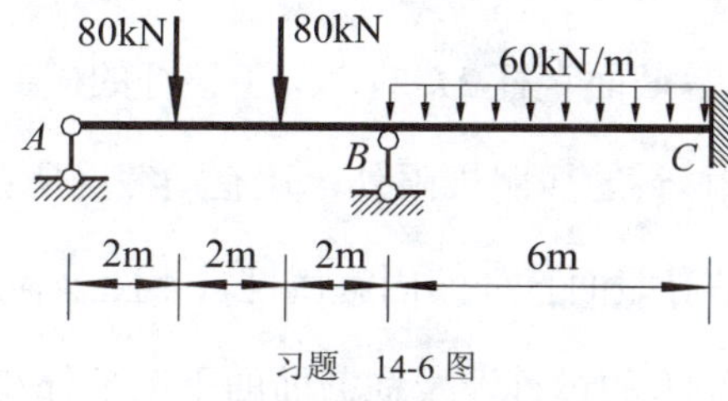

习题　14-6 图

14-7　求习题 14-7 图所示刚架的极限荷载。

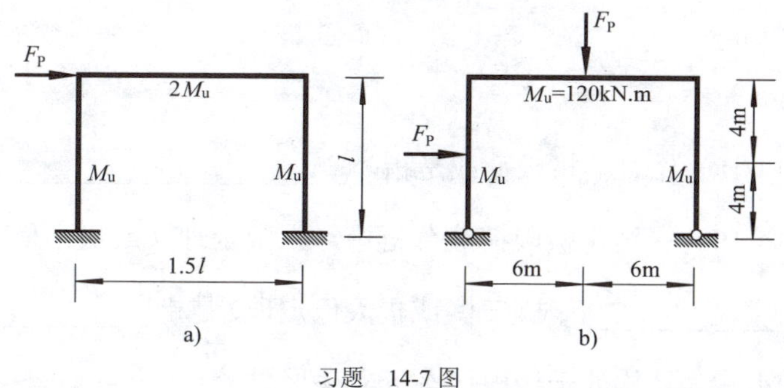

习题　14-7 图

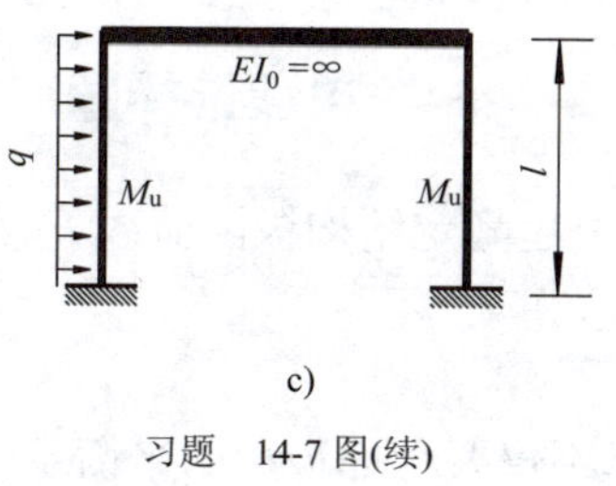

习题　14-7 图(续)

判断题

14-8　矩形截面中性轴的位置从弹性阶段到塑性阶段保持不变。（　　）

14-9　计算超静定梁的极限荷载，既要考虑平衡条件，又要考虑变形条件。（　　）

14-10　因为支座移动会使超静定梁产生弯矩，所以支座移动会影响连续梁极限荷载的数值。（　　）

14-11　习题 14-11 图 a、b 所示梁的极限荷载相等。（　　）

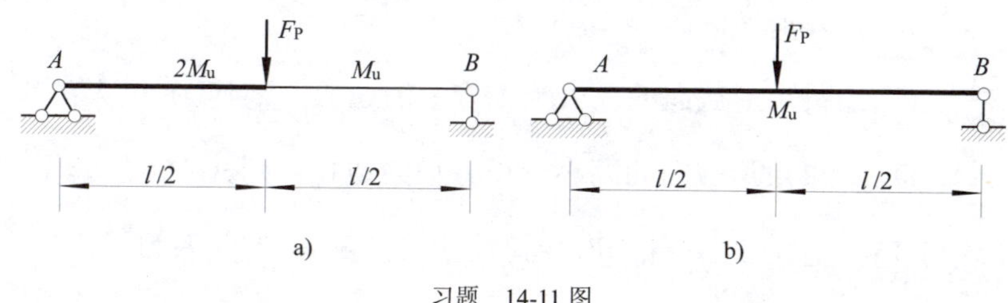

习题　14-11 图

14-12　n 次超静定结构的极限状态必定出现(n+1)个塑性铰。（　　）

单项选择题

14-13　下列有关超静定结构极限荷载 F_{Pu} 的说法，只有（　　）是正确的。

A. F_{Pu} 的计算不仅要考虑最后的平衡条件，还应考虑结构弹塑性的发展过程；

B. F_{Pu} 的计算除考虑平衡条件外，还需考虑温度改变、支座移动等因素的影响；

C. F_{Pu} 的计算只需要考虑最后的平衡条件；

D. F_{Pu} 的计算需同时考虑平衡条件和变形协调条件。

14-14　设有材料相同的两根等截面直杆，横截面分别为正方形和矩形，且面积相等，受弯后弯曲平面与横截面交于一个对称轴上。则下列有关极限弯矩的说法，正确的是（　　）。

A. 矩形横截面的 M_u 更大；

B. 正方形横截面的 M_u 更大；

C. 如果矩形截面的高大于正方形的边长，则其 M_u 更大；

D. 如果矩形截面的高小于正方形的边长，则其 M_u 更大。

14-15　塑性截面模量 W_u 和弹性截面模量 W_e 的关系为（　　）。

A. $W_u=W_e$；　B. $W_u \geqslant W_e$；　C. $W_u \leqslant W_e$；

D. W_u 可能大于也可能小于或等于 W_e。

14-16　应用穷举法计算刚架极限荷载的步骤中，可不包括下列哪一步？（　　）

A. 判定基本机构数目；

B. 计算基本机构的可破坏荷载；

C. 组合基本机构，并计算组合机构可破坏荷载；

D. 校验内力局限条件。

14-17　设有一理想弹塑性材料制成的直杆，则关于其极限弯矩 M_u 的下列说法中，正确的是（　　）。

A. M_u 不仅与结构的最后平衡状态有关，也与结构达到最后平衡状态的历程有关；

B. 决定等截面直杆 M_u 的，除了该杆的横截面形状、弹性模量、材料的屈服极限外，还有横截面所在位置；

C. M_u 是等截面直杆的固有属性，不随外荷载变化；

D. 推导 M_u 的过程涉及横截面的平衡条件和变形协调条件。

填空题

14-18　结构的极限荷载是指____________________。

14-19　在结构极限荷载分析中，上限定理（或极小值定理）是指__________。下限定理（或极大值定理）是指______________。

14-20　结构处于极限状态下应满足__________、_________、

________三个条件。

14-21　习题 14-21 图所示等截面梁截面的极限弯矩为 M_u，则结构的极限荷载 F_{Pu} 为________。

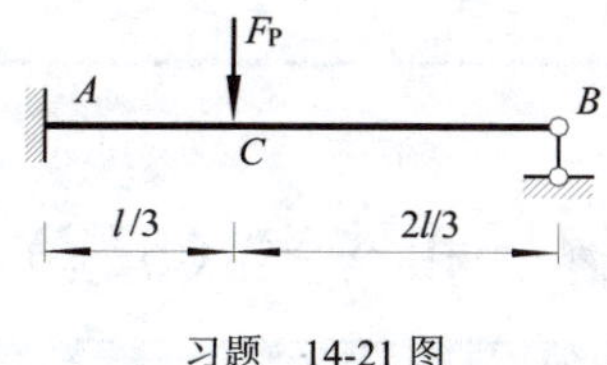

习题　14-21 图

14-22　习题 14-22 图所示等截面梁的极限弯矩 M_u=60kN·m，则其极限荷载 F_{Pu}=________。

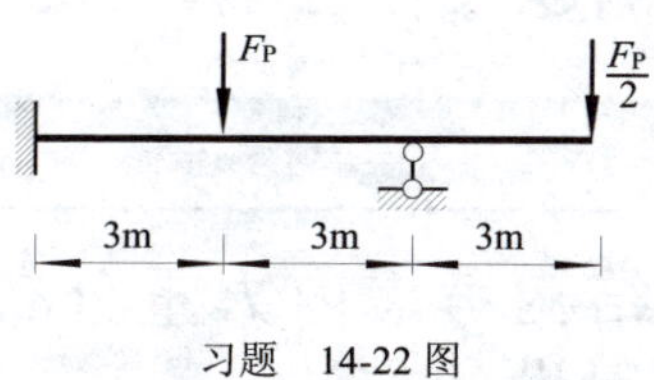

习题　14-22 图

思考题

14-23　塑性铰是怎样产生的？为什么塑性铰处截面可以产生显著的有限转角？塑性铰与普通铰有什么不同？

14-24　用机动法求解极限荷载时，为什么将杆件视为刚体，即虚功方程中为什么不计入与弹性变形所对应的虚功？

14-25　超静定结构的极限荷载是否受支座移动、温度变化、制造误差等非荷载因素的影响？为什么？

第14章 结构的极限荷载 数字资源目录

【本章回顾】

基本内容归纳与解题方法提示

【思辨试题一】

思考题解析和答案（3题）

【思辨试题二】

判断题解析和答案（5题）

【思辨试题三】

单选题解析和答案（5题）

【思辨试题四】

填空题解析和答案（5题）

【自测试卷】 《结构力学》Ⅱ

期末自测题（含答案）3套

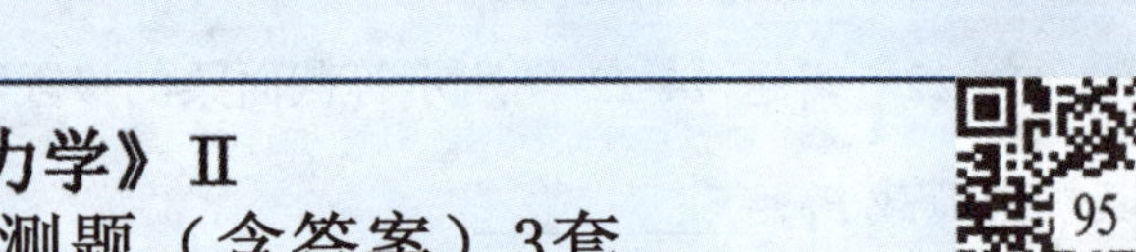

【知识拓展】 超静定结构考虑内力重分布的

工程实用设计方法

香港维多利亚港湾

附录 部分分析计算题答案

第12章 结构的动力计算

12-1 a) 2；b) 3； c) 2； d) 4。

12-3 a) $\sqrt{\dfrac{48EI}{5ml^3}}$；b) $\sqrt{\dfrac{3EI}{5m}}$；c) $\sqrt{\dfrac{49EI}{ml^3}}$；d) $\sqrt{\dfrac{7EI}{ml^3}}$；e) $\sqrt{\dfrac{3EI}{4ml^3}}$；f) $\sqrt{\dfrac{15EI}{8ml^3}}$。

12-4 $\sqrt{\dfrac{12EI}{5ml^3}}$。

12-5 a) $2\pi\sqrt{\dfrac{ml^3}{15EI}}$；b) $2\pi\sqrt{\dfrac{7ml^3}{12EI}}$；c) $2\pi\sqrt{\dfrac{1138\ m}{3EI}}$。

12-6 ξ=0.046，β=10.9。

12-7 $y(t)_{max}=3.525\times10^{-3}$m。

12-8 A=0.0179m。

12-9 1) $\theta=8.85\text{s}^{-1}$；2) $A=112.8\times10^{-3}$m；3) $\varphi=\dfrac{\pi}{2}$。

12-10 $y(t)_{max}$=0.01m。

12-11 $A=\dfrac{5ql^4}{192EI}$。

12-12 a) $\omega_1=1.2192\sqrt{\dfrac{EI}{ml^3}}$，$\omega_2=8.2199\sqrt{\dfrac{EI}{ml^3}}$，$\boldsymbol{A}^{(1)}=\begin{bmatrix}1\\10.429\end{bmatrix}$，$\boldsymbol{A}^{(2)}=\begin{bmatrix}1\\-0.096\end{bmatrix}$。

b) $\omega_1=0.796\sqrt{\dfrac{EI}{ml^3}}$，$\omega_2=1.538\sqrt{\dfrac{EI}{ml^3}}$，$\boldsymbol{A}^{(1)}=\begin{bmatrix}1\\-0.731\end{bmatrix}$，$\boldsymbol{A}^{(2)}=\begin{bmatrix}1\\2.731\end{bmatrix}$。

c) $\omega_1=0.9374\sqrt{\dfrac{EI}{ml^3}}$，$\omega_2=2.2630\sqrt{\dfrac{EI}{ml^3}}$，$\boldsymbol{A}^{(1)}=\begin{bmatrix}1\\1.4142\end{bmatrix}$，$\boldsymbol{A}^{(2)}=\begin{bmatrix}1\\-1.4142\end{bmatrix}$。

d) $\omega_1=0.2654\sqrt{\dfrac{EA}{m}}$，$\omega_2=0.5503\sqrt{\dfrac{EA}{m}}$，$\boldsymbol{A}^{(1)}=\begin{bmatrix}1\\-3.8240\end{bmatrix}$，$\boldsymbol{A}^{(2)}=\begin{bmatrix}1\\0.2615\end{bmatrix}$。

e) $\omega_1=2.6513\sqrt{\dfrac{EI}{ml^3}}$，$\omega_2=6.4008\sqrt{\dfrac{EI}{ml^3}}$，$\boldsymbol{A}^{(1)}=\begin{bmatrix}1\\1.4142\end{bmatrix}$，$\boldsymbol{A}^{(2)}=\begin{bmatrix}1\\-1.4142\end{bmatrix}$。

12-13 M_A=33.90kN·m，M_A=29.44kN·m。

12-14 A_1=−0.202mm，A_2=−0.206mm，M_1=6.06 kN·m，M_2=0.084 kN·m。

12-16 $\dfrac{4.4138}{l^2}\sqrt{\dfrac{EI}{\overline{m}}}$，$\dfrac{4.3944}{l^2}\sqrt{\dfrac{EI}{\overline{m}}}$。

第13章 结构的稳定计算

13-1 a) $F_{Pcr}=\dfrac{kl}{3}$；b) $F_{Pcr}=\dfrac{1}{2}kl$； c) $F_{Pcr}=\dfrac{5}{6}F_Pl$。

13-2 $F_{Pcr}=2k/l$。

13-3 a) $F_{Pcr}=\dfrac{3EI}{l^2}$ b) $F_{Pcr}=\dfrac{4EI}{Hl}$。

13-5 a) $\tan\alpha l+\alpha l=0$；b) $\tan\alpha l+\dfrac{1}{4}\alpha l=0$；

c) $\tan\alpha l=\alpha l-\dfrac{(\alpha l)^3}{12}$；d) $\alpha l\tan\alpha l=4$；

e) $\alpha l\tan\alpha l=3/4$。

13-6 $F_{Pcr}=\dfrac{4.9EI}{l^2}$。

13-7 $F_{Pcr}=EI/l^2$。

13-8 对称失稳 $\tan\alpha l=\dfrac{\alpha l}{1+(\alpha l)^2}$；反对称失稳 $\alpha l\tan\alpha l=3$。

13-9 $(\alpha l)^2\left(\dfrac{\tan\alpha l}{\alpha l}+\dfrac{a}{l}\right)=\dfrac{kl}{EI}$

第14章　结构的极限荷载

14-1　a) 240kN·m；b) 218.88 kN·m；c) 320 kN·m；d) 250.88 kN·m。

14-2　a) $\frac{9}{8}M_{\mathrm{u}}$；b) 30 kN/m；c) $\frac{1.5}{a}M_{\mathrm{u}}$；d) 25 kN/m。

14-3　a) $\frac{M_{\mathrm{u}}}{2l}$；b) $\frac{M_{\mathrm{u}}}{3l^2}$。

14-4　a) $\frac{15}{7l}M_{\mathrm{u}}$；b) $\frac{1.2}{a}M_{\mathrm{u}}$；c) $\frac{4}{l}M_{\mathrm{u}}$；d) $\frac{16}{l}M_{\mathrm{u}}$；e) $\frac{6}{l}M_{\mathrm{u}}$；f) $\frac{4}{a}M_{\mathrm{u}}$。

14-5　a) 45 kN/m；b) 90 kN；c) $\frac{3}{l}M_{\mathrm{u}}$；d) 86.7kN。

14-6　1.41。

14-7　a) $\frac{4}{l}M_{\mathrm{u}}$；b) 45kN；c) $\frac{7.464}{l^2}M_{\mathrm{u}}$。

参 考 文 献

[1] 龙驭球，包世华. 结构力学教程(Ⅱ)[M]. 3 版. 北京：高等教育出版社，2012.

[2] 李廉锟. 结构力学：下册[M]. 6 版. 北京：高等教育出版社，2017.

[3] 杨茀康，李家宝. 结构力学：下册[M]. 4 版. 北京：高等教育出版社，1998.

[4] 朱伯钦，周竞欧，许哲明. 结构力学：下册[M]. 2 版. 上海：同济大学出版社，2004.

[5] 朱慈勉. 结构力学：下册[M]. 2 版. 北京：高等教育出版社，2009.

[6] 王焕定，章梓茂，景瑞. 结构力学(Ⅱ)[M]. 3 版. 北京：高等教育出版社，2010.

[7] 雷钟和，江爱川，郝静明. 结构力学解疑[M]. 北京：清华大学出版社，1996.

[8] 崔恩弟. 结构力学：下册[M]. 北京：国防工业出版社，2006.

[9] 张来仪，景瑞. 结构力学：下册[M]. 北京：中国建筑工业出版社，1997.

[10] 张来仪，孙贤. 结构力学：下册[M]. 重庆：重庆大学出版社，1998.

[11] 张来仪. 结构力学[M]. 北京：中国建筑工业出版社，2003.

[12] 赵更新. 结构力学[M]. 北京：中国水利水电出版社，知识产权出版社，2004.

[13] 赵更新. 结构力学辅导——概念・方法・题解[M]. 北京：中国水利水电出版社，2001.

[14] 刘鸣，王新华. 结构力学(Ⅱ)典型题解析及自测试题[M]. 西安：西北工业大学出版社，2003.

[15] 曾又林，周剑波，蒋寅军，等. 结构力学题解[M]. 武汉：华中科技大学出版社，2005.

[16] 樊友景. 结构力学学习辅导与习题精解[M]. 北京：中国建筑工业出版社，2004.

[17] 重庆建筑大学. 钢筋混凝土连续梁和框架考虑内力重分布设计规程[S]（CECS 51：93）. 北京：中国计划出版社，1994.

[18] 文国治. 结构力学[M]. 重庆：重庆大学出版社，2011.

[19] 文国治. 结构力学辅导[M]. 北京：机械工业出版社，2012.

[20] 李英民，杨涛. 建筑结构抗震设计[M]. 重庆：重庆大学出版社，2011.

[21] 晏致涛，李正良. 重庆菜园坝长江大桥气动弹性模型风洞试验及分析[J]. 桥梁建设，2006（4）.